教育部高等学校电子信息类专业教学指导委员会规划教材
高等学校电子信息类专业系列教材·新形态教材

Arduino技术及应用

第2版·微课视频版

李明亮 编著

清华大学出版社
北京

内容简介

本书以 Arduino Uno R3 开发板为硬件平台，沿着"基础知识→模块实验→电路设计→项目实战"的思路，由浅入深、先易后难地讲述了 Arduino 开发技术。基础知识部分（第 1~4 章）介绍了 Arduino 技术的基本概念、原理、硬件开发环境和软件开发语言。模块实验部分（第 5~14 章）是 Arduino 技术涉及的各模块实验，是项目实战部分的基础，讲述常用传感器、I/O 设备等经典的 Arduino 模块实验。电路设计基础部分（第 15 章）以立创 EDA 为实验平台，详细讲解了从电路原理图绘制到 PCB 制作的全过程，为项目实战打下良好的电路设计仿真及工程研发基础。项目实战部分（第 16 章）是基于 Arduino 的智能小车项目，详细讲解了项目背景、系统架构设计、模块设计、硬件设计等项目研发流程，最终完成了 Arduino 核心板与功能扩展模块的硬件设计与集成、PC 端和手机端软件开发的项目全过程。每章明确了包括知识目标、能力目标、素养目标和思政目标在内的教学目标。本书还配套了微课视频、程序代码、教学课件、教学大纲等资源。

本书可作为高等院校电子信息、物联网、计算机等相关专业的教材，也可作为创客机构、青少年科技创新、大学生课外学术科技作品制作的参考书，还可作为开源硬件及电子创客爱好者的入门图书。

版权所有，侵权必究。举报: 010-62782989, beiqinquan@tup.tsinghua.edu.cn。

图书在版编目（CIP）数据

Arduino 技术及应用：微课视频版/李明亮编著. -- 2 版. -- 北京：清华大学出版社，2025.1. --（高等学校电子信息类专业系列教材）. -- ISBN 978-7-302-68043-7

Ⅰ. TP368.1

中国国家版本馆 CIP 数据核字第 2025BW5409 号

策划编辑：刘　星
责任编辑：李　锦
封面设计：刘　键
责任校对：李建庄
责任印制：刘　菲

出版发行：清华大学出版社
网　　址：https://www.tup.com.cn, https://www.wqxuetang.com
地　　址：北京清华大学学研大厦 A 座　　邮　编：100084
社 总 机：010-83470000　　邮　购：010-62786544
投稿与读者服务：010-62776969, c-service@tup.tsinghua.edu.cn
质量反馈：010-62772015, zhiliang@tup.tsinghua.edu.cn
课件下载：https://www.tup.com.cn, 010-83470236

印 装 者：大厂回族自治县彩虹印刷有限公司
经　　销：全国新华书店
开　　本：185mm×260mm　　印　张：15.5　　字　数：376 千字
版　　次：2021 年 1 月第 1 版　　2025 年 2 月第 2 版　　印　次：2025 年 2 月第 1 次印刷
印　　数：15001~17000
定　　价：59.00 元

产品编号：107409-01

序
FOREWORD

2022年，我国规模以上计算机、通信和其他电子设备制造业实现营业收入15.4万亿元，占工业营业收入比重达11.2%。电子信息产业在工业经济中的支撑作用凸显，更加促进了信息化和工业化的高层次深度融合。随着移动互联网、云计算、物联网、大数据和石墨烯等新兴产业的爆发式增长，电子信息产业的发展呈现了新的特点，电子信息产业的人才培养面临着新的挑战。

（1）随着控制、通信、人机交互和网络互联等新兴电子信息技术的不断发展，传统工业设备融合了大量最新的电子信息技术，它们一起构成了庞大而复杂的系统，派生出大量新兴的电子信息技术应用需求。这些"系统级"的应用需求，迫切要求具有系统级设计能力的电子信息技术人才。

（2）电子信息系统设备的功能越来越复杂，系统的集成度越来越高。因此，要求未来的设计者应该具备更扎实的理论基础知识和更宽广的专业视野。未来电子信息系统的设计越来越要求软件和硬件的协同规划、协同设计和协同调试。

（3）新兴电子信息技术的发展依赖于半导体产业的不断推动，半导体厂商为设计者提供了越来越丰富的生态资源，系统集成厂商的全方位配合又加速了这种生态资源的进一步完善。半导体厂商和系统集成厂商所建立的这种生态系统，为未来的设计者提供了更加便捷却又必须依赖的设计资源。

教育部2012年颁布的《高等学校本科专业目录》，将电子信息类专业进行了整合，为各高校建立系统化的人才培养体系，培养具有扎实理论基础和宽广专业技能的、兼顾"基础"和"系统"的高层次电子信息人才给出了指引。

传统的电子信息学科专业课程体系呈现"自底向上"的特点，这种课程体系偏重对底层元器件的分析与设计，较少涉及系统级的集成与设计。近年来，国内很多高校对电子信息类专业课程体系进行了大力度的改革，这些改革顺应时代潮流，从系统集成的角度，更加科学合理地构建了课程体系。

为了进一步提高普通高校电子信息类专业教育与教学质量，贯彻落实《国家中长期教育改革和发展规划纲要（2010—2020年）》和《教育部关于全面提高高等教育质量的若干意见》（教高〔2012〕4号）的精神，教育部高等学校电子信息类专业教学指导委员会开展了"高等学校电子信息类专业课程体系"的立项研究工作，并于2014年5月启动了《高等学校电子信息类专业系列教材》（教育部高等学校电子信息类专业教学指导委员会规划教材）的建设工作。其目的是推进高等教育内涵式发展，提高教学水平，满足高等学校对电子信息类专业人才培养、教学改革与课程改革的需要。

本系列教材定位于高等学校电子信息类专业的专业课程，适用于电子信息类的电子信息工程、电子科学与技术、通信工程、微电子科学与工程、光电信息科学与工程、信息工程及其相近专业。经过编审委员会与众多高校多次沟通,初步拟定分批次(2014—2017年)建设约100门课程教材。本系列教材力求在保证基础的前提下,突出技术的先进性和科学的前沿性,体现创新教学和工程实践教学;重视系统集成思想在教学中的体现,鼓励推陈出新,采用"自顶向下"的方法编写教材;注重反映优秀的教学改革成果,推广优秀的教学经验与理念。

为了保证本系列教材的科学性、系统性及编写质量,本系列教材设立顾问委员会及编审委员会。顾问委员会由教指委高级顾问、特约高级顾问和国家级教学名师担任,编审委员会由教育部高等学校电子信息类专业教学指导委员会委员和一线教学名师组成。同时,清华大学出版社为本系列教材配置优秀的编辑团队,力求高水准出版。本系列教材的建设,不仅有众多高校教师参与,也有大量知名的电子信息类企业支持。在此,谨向参与本系列教材策划、组织、编写与出版的广大教师、企业代表及出版人员致以诚挚的感谢,并殷切希望本系列教材在我国高等学校电子信息类专业人才培养与课程体系建设中发挥切实的作用。

吕志伟 教授

前言
PREFACE

创新是一个民族进步的灵魂，是一个国家兴旺发达的不竭动力，培养创新型人才是建设创新型国家的重中之重。科技创新能够催生新产业、新模式、新动能，是发展新质生产力的核心要素。在当今，科技发展日新月异，开源硬件和图形化编程软件为创意项目提供了无限的可能性，开源硬件如 Arduino 等微控制器板以及 Mind+图形化编程软件成为创客们和编程爱好者的神器。如果你是一名电子爱好者，或者是想要成为一名创客的电子发烧友，那么你一定要知道这个神器，它就是 Arduino。它是一款便捷灵活、方便上手的开源电子开发平台，包含硬件（各种型号的 Arduino 板）和软件（Arduino IDE）。作者身处大学校园，感受到当今学生对开源硬件的热爱和兴趣，基于多年教育教学和指导学生参加竞赛的经验，坚持以学以致用、知行合一为教学思路，推出了这本易学、易懂、易实践的创新实践教材。

本书以 Arduino 作为实验平台，结合真实工程项目案例由浅入深地介绍了 Arduino 智能硬件开发工具、方法与流程。本书配套了教学大纲、教学课件、程序代码以及针对理论知识点、实验操作、项目实战的讲解微课视频，可作为电子信息、物联网、计算机等专业开源硬件课程的教材，也是信息技术类的大学生创新创业训练计划项目、"挑战杯"全国大学生课外学术科技作品竞赛、创新创业教育、大学生计算机设计大赛、物联网大赛、课程设计（实习）、毕业设计等必备的参考教材。

视频讲解

本书的最大特点是通过"基础知识→模块实验→电路设计→项目实战"的思路，以教材内容为主、微课视频为辅的方式，由浅入深、先易后难、先简单后综合地引导读者进行学习和逐步提高，分阶段、分步骤地激发读者的学习兴趣。书中第 1～4 章基础知识部分按照课堂理论讲解方法阐述；第 5～14 章模块实验部分按照实验课模式展开；第 15 章电路设计部分采用"理论讲解＋实践操作"方式进行讲述；第 16 章项目实战部分按照真实工程项目研发流程演进。为便于入门级读者及非专业的爱好者阅读，书中添加了许多技术小贴士，帮助读者扩展实验知识；还配套了元器件清单及程序代码等，便于读者自学和 DIY。

书中每章明确了包括知识目标、能力目标、素养目标和思政目标在内的教学目标，让学生在潜移默化中既学习专业知识、专业技能，也培养家国情怀、科学精神、奉献意识等。植入科学家的严谨、辩证、奉献、创新精神，引导学生树立"敬业、精益、专注、创新"的"大国工匠精神"，培养学生求真务实、开拓创新、团结协作的综合品质，激发学生科技报国的家国情怀和使命担当，最终实现专业教育与课程思政同向同行。

> **配 套 资 源**
>
> - **程序代码等资源**：扫描目录上方的二维码下载。
> - **教学课件、教学大纲等资源**：到清华大学出版社官方网站本书页面下载，或者扫描封底的"书圈"二维码在公众号下载。
> - **微课视频(450分钟,53集)**：扫描书中相应章节中的二维码在线学习。

注：请先扫描封底刮刮卡中的文泉云盘防盗码进行绑定后再获取配套资源。

本书共16章，建议教学学时为64学时，其中理论32学时，实验32学时(其中模块实验20学时，综合实验12学时)。

本书由河北地质大学李明亮教授组织编写。第1~4章由李明亮、张云博编写，第5~9章由李宏伟、魏锡瑶编写，第10~14章由翟雨、侯宇澄编写，第15章和第16章由周永旭、卢宏超编写。李明亮、周永旭、张云博完成了全部书稿的统筹及审核工作。

本次修订内容如下。

(1) 在教学大纲和各章的教学目标中融入课程思政。

(2) 新增各章教学目标思维导图。

(3) 对Arduino硬件、软件开发环境和立创EDA软件版本进行了更新。

(4) 针对技术的发展对相关内容进行了更新。

希望读者在学习完本书后能自己动手进行Arduino的开发，也希望本书能为读者带来精彩的技术人生。

衷心感谢中国移动通信集团设计院有限公司张茹娜、上海飞来信息科技有限公司孙大鹏在本书撰写中给予的帮助；感谢河北地质大学肖震霞老师为本书插图设计和配套视频所做的大量工作；感谢曾经在本书撰写过程中提供过帮助的人们。

由于时间仓促，加之作者水平有限，书中难免有不足之处，欢迎广大读者批评指正，有兴趣的读者可与我们联系。

说明：本书第15章为软件操作介绍，所用电路图中的元器件符号保持与实际软件中的元器件符号一致。

编 者

2024年11月

目 录
CONTENTS

第 1 部分 基 础 知 识

第 1 章 Arduino 概述 ▶ 3
1.1 Arduino 起源 4
1.2 Arduino 可以做什么 5
1.3 为什么用 Arduino 6
1.4 Arduino 开源文化 6
1.5 Arduino 发展趋势 7
    1.5.1 创客文化 7
    1.5.2 快速原型设计 8
1.6 Arduino 趣味实例 8
1.7 课后问答 9
1.8 本章小结 9

第 2 章 Arduino 硬件资源 10
2.1 核心芯片 ▶ 11
2.2 典型开发板 ▶ 13
    2.2.1 Arduino Uno 13
    2.2.2 Arduino Nano 17
    2.2.3 Arduino ProMini 19
    2.2.4 Arduino Leonardo 20
    2.2.5 Arduino Mega2560 23
    2.2.6 Arduino Due 24
    2.2.7 Arduino Micro 26
2.3 典型扩展板 ▶ 27
    2.3.1 Proto Shield 原型开发板 27
    2.3.2 GPRS Shield 扩展板 28
    2.3.3 Arduino Ethernet W5100 R3 Shield 网络扩展板 29
    2.3.4 WizFi210 扩展板 30
    2.3.5 Arduino L298N 电机驱动扩展板 30
    2.3.6 Arduino 传感器扩展板 32
    2.3.7 Arduino I/O 扩展板 33
2.4 简单认识其他不同型号的 Arduino 控制器 34
    2.4.1 Arduino Zero 34
    2.4.2 Arduino 兼容控制器 34

2.4.3　衍生控制器 35
　2.5　课后问答 35
　2.6　本章小结 37

第3章　开发环境 38
　3.1　开发环境概述 ▶ 38
　3.2　集成开发环境 39
　　3.2.1　Windows 环境搭建 39
　　3.2.2　macOS X 环境搭建 39
　3.3　驱动安装 40
　3.4　IDE 基本操作 ▶ 42
　　3.4.1　菜单 42
　　3.4.2　快捷键 43
　3.5　程序输入、编译及下载 44
　3.6　开发环境常见问题 45
　3.7　课后问答 45
　3.8　本章小结 45

第4章　Arduino 语言 46
　4.1　Arduino 语言概述 46
　　4.1.1　标识符 47
　　4.1.2　关键字 47
　　4.1.3　Arduino 语言运算符 ▶ 48
　　4.1.4　Arduino 语言控制语句 ▶ 53
　　4.1.5　Arduino 语言基本结构 ▶ 59
　4.2　Arduino 基本函数 64
　　4.2.1　数字 I/O ▶ 64
　　4.2.2　模拟 I/O 66
　　4.2.3　高级 I/O 68
　　4.2.4　时间函数 ▶ 70
　　4.2.5　数学函数 72
　　4.2.6　三角函数 73
　　4.2.7　随机数函数 74
　　4.2.8　外部中断函数 74
　　4.2.9　中断使能函数 76
　　4.2.10　串口收发函数 76
　　4.2.11　附表 81
　4.3　Arduino 库函数 ▶ 82
　　4.3.1　库函数概述 82
　　4.3.2　常用库函数 82
　4.4　课后问答 84
　4.5　本章小结 84

第2部分　模块实验

第5章　炫酷 LED 灯 87
　5.1　实验原理 ▶ 87
　5.2　材料清单及数据手册 ▶ 88
　　5.2.1　材料清单 88

		5.2.2 核心元件数据手册	89
5.3		硬件连接	90
5.4		程序设计	92
		5.4.1 设计思路及流程图	92
		5.4.2 程序源码	92
5.5		调试及实验现象	93
5.6		代码回顾	93
5.7		拓展实验	94
5.8		拓展实验调试及现象	97
5.9		技术小贴士	97
		5.9.1 解析LED正负极判别方法	97
		5.9.2 LED分类	99

第6章 按键开关输入 ······ 100

6.1	实验原理 ▶	100
6.2	材料清单 ▶	101
6.3	硬件连接	102
6.4	程序设计	103
	6.4.1 设计思路及流程图	103
	6.4.2 程序源码	103
6.5	调试及实验现象	104
6.6	拓展实验	104
6.7	拓展实验调试及现象	105
6.8	技术小贴士	105

第7章 火焰传感器 ······ 107

7.1	实验原理 ▶	107
7.2	材料清单及数据手册 ▶	107
	7.2.1 材料清单	107
	7.2.2 火焰传感器的数据手册	108
7.3	硬件连接	109
7.4	程序设计	109
7.5	调试及实验现象	110

第8章 温度与湿度监测 ······ 111

8.1	实验原理 ▶	111
8.2	材料清单及数据手册 ▶	112
	8.2.1 材料清单	112
	8.2.2 DHT11数据手册	113
8.3	硬件连接	114
8.4	程序设计	115
	8.4.1 设计思路及流程图	115
	8.4.2 程序源码	116
8.5	调试及实验现象	117
8.6	拓展实验	118

8.7 拓展实验调试及现象 120
8.8 技术小贴士 120

第9章 气体监测 122
9.1 实验原理 122
9.2 材料清单及数据手册 123
    9.2.1 材料清单 123
    9.2.2 MQ-2 数据手册 123
    9.2.3 MQ-2 烟雾传感器模块 124
9.3 硬件连接 124
9.4 程序设计 125
    9.4.1 设计思路及流程图 125
    9.4.2 程序源码 126
9.5 调试及实验现象 126
9.6 技术小贴士 127

第10章 LCD 显示 129
10.1 实验原理 129
10.2 材料清单及数据手册 129
    10.2.1 材料清单 129
    10.2.2 1602 LCD 数据手册 130
10.3 硬件连接 132
10.4 程序设计 133
10.5 调试及实验现象 135
10.6 技术小贴士 136

第11章 电机控制 137
11.1 实验背景 137
11.2 材料清单及数据手册 138
    11.2.1 材料清单 138
    11.2.2 步进电机数据手册 139
11.3 硬件连接 141
11.4 程序设计 142
11.5 调试及实验现象 143
11.6 拓展实验 143
11.7 技术小贴士 145

第12章 蓝牙通信 148
12.1 实验背景 148
12.2 材料清单及数据手册 149
    12.2.1 材料清单 149
    12.2.2 蓝牙模块数据手册 149
12.3 硬件连接 150
12.4 程序设计 151
12.5 调试及实验现象 152
12.6 技术小贴士 153

第 13 章 Wi-Fi 无线数据传输 ... 158
13.1 实验背景 ... 158
13.2 材料清单及数据手册 ... 158
13.2.1 材料清单 ... 158
13.2.2 Wi-Fi 模块数据手册 ... 159
13.3 电路连接及通信初始化 ... 160
13.4 程序设计 ... 162
13.5 程序调试 ... 162
13.6 技术小贴士 ... 162

第 14 章 ZigBee 无线数据传输 ... 165
14.1 实验背景 ... 165
14.2 材料清单及数据手册 ... 166
14.2.1 材料清单 ... 166
14.2.2 XBee/XBee-PRO 模块数据手册 ... 166
14.3 硬件连接 ... 169
14.4 程序设计 ... 171
14.5 程序调试 ... 173
14.6 技术小贴士 ... 173

第 3 部分 电路设计基础

第 15 章 电路设计基础 ... 179
15.1 原理图的设计 ... 179
15.1.1 原理图简介 ... 179
15.1.2 原理图编辑器 ... 180
15.1.3 原理图的绘制 ... 190
15.1.4 原理图绘制实例 ... 196
15.2 PCB 的设计 ... 197
15.2.1 PCB 简介 ... 197
15.2.2 PCB 编辑器 ... 201
15.2.3 PCB 的绘制 ... 204
15.3 电路板的生产 ... 209
15.3.1 电路板生产流程 ... 209
15.3.2 Gerber 文件 ... 210
15.4 PCB 设计案例与分析 ... 212

第 4 部分 项目实战

第 16 章 基于 Arduino 的智能小车 ... 217
16.1 项目背景 ... 217
16.1.1 国内外的智能车辆现状 ... 218
16.1.2 研究智能车辆的意义 ... 219
16.1.3 Arduino 在智能小车上的应用 ... 219
16.2 系统架构 ... 220

16.2.1　小车的硬件模块 …………………………………………………… 220
　　　16.2.2　小车控制器的选择 ………………………………………………… 220
　　　16.2.3　小车电源的选择 …………………………………………………… 221
　　　16.2.4　小车避障模块的选择 ……………………………………………… 221
　　　16.2.5　小车通信模块的选择 ……………………………………………… 221
　　　16.2.6　小车电机与电机驱动模块的选择 ………………………………… 221
　　　16.2.7　小车舵机模块的选择 ……………………………………………… 221
　16.3　材料清单 ▶ …………………………………………………………………… 222
　16.4　模块制作 ▶ …………………………………………………………………… 223
　　　16.4.1　蓝牙模块 …………………………………………………………… 223
　　　16.4.2　超声波测距模块 …………………………………………………… 224
　16.5　硬件设计原理图 ……………………………………………………………… 225
　16.6　软件程序流程图 ▶ …………………………………………………………… 226
　16.7　参考程序 ……………………………………………………………………… 227
　16.8　附录：指令-程序对应表 …………………………………………………… 232
参考文献 ………………………………………………………………………………… 233

第 1 部分
ARTICLE

基础知识

第 1 章　Arduino 概述

第 2 章　Arduino 硬件资源

第 3 章　开发环境

第 4 章　Arduino 语言

第 1 章 Arduino 概述

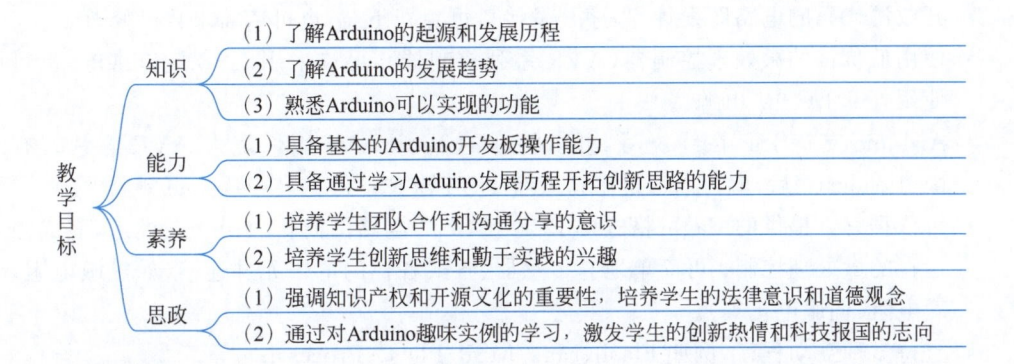

CHAPTER 1

教学目标：

- 知识
  - （1）了解 Arduino 的起源和发展历程
  - （2）了解 Arduino 的发展趋势
  - （3）熟悉 Arduino 可以实现的功能
- 能力
  - （1）具备基本的 Arduino 开发板操作能力
  - （2）具备通过学习 Arduino 发展历程开拓创新思路的能力
- 素养
  - （1）培养学生团队合作和沟通分享的意识
  - （2）培养学生创新思维和勤于实践的兴趣
- 思政
  - （1）强调知识产权和开源文化的重要性，培养学生的法律意识和道德观念
  - （2）通过对 Arduino 趣味实例的学习，激发学生的创新热情和科技报国的志向

课前预想

（1）你听说过 Arduino 吗？Arduino 的英文意思是什么？
（2）你想象的 Arduino 是什么？
（3）什么是开源？

视频讲解

带着以上问题进入 Arduino 的世界

Arduino 系统是为帮助那些没有电子编程经验的初学者能更好地应用而设计的。在 Arduino 的环境下，可以制作出对声、光、触觉和运动进行控制的物件。使用 Arduino，还可以做出许多意想不到的东西，如电子乐器、机器人、光立方、计算机游戏、交互式家具，甚至是交互式服装。

Arduino 是一种开源的单片机控制器，它使用 Atmel AVR 单片机，采用基于开放源代码的软硬件平台，构建开放源代码的 simple I/O 接口板，使用 Java、C 语言的 Processing/Wiring 开发环境。开发语言和开发环境简单、易理解，让用户可以快速使用 Arduino 做出有趣的东西。Arduino 可以配合 LED 灯、蜂鸣器、按键、光敏电阻等电子元件一起工作，开发出更多令人惊奇的互动作品。其开发环境界面基于开放源码原则，可以免费下载使用。

Arduino 是一款便捷灵活、方便上手的开源电子原型平台，包含硬件（各种型号的 Arduino 板）和软件（Arduino IDE），适用于艺术家、设计师、电子爱好者和对于"互动"有兴趣的朋友们。

Arduino 能通过各种各样的传感器来感知环境，通过控制灯光、电机和其他装置来反馈、影响环境。开发板上的微控制器可以通过 Arduino 的编程语言来编写程序，编译成二进制文件，烧录进微控制器。Arduino 编程通过 Arduino 编程语言和 Arduino 开发环境实现。

基于 Arduino 的项目，可以只包含 Arduino，也可以包含 Arduino 和其他一些在 PC 上运行的软件，它们之间通过通信软件(如 Flash、Processing、MaxMSP)进行连接。用户可以自己动手制作，也可以购买套装成品；Arduino 所使用的软件都可以免费下载，硬件参考设计(CAD 文件)也是遵循 availableopen-source 协议的，用户可以非常自由地根据自己的要求去修改。

Arduino 具有以下特色。
- 开放源代码的电路图设计，程序开发接口可免费下载，也可依需求自己修改。
- 使用低价位的微处理控制器(AVR 系列控制器)，可以采用 USB 接口供电，也可以使用外部 DC 9V 电源。
- Arduino 支持 ISP 在线烧写，可以将新的 bootloader 固件烧入 AVR 芯片。有了 bootloader 之后，就可以通过串口或者 USB 转 RS232 的转换线来更新固件。
- 可依据官方提供的 Eagle 格式的 PCB 和 SCH 电路图简化 Arduino 模组，完成独立运行的微处理控制；可简单地与传感器、各式各样的电子元件连接(如热敏电阻、光敏电阻、伺服电机等)。
- 支持多种互动程序，例如 Flash、Max/MSP、PD、C、Processing 等。
- 在应用方面，利用 Arduino，可以突破以往只能使用鼠标、键盘、CCD(Charged Coupled Device，电荷耦合器件)图像传感器等输入装置互动的限制，更简单地完成单人或多人互动游戏。

1.1 Arduino 起源

说到 Arduino 的起源，似乎有点无心插柳柳成荫。Massimo Banzi 是意大利米兰互动设计学院的教师，他的学生们常常抱怨找不到一块价格便宜且功能强大的控制主板来设计他们的机器人。2005 年的冬天，Banzi 和 David Cuartielles 讨论到这个问题。David Cuartielles 是西班牙的微处理器设计工程师，当时在这所学校做访问研究。他们决定自己设计一块控制主板，于是找来了 Banzi 的学生 David Mellis，让他来编写代码程序。David Mellis 只花了两天时间就完成了代码的编写，然后又过了 3 天，开发板就设计出来了，取名为 Arduino。很快，这块开发板受到了广大学生的欢迎。这些学生当中包括那些完全不懂计算机编程的人，都用 Arduino 做出了"很炫"的东西：有人用它控制和处理传感器，有人用它控制灯的闪烁，有人用它制作机器人……之后，Banzi、David Cuartielles 和 David Mellis 将设计图上传到网上，然后花了 3000 欧元加工出第一批开发板。

Banzi 等当时加工了 200 块开发板，卖给学校 50 块，起初还担心剩下的 150 块怎么卖出去，但是几个月后，他们的设计作品在网上得到了快速传播，接着就收到了几个上百块开发板的订单。这时他们意识到 Arduino 是很有市场价值的，因此，他们决定开始 Arduino 的事业，但是有个原则——开源。他们规定任何人都可以复制、重新设计甚至出售 Arduino 板。人们不用花钱购买版权，连申请许可权都不用。但是，如果要加工出售 Arduino 原板，版权还是归 Arduino 团队所有。如果你的设计是在 Arduino 设计基础上进行的修改,那么你的设计必须也和 Arduino 一样开源。

Arduino 设计者们唯一拥有的就是 Arduino 这个商标。如果你的设计也想用 Arduino 命名,那么你就得支付费用。这样做是为了保护 Arduino 这个商标不被低劣的作品损坏。

对于最初决定硬件开源,几位设计者也有不同的动机。David Cuartielles 认为自己是个"左倾"学术主义者,不喜欢为了赚钱而限制大家的创造力,从而导致自己的作品得不到广泛使用。"如果有人要复制它,没问题。复制只会让它更出名。"David Cuartielles 在某次演讲中甚至说:"请你们复制它吧!"Banzi 则恰恰相反,他更像一个精明的商人。他现在已经退休了,不再教书,开了一家科技设计公司。他猜想,如果 Arduino 开源,相比那些不开源的作品,会激发更多人的兴趣,从而得到更广泛的使用。还有一点就是,一些电子发烧友会去寻找 Arduino 的设计缺陷,然后要求 Arduino 团队进行改进。利用这种免费的劳动力,他们可以开发出更好的新产品。

实际情况也正如 Banzi 所料,在接下来的几个月内,很多人提出重新布线、改进编程语言等建议。后来曾有销售商要求代理 Arduino 产品。2006 年,Arduino 方案获得了 Prix Art Electronica 电子通信类的荣誉奖。那一年,他们销售了 5000 块开发板;第二年,他们销售了 30 000 块。Arduino 被电子发烧友用来设计机器人、调试汽车引擎、制作无人机模型等。

1.2 Arduino 可以做什么

Arduino 像是一种半成品,它提供通用的输入/输出接口,可以通过编程,把 Arduino 加工成所需要的输入/输出设备。Arduino 可以使用开发完成的电子元件,例如开关、传感器或其他控制器、LED、步进电机或其他输出装置;也可以独立运作,成为一个可以与软件沟通的接口,例如 Flash、Processing、Max/MSP 或其他互动软件。Arduino 开发环境 IDE 也基于源代码开放,可以免费下载。使用 IDE 更容易开发出更多令人惊艳的互动作品。

如图 1.1 所示,可以把 Arduino 做成键盘、鼠标、话筒等输入设备;也可以把 Arduino 做成音响、显示器等输出设备。重要的是,可以把 Arduino 做成任何希望的互动设备。总之,Arduino 是什么,是根据你的需求来确定的。

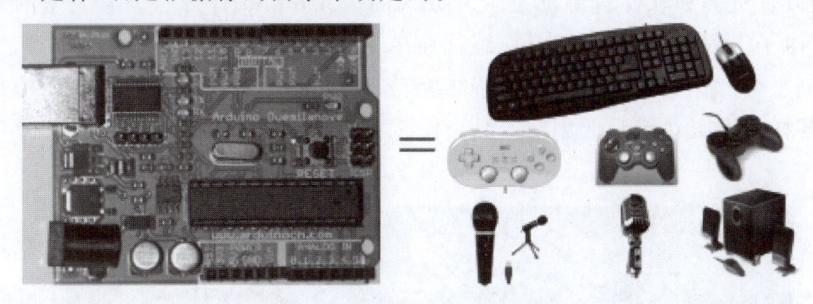

图 1.1 基于 Arduino 的产品

你与计算机之间的交互,从此插上了翅膀。

1.3 为什么用Arduino

有很多单片机和单片机平台都适用于交互式系统的设计,所有这些工具,用户都不需要去关心单片机烦琐的编程细节,因为会有一套容易使用的工具包提供给你。Arduino同样也简化了开发流程,但同其他系统相比,Arduino在很多地方更具有优越性,特别适合教师、学生和一些业余爱好者们使用,其主要优势包括以下几点。

价格便宜 和其他平台相比,Arduino板算是相当便宜了。最便宜的Arduino板可以自己动手制作,即使是组装好的成品,其价格也不会超过200元。

跨平台 Arduino IDE可以运行在Windows、Macintosh OS X和Linux操作系统上。而其他的大部分单片机编译软件都只能运行在Windows操作系统上。

简易的编程环境 初学者很容易就能学会使用Arduino编程环境,同时它又能为高级用户提供足够多的高级应用。对于老师们来说,一般都能很方便地使用Processing编程环境;如果学生已学习过Processing编程环境,那么他们在使用Arduino开发环境的时候就会觉得很相似。

软件开源并可扩展 Arduino软件是开源的,有经验的程序员可以对其进行扩展。Arduino编程语言可以通过C++库进行扩展;如果有人想去了解技术上的细节,可以跳过Arduino语言而直接使用AVR C编程语言(因为Arduino语言实际上是基于AVR C的),也可以直接往Arduino程序中添加AVR C代码。

硬件开源并可扩展 Arduino板基于Atmel的ATmega8和ATmega168/328单片机。Arduino基于Creative Commons许可协议,所以有经验的电路设计师能够根据需求设计自己的模块,可以对其扩展或改进,甚至对于一些没有什么经验的用户,也可以通过制作实验板来理解Arduino是怎么工作的,省钱又省时。

1.4 Arduino开源文化

Arduino代表了一种开源文化,借助协作的力量加速创新。从电路设计图到编译开发环境,所有的硬件资源和软件资源都是全开放式的。Arduino有自己一套完整的规范和软件封装,对于电子工程师和爱好者来说,编程简单了,接口也规范了,资源也非常丰富,是很好上手的控制平台。作为科学技术的精华与互动媒体的艺术结合,加上其开源的创意文化,能做出各种各样使人眼花缭乱的创新产品。图1.2所示为一款Wi-Fi控制的机器手复古音乐播放器。

图1.2 Wi-Fi控制的机器手复古音乐播放器

1.5 Arduino 发展趋势

Arduino 已经发布了许多不同版本的平台,有 USB 接口、蓝牙接口、以太网接口等,以及各种 Mini 版本。Google 也发布了 Android 的配件标准(Android Open Accessory)与 ADK 开发工具(基于 Arduino 平台),其配件标准及开发工具如图 1.3 所示。Arduino 有着庞大的用户基数和开发者,前途无可限量。

图 1.3 基于 Arduino 的 Android 配件标准及 ADK 开发工具

1.5.1 创客文化

在介绍 Arduino 发展前景之前,首先需要了解逐渐兴起的"创客"文化。"创客"一词来源于英文单词 Maker,指的是不以盈利为目标,努力把各种创意转变为现实的人。其实就是热爱生活、愿意亲手创新、为生活增加乐趣的一群人,他们精力旺盛,坚信世界会因为自己的创意而改变。

创客文化兴起于国外,经过一段时间红红火火的发展,如今已经成为一种潮流。国内一些硬件发烧友了解到国外的创客文化后被其深深吸引,经过圈子中的口口相传,大量的硬件、软件、创意人才聚集在了一起。各种社区、空间、论坛的建立使得创客文化在中国真正流行起来。北京、上海、深圳已经发展成为中国创客文化的三大中心。

那么,是什么推动创客文化如此迅猛发展呢?众所周知,硬件的学习和开发是有一定难度的,人人都想通过简单的方式实现自己的创意,于是开源硬件应运而生。而开源硬件平台中知名度较高的应该就是日渐强大的 Arduino 了。

Arduino 作为一款开源硬件平台,一开始设计时就是让非电子专业尤其是艺术家学习使用的,让他们更容易实现自己的创意。当然,这不是说 Arduino 性能不强、有些业余,而是表明 Arduino 很简单、易上手。Arduino 内部封装了很多函数和大量的传感器函数库,即使不懂软件开发和电子设计的人也可以借助 Arduino 很快创作出属于自己的作品。可以说,Arduino 与创客文化是相辅相成的。

一方面,Arduino 简单易上手、成本低廉这两大优势让更多的人都能有条件和能力加入创客大军;另一方面,创客大军的日益扩大也促进了 Arduino 的发展。各种各样的社区、论坛的完善,不同的人、不同的环境、不同的创意每时每刻都在对 Arduino 进行扩展和完善。在 2011 年举行的 Google I/O 开发者大会上,Google 公司发布了基于 Arduino 的 Android

Open Accessory 标准和 ADK 工具，这使得大家对 Arduino 巨大的发展前景十分看好。

Arduino 发展潜力巨大，既可以让创客根据创意改造成为一个小玩具，也可以大规模制作成工业产品。国内外 Arduino 社区良好的运作和维护使得几乎每一个创意都能找到实现的理论和实验基础，相信随着城市的不断发展，人们对生活创新的不断追求，会有越来越多的人听说 Arduino、了解 Arduino、玩转 Arduino。

1.5.2 快速原型设计

纵观计算机语言的发展，从 0 和 1 相间的二进制语言到汇编语言，从 K&R 的 C 语言到现在各种各样的高级语言，计算机语言正在逐渐变成更自由、更易学、更易懂的大众化语言。硬件的发展已经逐渐降低软件开发的复杂性，编程的门槛正在逐渐降低。曾有人预言：未来的时代，程序员将要消失，编程不再是局限人们思维和灵感的桎梏。在软件行业飞速发展的现在，几乎任何具有良好逻辑思维能力的人，只要对某些产品感兴趣，就可以通过互联网获得足够的资源从而成为一名软件开发人员。

而 Arduino 的出现，让人们看到了不仅是软件，硬件的开发也越来越简单和廉价。Arduino 不必从底层开始学习开发计算机的特性让更多的人从零上手，将自己的灵感用最快的速度转化为现实。其中以 Arduino 为代表的开源硬件，降低了入行的门槛，从而设计电子产品不再是专业领域电子工程师的专利，"自学成才"的电子工程师正在逐渐成为可能。

开源硬件将会使得软件同硬件、互联网产业更好地结合到一起，在未来一段时间里，开源硬件将会有非常好的发展，最终形成硬件产品少儿化、平民化、普及化的趋势。同时，Arduino 的简单易学也会成为一些电子爱好者进入电子行业的一块基石，随着使用 Arduino 制作电子产品的深入，相应地也会对硬件进行更深层次的探索。在简单易学的前提下，比一开始就学习单片机、汇编入行要简单、有趣得多。

Arduino 开源和自由的设计无疑是全世界电子爱好者的福音，大量的资源和资料让很多人快速学习 Arduino。开发一个电子产品开始变得简单。互联网的飞速发展让科技的脚步加快，互联网产品正在变得更简单。利用 Arduino，电子爱好者们可以快速设计出原型，从而根据反馈改进出更加稳定、可靠的版本。

1.6 Arduino 趣味实例

如何用 5000 元人民币实现自动驾驶？他成功用 Arduino 改造了一辆福特汽车。

住在墨尔本的 Keran McKenzie 有一辆福特 Focus 汽车，平时没事就爱开出去溜达溜达。该车的仪表盘上有个名为 Home 的按钮，这个选项能根据用户所选的地址为汽车提供导航服务。当然，出于安全考虑，福特自然是不会把用户直接送到家门口的，而只会导航到家附近的某个地点。

不过有一天，McKenzie 突然灵感闪现：既然这样，我是否能让这个 Home 键实至名归，让它真的把我送到家里——而且是以自动驾驶的方式？

说干就干，McKenzie 真的就开始捣鼓起来。他把 Focus 的声呐传感器拆下，原本这是福特用于停车等短程智能驾驶的设备，并用 5 个相机配合"创客好丽友"——Arduino 一起使用，作为自动驾驶的"眼睛"。

McKenzie 随后在车内安装了一个处理器以连接引擎和探测系统,方便在车内随时监控自动驾驶状况,以防不测。这样,一个简单的自动驾驶改装就做好了。至于具体花费,McKenzie 向 IEEE 记者 Philip E. Ross 表示,大约为 5000 元人民币。

只要 5000 元,自动驾驶抱回家。

然后,McKenzie 就上路了,双手离开方向盘自动驾驶(图 1.4)。

不过这个过程只维持了 10 s,迎面而来的一辆福特"兄弟"把 McKenzie 吓得整个人都不好了。

在停车场,McKenzie 的胆子大了许多(至少没有马路杀手),放手让自己的福特车自由行驶。实际上 McKenzie 早在 2013 年就对自己的汽车"下手"了,当时他组队参加了黑客马拉松,并一举获得了第一名,看来有实力就有底气。

图 1.4 McKenzie 自动驾驶

McKenzie 用 Arduino 改造福特,实现了"5000 元打造自动驾驶汽车"。虽然精神可嘉,但在此要告诫各位小伙伴们,还是要注意人身安全。

1.7 课后问答

1. 简述 Arduino 的概念。
2. 简述 Arduino 的特色。
3. 简述 Arduino 的作用。
4. 简述 Arduino 的优势。

1.8 本章小结

本章主要介绍了 Arduino 的起源和概念,分析了应用现状并对未来的发展进行展望,同时描述了 Arduino 的开发实例。

Arduino 是包括了开发板等硬件和开发环境等软件在内的开源电子平台,其容易上手,具有巨大的发展潜力。

第 2 章　Arduino 硬件资源

CHAPTER 2

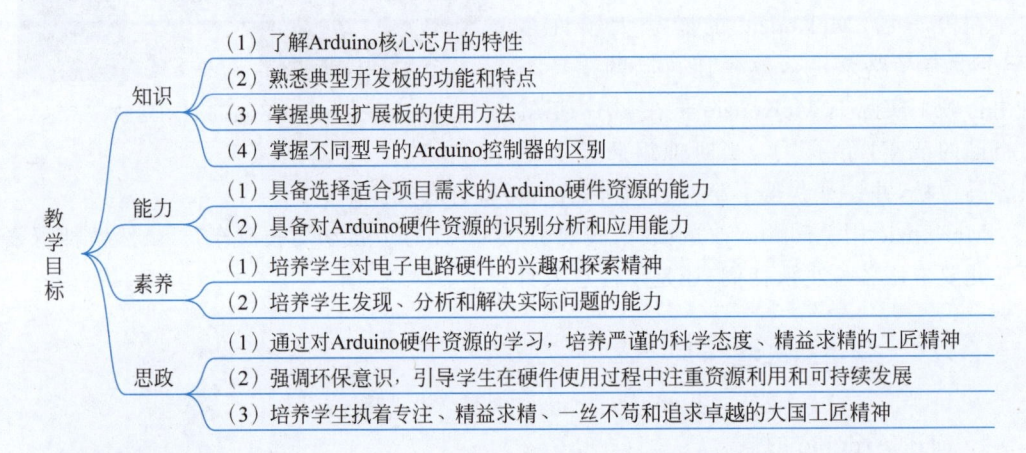

教学目标
- 知识
  - (1) 了解 Arduino 核心芯片的特性
  - (2) 熟悉典型开发板的功能和特点
  - (3) 掌握典型扩展板的使用方法
  - (4) 掌握不同型号的 Arduino 控制器的区别
- 能力
  - (1) 具备选择适合项目需求的 Arduino 硬件资源的能力
  - (2) 具备对 Arduino 硬件资源的识别分析和应用能力
- 素养
  - (1) 培养学生对电子电路硬件的兴趣和探索精神
  - (2) 培养学生发现、分析和解决实际问题的能力
- 思政
  - (1) 通过对 Arduino 硬件资源的学习，培养严谨的科学态度、精益求精的工匠精神
  - (2) 强调环保意识，引导学生在硬件使用过程中注重资源利用和可持续发展
  - (3) 培养学生执着专注、精益求精、一丝不苟和追求卓越的大国工匠精神

课前预想

(1) Arduino 的硬件由哪几部分组成？各自实现什么作用？
(2) Arduino 开发板有什么功能？
(3) 你知道的 Arduino 的核心芯片有哪些？
(4) 你了解 Arduino 开发板吗？
(5) 应该从哪几方面学习 Arduino 开发板？
(6) 列举出你所了解的 Arduino 扩展板。
(7) 应该从哪几方面了解 Arduino 扩展板？

在了解 Arduino 的起源以及 Arduino 的作用之后，接下来对 Arduino 硬件和开发板，以及其他扩展硬件进行初步了解和学习。

Arduino 的硬件主要由控制板和扩展板组成。Arduino 的控制板是以 ATmegaxx 单片机为核心的单片机最小系统板，主要包括两部分内容：ATmegaxx 的单片机最小系统和 USB 转串口电路。由于 Arduino 是开源的，任何人都可以根据自己的需要制作扩展板，只要是符合控制板的标准就可以。目前 Arduino 已经可以提供非常全面的扩展板，有电机控制板(包括直流电机、步进电机、舵机)、无线扩展板、以太网扩展板(W5100、ENC28J60)、温度传感器板(温度传感器、地方矢量传感器、压力传感器等)、各种 SPI 总线、I^2C 总线扩展板等。

因为开发板只能控制和响应电信号，所以开发板集成一些特定的元件以实现与现实世界的交互。这些组件可以是将物理量转换成开发板能感应的电信号的传感器，或者是将开发板上电信号变化转换成现实世界物理变化的执行器。交换器、加速度计、超声波距离传感器等都属于传感器；而执行器是指 LED、扬声器、电机、显示器等。有许多可以运行 Arduino 软件的官方开发板，以及由 Arduino 委员会成员开发的兼容性强的 Arduino 开发板。

2.1 核心芯片

本书的讲解主要针对 Arduino Uno R3 展开，Arduino Uno R3 的核心为 ATmega32xx 系列单片机，该系列单片机引脚如图 2.1 所示。

其主要特性为：

- 高性能、低功耗的 8 位 AVR 微处理器；
- 先进的 RISC 结构；
- 131 条指令，且大多数指令执行时间为单个时钟周期；
- 32 个 8 位通用工作寄存器；
- 全静态工作；
- 工作于 16MHz 时性能高达 16MIPS；
- 只需两个时钟周期的硬件乘法器；
- 非易失性程序和数据存储器；
- 32KB 的系统内可编程 Flash；
- 擦写寿命为 10 000 次；
- 具有独立锁定位的可选 Boot 代码区；
- 通过片上 Boot 程序实现系统内编程；
- 真正的同时读/写操作；
- 1KB 的 EEPROM；
- 2KB 片内 SRAM；
- 可以对锁定位进行编程以实现用户程序的加密；
- JTAG 接口（与 IEEE 1149.1 标准兼容）；
- 符合 JTAG 标准的边界扫描功能；
- 支持扩展的片内调试功能；
- 通过 JTAG 接口实现对 Flash、EEPROM、熔丝位（保险丝）和锁定位编程。

图 2.1　ATmega32xx 系列单片机引脚图

该系列产品的外设特点为：

- 两个具有独立预分频器和比较器功能的 8 位定时器/计数器；
- 一个具有预分频器、比较功能和捕捉功能的 16 位定时器/计数器；
- 具有独立振荡器的实时计数器 RTC；
- 四通道 PWM；
- 8 路 10 位 ADC；
- 8 个单端通道；

- TQFP 封装的 7 个差分通道；
- 2 个具有可编程增益(1x、10x 或 200x)的差分通道；
- 面向字节的两线接口；
- 可编程的串行 USART；
- 可工作于主机/从机模式的 SPI 串行接口；
- 具有独立片内振荡器的可编程看门狗定时器；
- 片内模拟比较器。

其特殊的处理器特点为：
- 上电复位以及可编程的掉电检测；
- 片内经过标定的 RC 振荡器；
- 片内/片外中断源；
- 6 种睡眠模式：空闲模式、ADC 噪声抑制模式、省电模式、掉电模式、Standby 模式以及扩展的 Standby 模式。

I/O 和封装为：
- 32 个可编程的 I/O 端口；
- 40 引脚 PDIP 封装、44 引脚 TQFP 封装与 44 引脚 MLF 封装。

其工作电压为：
- ATmega32L,2.7~5.5V；
- ATmega32,4.5~5.5V。

速度等级为：
- ATmega32L,0~8MHz；
- ATmega32,0~16MHz。

ATmega32L 在 1MHz、3V、25℃时的功耗为：
- 正常模式 1.1mA；
- 空闲模式 0.35mA；
- 掉电模式<1μA。

芯片引脚说明如下。
- VCC 数字电路的电源。
- GND 地。
- 端口 A(PA7~PA0)。端口 A 为 A/D 转换器的模拟输入端。端口 A 为 8 位双向 I/O 端口，具有可编程的内部上拉电阻。其输出缓冲器具有对称的驱动特性，可以输出和吸收大电流。作为输入使用时，若内部上拉电阻使能，端口被外部电路拉低时将输出电流。在复位过程中，系统时钟未起振时，端口 A 处于高阻状态。
- 端口 B(PB7~PB0)。端口 B 为 8 位双向 I/O 端口，具有可编程的内部上拉电阻。其输出缓冲器具有对称的驱动特性，可以输出和吸收大电流。作为输入使用时，若内部上拉电阻使能，端口被外部电路拉低时将输出电流。在复位过程中，系统时钟未起振时，端口 B 处于高阻状态。
- 端口 C(PC7~PC0)。端口 C 为 8 位双向 I/O 端口，具有可编程的内部上拉电阻。其输出缓冲器具有对称的驱动特性，可以输出和吸收大电流。作为输入使用时，若内部上拉电阻使能,端口被外部电路拉低时将输出电流。在复位过程中,系统时钟未起振时,端口 C 处于高阻状态。如 JTAG 接口使能,则需引脚 PC5(TDI)、PC3(TMS)与 PC2(TCK)的上拉电阻被激活。除去移出数据的 TAP 态外,TD0 引脚为高阻态。
- 端口 D(PD7～PD0)。端口 D 为 8 位双向 I/O 端口,具有可编程的内部上拉电阻。其输出缓冲器具有对称的驱动特性,可以输出和吸收大电流。作为输入使用时,若内部上拉电阻使能,则端口被外部电路拉低时将输出电流。在复位过程中,系统时钟未起振时,端口 D 处于高阻状态。
- RESET 复位输入引脚。持续时间超过最小门限时间的低电平将引起系统复位;持续时间小于门限时间的脉冲不能保证可靠复位。
- XTAL1 反向振荡放大器与片内时钟操作电路的输入端。
- XTAL2 反向振荡放大器的输出端。
- AVCC 端口 A 与 A/D 转换器的电源。不使用 ADC 时,该引脚应直接与 VCC 连接;使用 ADC 时应通过一个低通滤波器与 VCC 连接。
- AREF 为 A/D 的模拟基准输入引脚。

2.2 典型开发板

2.2.1 Arduino Uno

Arduino Uno 是 Arduino USB 接口系列,作为 Arduino 平台的参考标准模板,实物如图 2.2 所示。Uno 的处理器核心是 ATmega328,同时具有 14 路数字输入/输出口(其中 6 路可作为 PWM 输出)、6 路模拟输入、一个 16MHz 晶体振荡器、一个 USB 接口、一个电源插座、一个 ICSP header 和一个复位按钮。本书采用的是 Uno R3,与前两版相比其具有以下特点。

图 2.2 Arduino Uno 实物图

(1) 在 AREF 处增加了 SDA 和 SCL 这两个引脚,支持 I^2C 接口。
(2) 增加 IOREF 和一个预留引脚,扩展板将能兼容 5V 和 3.3V 核心板。
(3) 改进了复位电路设计。
(4) USB 接口芯片由 ATmega16U2 替代了 ATmega8U2。

Arduino Uno 的主要特性为:处理器 ATmega328;工作电压 5V;输入电压(推荐)7～

12V；输入电压(范围)6～20V；数字I/O引脚14个(其中6路作为PWM输出)；模拟输入引脚6个；I/O引脚直流电流40mA；3.3V引脚直流电流50mA；Flash Memory 32KB(ATmega328,其中0.5KB用于bootloader)；SRAM 2KB(ATmega328)；EEPROM 1KB(ATmega328)；工作时钟16MHz。

1. 电源

Arduino Uno 可以通过3种方式供电,而且能自动选择供电方式。

(1) 外部直流电源通过电源插座供电。

(2) 电池连接电源连接器的GND和VIN引脚。

(3) USB接口直接供电。

电源引脚说明如下。

(1) VIN　　当外部直流电源接入电源插座时,可以通过VIN向外部供电；也可以通过此引脚向Uno直接供电；VIN有电时将忽略从USB或者其他引脚接入的电源。

(2) 5V——通过稳压器或USB的5V电压,为Uno上的5V芯片供电。

(3) 3.3V——通过稳压器产生的3.3V电压,最大驱动电流50mA。

(4) GND——接地。

2. 存储器

ATmega328包括片上32KB Flash,其中0.5KB用于bootloader。同时还有2KB SRAM和1KB EEPROM。

3. 输入/输出

Arduino Uno 包括14路数字输入/输出和6路模拟输入。其中14路数字输入/输出的工作电压为5V,每一路能输出和接入的最大电流为40mA。每一路配置了20～50kΩ内部上拉电阻(默认不连接)。除此之外,部分引脚有特定功能,列举如下。

(1) 串口信号RX(0号)、TX(1号)：与内部ATmega8U2 USB转TTL芯片相连,提供TTL电压水平的串口接收信号。

(2) 外部中断(2号和3号)：触发中断引脚,可设成上升沿、下降沿或同时触发。

(3) 脉冲宽度调制PWM(3、5、6、9、10、11)：提供6路8位PWM输出。

(4) SPI(10(SS)、11(MOSI)、12(MISO)、13(SCK))：SPI通信接口。

(5) LED(13号)：Arduino专门用于测试LED的保留接口,输出为高时点亮LED；反之,输出为低时LED熄灭。

(6) 6路模拟输入A0～A5：每一路具有10位的分辨率(即输入有1024个不同值),默认输入信号范围为0～5V,可以通过AREF调整输入上限。

(7) TWI接口(SDA A4和SCL A5)：支持通信接口(兼容I^2C总线)。

(8) AREF：模拟输入信号的参考电压。

(9) RESET：信号为低时复位单片机芯片。

4. 通信接口

(1) 串口：ATmega328内置的UART可以通过数字口0(RX)和1(TX)与外部实现串口通信；ATmega16U2可以访问数字口,实现USB上的虚拟串口。

(2) TWI(兼容I^2C)接口。

(3) SPI接口。

5. 程序下载方式

（1）Arduino Uno 上的 ATmega328 已经预置了 bootloader 程序，因此可以通过 Arduino 软件直接下载程序到 Uno 中。

（2）可以通过 Uno 上的 ICSP header 直接下载程序到 ATmega328。

（3）ATmega16U2 的 Firmware（固件）也可以通过 DFU 工具升级。

6. 使用时的注意事项

（1）Arduino Uno 上 USB 接口附近有一个可重置的保险丝，对电路起到保护作用。当电流超过 500mA 时会断开 USB 连接。

（2）Arduino Uno 提供了自动复位设计，可以通过主机复位。这样通过 Arduino 软件下载程序到 Uno 中，软件可以自动复位，不需要再按复位按钮。在印制板上丝印 RESET EN 处可以使能和禁止该功能。

本书所用到的开发板是 Arduino Uno，现对 Arduino Uno 开发板上的所有资源配上图片讲解，以便读者能够更深刻地了解这款 Arduino 开发板，为以后的开发和设计打下坚实的基础。Arduino Uno 开发板板载资源如图 2.3 所示。

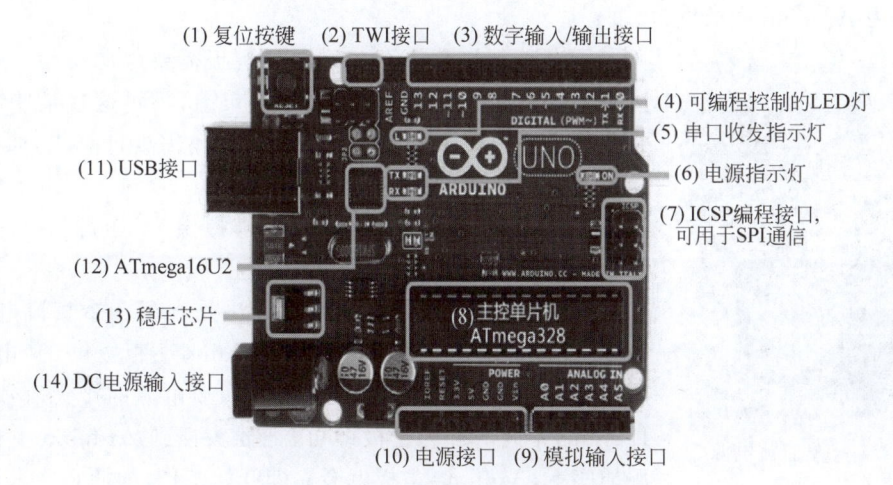

图 2.3　Arduino Uno 开发板板载资源

以下是 Uno 开发板中各部分的功能。

（1）复位按键：按下复位按键，开发板复位（硬件复位）。

（2）TWI（I^2C）接口：用于连接 I^2C 协议的外部设备，需要把各自模块的 SDA 和 SCL 分别并接在 Arduino Uno 的 SDA 和 SCL 上（A4 和 A5），加上拉电阻，共用电源。通过调用相关库函数实现 I^2C 通信。

（3）数字输入/输出接口：14 个数字输入/输出接口，可通过软件配置相应接口的输入/输出功能。其中带有"～"符号的引脚支持 PWM 功能（3、5、6、10、11 引脚），通过相应的函数配置操作 PWM 的相关参数。

（4）可编程控制的 LED 灯：可通过程序控制灯的亮灭、闪烁等状态。

（5）串口收发指示灯：指示串口的收发状态。

（6）电源指示灯：指示电源状态，上电灯亮。

（7）ICSP 编程接口：ICSP 编程接口，也可用于 SPI 通信。

(8) 主控单片机 ATmega328：Arduino Uno 开发板的主控芯片。

(9) 模拟输入接口：6 个模拟量输入接口，可通过调用相关的函数实现 A/D 采样。

(10) 电源接口：提供 5V 和 3.3V 电源。

(11) USB 接口：Arduino Uno 通过 USB 接口连接计算机，实现 Arduino Uno 开发板和计算机之间的通信。

(12) ATmega16U2：USB 转串口的控制芯片。

(13) 稳压芯片：AMS1117 稳压芯片，5V 和 3.3V 电源稳压器。

(14) DC 电源输入接口：Arduino Uno 可以使用外接电源进行输入，外接电源范围为 7～12V。原则上越靠近 7V 越好。

提示：配合一些相应的实验，更容易理解开发板各部分的用途。

若想将 Arduino 主板连接到计算机，只需要一根 USB 连接线。同时，还可以用建立起来的 USB 连接完成不同的工作。

- 上传新的程序到主板。
- 负责 Arduino 主板和计算机之间的通信。
- 为 Arduino 主板供电。

图 2.4 9V 直流电源

作为一个电子设备，Arduino 主板需要电源供给。一种方法是将它连接到计算机的 USB 端口上，不过这在某些情况下并非一个好的解决方法。有些项目并不需要计算机，如果仅仅是为了给 Arduino 主板提供电源而在边上摆放一台开着的计算机，则很浪费；并且 USB 端口仅能够提供 5V 电源，在很多情况下，可能需要更高的工作电压。

在这种情况下，最好的解决方法是利用一个直流电源，如图 2.4 所示，用一个直流电源给 Arduino 主板提供 9V 电源（一般而言，建议电压范围为 7～12V），只要电源的接头信号为 DC 1.2mm，中间的针为正极即可，把插头插到 Arduino 主板的电源插座上，Arduino 主板就会立即开始工作，即便它并未被连接到计算机上。值得一提的是，即便在插入插头时 Arduino 主板已经和计算机连接起来，它还是会自动切换到外接电源供电模式。

注意：老版本的 Arduino 主板（Arduino-NG 和 Didcimila）并不能在 USB 供电和外接电源供电两种模式之间自动切换，它们是通过一个电源跳线（跳线边上印有文字 PWR-SEL）来进行切换的。遇到这种主板，需要通过跳线的方式手动设定它究竟是采用 EXT（外接电源）还是 USB（USB 电源）方式供电。

Arduino Uno R4 继承了 Arduino Uno R3 的经典设计和外观，但在内部做了重大的升级。它不再使用 ATmega328P 的芯片，而是采用了更强大的 ARM Cortex-M4。这款处理器的工作频率高达 48MHz，配备 32KB 的 RAM 和 256KB 的闪存。这样的配置几乎重新定义了 Arduino 的性能范畴。Arduino Uno R4 搭载的 Cortex-M4 微控制器，提供更高的性能、更快的时钟速度和更先进的指令集。相比于 Arduino Uno R3，它可以更高效、更快地执行代码，不仅能轻松处理更复杂的项目，还能提供更快的运行速度。Arduino Uno R4 实物图如图 2.5 所示。

图 2.5　Arduino Uno R4 实物图

与 Arduino Uno R3 相比,Cortex-M4 微控制器的处理能力提高了 3～16 倍。与采用 Cortex-M0+的 Raspberry Pi Pico 等较小的微控制器相比,Cortex-M4 的性能大约提高了 6 倍。此外,Arduino Uno R4 可以使用 5V 的电源供电,更加方便和实用。

下面详细介绍 Arduino Uno R4 的各项参数。

(1) 微控制器和存储器。微控制器使用的是 Renesas RA4M1,32 位架构,48MHz 时钟速度。存储器:RAM 为 32KB,Flash 为 256KB,EEPROM 为 8KB。

(2) 电源。USB-C 接口可以直接用 5V 的 USB-C 供电。VIN 引脚支持 6～24V 电压范围。当使用 VIN 引脚供电时,板上的 5V 引脚可以提供最多 1.2A 电流。

(3) 输入/输出引脚。数字 I/O 引脚共 14 个,部分支持 PWM 和中断。模拟输入引脚共 6 个(A0～A5),支持模拟读取(默认 10 位分辨率,可调至 12 或 14 位)。

(4) 通信接口。SPI:通过 D10～D13 引脚实现。I2C:通过 A4(SDA)和 A5(SCL)引脚实现。UART:通过 RX(D0)和 TX(D1)实现。USB:通过 USB-C 接口实现。

(5) 程序下载方式。可以通过 Arduino IDE、Arduino Web 编辑器或 Arduino CLI 进行程序下载和更新。

(6) 使用注意事项。避免通过 5V 引脚供电给高电流设备(如伺服电机),以免损坏开发板。EEPROM 写入有次数限制,不建议频繁写入以延长寿命。

(7) 特殊功能和其他特性。PWM:支持在多个引脚上实现,可以用于模拟信号输出。DAC:数字到模拟转换器,支持高达 12 位的分辨率。RTC:实时时钟,可以用于时间跟踪。EEPROM:长期存储数据,即使在断电后也能保持数据不丢失。调试:提供 SWD 接口用于高级调试功能。

(8) 引脚分配:包括数字和模拟引脚,部分引脚具备特殊功能如 PWM、SPI 通信等。

2.2.2　Arduino Nano

Arduino Nano 是 Arduino USB 接口的微型版本,实物图片如图 2.6 所示,图中两款的不同之处在于,没有电源插座及 USB 接口的是 Mini-B 型插座(图 2.6 中左图)。

Arduino Nano 尺寸非常小,且可以直接插在面包板上使用。其处理器核心是 ATmega168(Nano2.x)和 ATmega328(Nano3.0),同时具有 14 路数字输入/输出口(其中 6 路可作为 PWM 输出)、8 路仿真输入、一个 16MHz 晶体振荡器、一个 Mini-B USB 端口、一个 ICSP header 和一个复位按钮。

Arduino Nano 的主要特性如下:

(1) 处理器 ATmega168 或 ATmega328；
(2) 工作电压为 5V；
(3) 输入电压(推荐)7～12V；
(4) 输入电压(范围)6～20V；
(5) 数字 I/O 引脚 14（其中 6 路作为 PWM 输出）；
(6) 模拟输入引脚 6；
(7) I/O 引脚直流电流 40mA；
(8) Flash 为 16KB 或 32KB(其中 2KB 用于 bootloader)；
(9) SRAM 为 1KB 或 2KB；
(10) EEPROM 为 0.5KB 或 1KB（ATmega328）；
(11) FT232RL FTDI USB 接口芯片；

图 2.6 Arduino Nano 实物图

(12) 工作时钟为 16MHz。

1. 电源

Arduino Nano 的供电方式包括通过 Mini-B USB 供电及给开发板 GPIO 插座的第 27 号引脚接外部直流 5V 电源两种方式。

2. 内存

ATmega168/ATmega328 包括了片上 16KB/32KB Flash，其中 2KB 用于 bootloader。同时还有 1KB/2KB SRAM 和 0.5KB/1KB EEPROM。

3. 输入/输出

Arduino Nano 包括 14 路数字输入/输出和 6 路模拟输入。其中 14 路数字输入/输出口的工作电压为 5V，每一路能输出和接入最大电流为 40mA。每一路配置了 20～50kΩ 内部上拉电阻(默认不连接)。除此之外，部分引脚的特定功能如下所述。

(1) 串口信号 RX(0 号)、TX(1 号)：提供 TTL 电压水平的串口接收信号，与 FT232RL 的相应引脚相连。

(2) 外部中断(2 号和 3 号)：触发中断引脚，可设成上升沿、下降沿或同时触发。

(3) 脉冲宽度调制 PWM(3、5、6、9、10、11)：提供 6 路 8 位 PWM 输出。

(4) SPI(10(SS)、11(MOSI)、12(MISO)、13(SCK))：SPI 通信接口。

(5) LED(13 号)：Arduino 专门用于测试 LED 的保留接口，输出为高时点亮 LED，反之，输出为低时 LED 熄灭。

(6) 6 路模拟输入 A0～A5 的每一路具有 10 位的分辨率(即输入有 1024 个不同值)，默认输入信号范围为 0～5V，可以通过 AREF 调整输入上限。

(7) WI 界面(SDA A4 和 SCL A5)：支持通信接口(兼容 I^2C 总线)。

(8) AREF：模拟输入信号的参考电压。

(9) RESET：信号为低时复位单片机芯片。

4. 通信接口

(1) 串口：ATmega328 内置的 UART 可以通过数字口 0(RX)和 1(TX)与外部实现串口通信，ATmega16U2 可以访问数字口实现 USB 上的虚拟串口。

(2) TWI(兼容 I^2C)接口。

(3) SPI 接口。

5. 程序下载方式

(1) Arduino Nano 上的 MCU 已经预置了 bootloader 程序,因此可以通过 Arduino 软件直接下载程序。

(2) 可以通过 Arduino Nano 上的 ICSP header 直接下载程序到 MCU。

6. 使用注意事项

Arduino Nano 提供了自动复位设计,可以通过主机复位。这样通过 Arduino 软件下载程序到 Nano 中,软件可以自动复位,不需要再按复位按钮。

2.2.3　Arduino ProMini

Arduino ProMini 是 Arduino Mini 的半定制版本。实物图片如图 2.7 所示,所有外部引脚通孔没有焊接,与 Mini 版本引脚兼容。Arduino ProMini 的处理器核心是 ATmega168,具有 14 路数字输入/输出口(其中 6 路可作为 PWM 输出)、6 路模拟输入、一个晶振、一个复位按钮。它有两个版本:工作在 3.3V 和 8MHz 时钟频率;工作在 5V 和 16MHz 时钟频率。

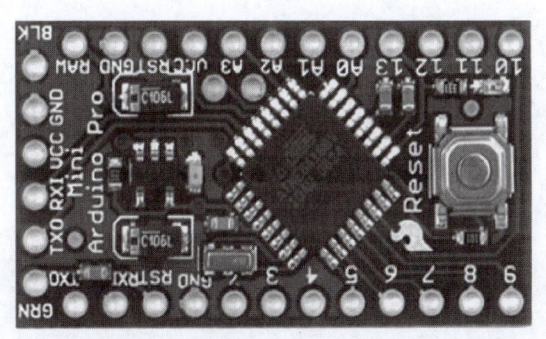

图 2.7　Arduino ProMini 实物图

Arduino ProMini 的主要特性包括:

(1) 处理器 ATmega168;

(2) 工作电压为 3.3V 或 5V;

(3) 输入电压为 3.3~12V 或 5~12V;

(4) 数字 I/O 引脚 14(其中 6 路作为 PWM 输出);

(5) 模拟输入引脚 6;

(6) I/O 引脚直流电流 40mA;

(7) Flash Memory 为 16KB(其中 2KB 用于 bootloader);

(8) SRAM 为 1KB(ATmega328);

(9) EEPROM 为 0.5KB(ATmega328);

(10) 工作时钟为 8MHz 或 16MHz。

1. 电源

Arduino ProMini 可以通过 FTDI 线或者焊接 6 脚插针,也可以通过电源引脚接入外部直流电源。

(1) RAW:外部直流电源接入引脚,RAW 代表接入的可以是电池或者其他直流电源。

(2) VCC:连接稳压器产生的 3.3V 或者 5V 电压。

(3) GND：接地。

2. 内存

ATmega168 包括片上 16KB Flash，其中 2KB 用于 bootloader；同时还有 1KB SRAM 和 0.5KB EEPROM。

3. 输入/输出

Arduino ProMini 包括 14 路数字输入/输出和 6 路模拟输入。14 路数字输入/输出的工作电压为 3.3V 或 5V，每路能输出和接入的最大电流为 40mA。每路配置了 20～50kΩ 的内部上拉电阻（默认不连接）。除此之外，部分引脚的特定功能如下所述。

(1) 串口信号 RX(0 号)、TX(1 号)：提供 TTL 电压水平的串口接收信号，可以与 6 脚插针通孔相连。

(2) 外部中断(2 号和 3 号)：触发中断引脚，可设成上升沿、下降沿或同时触发。

(3) 脉冲宽度调制 PWM(3、5、6、9、10、11)：提供 6 路 8 位 PWM 输出。

(4) SPI(10(SS)、11(MOSI)、12(MISO)、13(SCK))：SPI 通信接口。

(5) LED(13 号)：Arduino 专门用于测试 LED 的保留接口，输出为高时点亮 LED；反之，输出为低时 LED 熄灭。

(6) 6 路模拟输入 A0～A5，每一路具有 10 位的分辨率（即输入有 1024 个不同值），默认输入信号范围为 0～5V，可以通过 AREF 调整输入上限。

(7) TWI 界面(SDA A4 和 SCL A5)：支持通信接口（兼容 I^2C 总线）。

(8) RESET：信号为低时复位单片机芯片。

4. 通信接口

(1) 串口：ATmega168 内置的 UART 可以通过数字口 0(RX)和 1(TX)与外部实现串口通信。

(2) TWI(兼容 I^2C)接口。

(3) SPI 接口。

5. 程序下载方式

(1) Arduino ProMini 上的 ATmega168 已经预置了 bootloader 程序，因此可以通过 Arduino 软件直接下载程序。

(2) 可以通过焊接的 ICSP header 直接下载程序到 ATmega168。

6. 使用注意事项

Arduino ProMini 提供了自动复位设计，可以通过主机复位。这样通过 Arduino 软件下载程序到 ProMini 中，软件可以自动复位，不需要再按复位按钮。

2.2.4　Arduino Leonardo

Arduino Leonardo 实物如图 2.8 所示。Arduino Leonardo 基于 ATmega32U4 微控制器板，它有 20 个数字输入/输出引脚（其中 7 个可用于 PWM 输出、12 个可用于模拟输入）、一个 16MHz 的晶体振荡器、一个 Micro USB 接口、一个 DC 接口、一个 ICSP 接口、一个复位按钮。

Leonardo 不同于之前所有的 Arduino 控制器，它直接使用了 ATmega32U4 的 USB 通信功能，取消了 USB 转 UART 芯片。这使得 Leonardo 不仅可以作为一个虚拟的(CDC)串

图 2.8　Arduino Leonardo 实物图

行/COM 端口,还可以作为鼠标或者键盘连接到计算机。

Arduino Leonardo 的主要特性包括:
(1) 微控制器为 ATmega32U4;
(2) 工作电压为 5V,输入电压(推荐)为 7~12V,输入电压(限制)为 6~20V;
(3) 20 个数字 I/O 引脚,7 个 PWM 通道,12 个模拟输入通道;
(4) 每个 I/O 直流输出电流为 40mA;
(5) 3.3V 端口输出电流为 50mA;
(6) Flash 为 32KB,其中 4KB 由引导程序使用;
(7) SRAM 为 2.5KB,EEPROM 为 1KB;
(8) 工作时钟为 16MHz。

1. 电源

Arduino Leonardo 可以通过 Micro USB 接口或外接电源供电。电源可以自动选择。

外部(非 USB)电源可以用 AC-DC 适配器(wall-wart)或电池。适配器可以插在电源插座上;电池可以插在电源连接器的 GND 和 VIN 引脚。可以输入 6~20V 的外部电源,但是如果低于 7V,5V 引脚将提供小于 5V 的电源,控制板可能会不稳定;如果大于 12V,电源稳压器可能过热,从而损坏电路板。推荐的范围是 7~12V。电源引脚如下。

(1) VIN:使用外接电源(而不是从 USB 连接或其他稳压电源输入的 5V)。可以使用此引脚提供的电压,或者通过该引脚使用电源座输入的电压。

(2) 5V:稳压电源是供给电路板上的微控制器和其他组件使用的电源。可以从 VIN 输入,通过板上稳压器、USB 或其他 5V 稳压电源提供。

(3) 3V3:板上稳压器产生一个 3.3V 的电源。最大电流为 50mA。

(4) GND:接地引脚。

(5) IOREF:电压板的 I/O 引脚工作(连接到开发板上的 VCC,在 Leonardo 上为 5V)。

2. 存储空间

ATmega32U4 具有 32KB 的 Flash(其中 4KB 被引导程序使用),还有 2.5KB 的 SRAM 和 1KB 的 EEPROM。

3. 输入和输出

通过使用 pinMode()、digitalWrite 和 digitalRead() 函数,Leonardo 上的 20 个 I/O 引脚中的每一个都可以作为输入/输出端口。每个引脚都有一个 20~50kΩ 的内部上拉电阻(默认断开),可以输出或者输入最大 40mA 的电流。此外,部分引脚的专用功能如下所述。

(1) UART：0(RX)和 1(TX)使用 ATmega32U4 硬件串口，用于接收(RX)和发送(TX)的 TTL 串行数据。需要注意的是，Leonardo 的 Serial 类是指 USB(CDC)的通信，而引脚 0 和 1 的 TTL 串口使用 Serial1 类。

(2) TWI：引脚 2(SDA)和 3(SCL)通过使用 Wire 库来支持 TWI 通信。

(3) 外部中断：引脚 2 和 3，可以被配置。

(4) PWM：引脚 3、5、6、9、10、11、13，能使用 analogWrite()函数支持 8 位的 PWM 输出。

(5) SPI：ICSP 引脚，能通过使用 SPI 库支持 SPI 通信。需要注意的是，SPI 引脚没有像 Uno 那样连接到任何的数字 I/O 引脚上，它们只能在 ICSP 端口上工作。这意味着，如果扩展板没有连接 6 脚的 ICSP 引脚，那它将无法正常工作。

(6) LED：13 脚，有一个内置的 LED 在数字脚 13 上。当引脚为高电平时，LED 亮；引脚为低电平时，LED 不亮。

(7) 模拟输入 A0～A11：Leonardo 有 12 个模拟输入。引脚 A0～A5 的位置上与 Uno 相同，A6～A11 分别是数字 I/O 引脚 4、6、8、9、10 和 12。每个模拟输入都具有 10 位分辨率（即 1024 个不同的值）。默认情况下，模拟输入量为 0～5V，也可以通过 AREF 引脚改变这个上限。

(8) AREF：模拟输入信号参考电压，通过 analogReference()函数调用。

(9) RESET：通过置低该引脚来复位 Arduino，通常用在带复位按键的扩展板上。

4. 通信

为了让 Leonardo 与计算机、其他 Arduino 或微控制器通信，ATmega32U4 提供了 UART TTL(5V)的通信方式，还允许通过 USB 在计算机上虚拟 COM 端口来进行虚拟串行(CDC)通信。这个芯片使用标准的 USB 串行驱动（在 Windows 上需要一个.inf 文件），可以作为一个全速 USB 2.0 设备。Arduino 软件包含了一个串口监视器，可以与 Arduino 板相互发送或者接收简单的数据。当使用 USB 传输数据时，开发板上的 RX、TX LED 会闪烁。此外，SoftwareSerial 库能让任意的数字 I/O 端口进行串行通信。ATmega32U4 还支持 TWI(I^2C)和 SPI 通信，Arduino 软件有一个用于简化 TWI(I^2C)通信的 wire 库。SPI 通信可以使用 SPI 库。Leonardo 可以作为鼠标、键盘出现，也可以通过编程来控制这类键盘、鼠标输入设备。

5. 编程方式

Leonardo 可以通过 Arduino 软件来编程。Leonardo 的 ATmega32U4 芯片烧写了一个引导程序，可以不通过外部的硬件编程器就能上传新的程序到 Leonardo。bootloader 使用 AVR109 协议通信；还可以绕过引导程序，使用外部编程器通过 ICSP（在线串行编程）引脚烧写程序。

6. 自动复位和引导程序的启动

当 Leonardo 被设定为在上传时，软件建立连接让控制器复位，从而免去了手动按下复位按钮的操作。当 Leonardo 作为虚拟(CDC)串行/COM 端口以 1200 波特率运行时，复位功能将被触发，串口也将关闭。此时，处理器会复位，USB 连接会断开（即虚拟(CDC)串行/COM 端口会断开）。处理器复位后，引导程序紧接着启动，大概要等待 8s 来完成这个过程。

引导程序也可以通过按开发板上的复位按钮来启动。注意,当开发板第一次通电时,如果有用户程序,将直接跳转到用户程序区,而不启动 bootloader。

Leonardo 最好的复位处理方式是在上传程序前让 Arduino 软件端试图启动复位功能,而不是手动单击复位按钮。如果软件没有让控制板自动复位,也可以通过手动按下复位按钮从而让开发板复位运行引导程序。

7. USB 过流保护

Leonardo 有一个自恢复保险丝,防止短路或过流,从而保护计算机的 USB 端口。虽然大多数计算机都带有内部保护,但保险丝也可以提供额外的保护。如果电流超过 500mA,则保险丝会自动断开连接,防止短路或过载。

2.2.5 Arduino Mega2560

Arduino Mega2560 实物如图 2.9 所示。Arduino Mega2560 是采用 USB 接口的核心电路板,具有 54 路数字输入/输出,适合需要大量 I/O 接口的设计。处理器核心是 ATmega2560,同时具有 54 路数字输入/输出口(其中 16 路可作为 PWM 输出)、16 路模拟输入、4 路 UART 接口、一个 16MHz 晶体振荡器、一个 USB 端口、一个电源插座、一个 ICSP header 和一个复位按钮。Arduino Mega2560 也能兼容 Arduino Uno 设计的扩展板。

图 2.9 Arduino Mega2560 实物图

1. 电源

Arduino Mega2560 可以通过外部直流电源通过电源插座供电、电池连接电源连接器的 GND 和 VIN 引脚及 USB 接口直接供电 3 种方式,而且能自动选择供电方式。以下是开发板中各电源的引脚。

(1) VIN:当外部直流电源接入电源插座时,可以通过 VIN 向外部供电;也可以通过此引脚向 Mega2560 直接供电;VIN 有电时将忽略从 USB 或者其他引脚接入的电源。

(2) 5V:连接稳压器或 USB 的 5V 电压,为 Arduino Mega2560 上的芯片供电。

(3) 3.3V:连接稳压器产生的 3.3V 电压,最大驱动电流为 50mA。

(4) GND:接地。

2. 输入/输出

54 路数字输入/输出口,工作电压为 5V,每一路能输出和接入的最大电流为 40mA。每一路配置了 20~50kΩ 的内部上拉电阻(默认不连接)。除此之外,部分引脚的特定功能如下所述。

(1) 4路串口信号：串口0为0(RX)和1(TX)；串口1为19(RX)和18(TX)；串口2为17(RX)和16(TX)；串口3为15(RX)和14(TX)。其中串口0与内部ATmega8U2通过USB转TTL芯片相连，提供TTL电压水平的串口接收信号。

(2) 6路外部中断：引脚2(中断0)、3(中断1)、18(中断5)、19(中断4)、20(中断3)和21(中断2)。触发中断引脚可设成上升沿、下降沿或同时触发。

(3) 14路脉冲宽度调制PWM(0～13)：提供14路8位PWM输出。

(4) SPI(53(SS)、51(MOSI)、50(MISO)、52(SCK))：SPI通信接口。

(5) LED(13号)：Arduino专门用于测试LED的保留接口，输出为高时点亮LED，输出为低时LED熄灭。

(6) 16路模拟输入：每一路具有10位的分辨率(即输入有1024个不同值)，默认输入信号范围为0～5V，可以通过AREF调整输入上限。

(7) TWI接口(20(SDA)和21(SCL))支持通信接口(兼容I^2C总线)。

(8) AREF为模拟输入信号的参考电压。

(9) RESET信号为低时复位单片机芯片。

2.2.6 Arduino Due

Arduino Due实物图如图2.10所示。Arduino Due是基于Atmel SAM3X8E CPU微控制器的开发板，是第一款基于32位ARM核心的Arduino开发板，它有54个数字I/O口(其中12个可用于PWM输出)、12个模拟输入口、4路UART硬件串口、84MHz的时钟频率、一个USB OTG接口、两路DAC(模/数转换)、两路TWI、一个电源插座、一个SPI接口、一个JTAG接口、一个复位按键和一个擦写按键。

图2.10 Arduino Due实物图

Arduino Due的主要特性包括：

(1) 微控制器为AT91SAM3X8E；

(2) 工作电压为3.3V；

(3) 输入电压为7～12V(推荐)，6～20V(限制)；

(4) 数字I/O引脚为54个(其中12路PWM输出)；

(5) 12个模拟输入通道；

(6) 2个模拟输出通道；

(7) I/O口总输出电流为130A；

(8) 3.3V端口输出能力为800mA；

(9) 5V端口输出能力为800mA；

(10) Flash为512KB(所有空间都可以存储用户程序)；

(11) SRAM为96KB(两部分：64KB和32KB)；

(12) 时钟速率为84MHz。

1. 电源

Arduino Due可以通过Micro USB接口或外接电源供电，电源可以自动被选择。外部(非USB)电源可以用AC-DC适配器(wall-wart)或电池。

(1) VIN：Arduino 使用外部电源时的输入电压引脚(可以通过这个引脚供电,或者当 DC 供电时,通过这个引脚使用 DC 电源)。

(2) GND：接地引脚。

(3) IOREF：该引脚提供 Arduino 微控制器的参考工作电压,一个适合的 Arduino 扩展板能够读取 IOREF 引脚电压并选择合适的电源,或者提供 3.3V 或 5V 的电平转换。

2. 存储空间

SAM3X 有 512KB(两块 256KB)用于存储用户程序的 Flash 空间。ATMEL 在生产芯片时,已经将 bootloader 预烧写进了 ROM 里。SRAM 有 96KB,由两个连续空间 64KB 和 32KB 组成。所有可用存储空间(Flash、RAM 和 ROM)都可以直接寻址,可以通过板子上的擦写按钮,擦除 SAM3X 的 Flash 中的数据。这个操作将删除当前加载的项目,在通电状态下,按住擦写按钮几秒钟,即可擦写。

3. 输入和输出

(1) Digital I/O(引脚 0~53)：使用 pinMode()、digitalWrite()和 digitalRead()函数。每个 I/O 都可以作为输入/输出端口,工作电压为 3.3V,都可以输出 3mA 或者 15mA 电流,或者输入 6mA 或者 9mA 电流,都有 100kΩ 的内部上拉电阻(默认不上拉)。另外,一些引脚有特殊功能。

- Serial 0：0(RX)和 1(TX)。
- Serial 1：19(RX)和 18(TX)。
- Serial 2：17(RX)和 16(TX)。
- Serial 3：15(RX)和 14(TX)。
- 串口发送接收端口(工作在 3.3V 电平)。其中 0 和 1 连接到了 ATmega16U2 的对应串口上,用于 USB 转 UART 通信。

(2) PWM(引脚 2~13)：使用 analogWrite()函数提供 8 位 PWM 输出,可以通过 analogWriteResolution()函数改变 PWM 输出精度。

(3) SPI 接口(在其他 Arduino 上称作 ICSP 接口)：可以通过 SPI 库使 SPI 接口用于通信。SPI 引脚已经引出了 6 针接口,可以和 Uno、Leonardo、Mega2560 兼容。这个 SPI 引脚仅用于和其他 SPI 设备通信,不能用于 SAM3X 的程序烧写。Arduino Due 的 SPI 可以通过其专用的扩展库来使用高级特性。

(4) CAN(CANRX 和 CANTX)：硬件支持 CAN,但 Arduino 目前并不提供该 API。

(5) LED(引脚 13)：引脚是高电平时,LED 亮;引脚为低电平时,LED 不亮。因为引脚 13 带有 PWM 输出功能,因此可以进行亮度调节。

(6) TWI 1(引脚 20(SDA)、引脚 21(SCL))与 TWI 2(SDA1、SCL1)：支持使用 Wire 库进行 TWI 通信。

(7) 模拟输入(A0~A11)：Arduino Due 有 12 路模拟输入端,每一路都有 12 位精度(0~4095)。默认情况下,模拟输入精度为 10 位,和其他型号的 Arduino 控制器一样。通过 AnalogRead Resolution()函数可以改变 ADC 的采样精度。Arduino Due 的模拟输入引脚测量范围为 0~3.3V。如果电压高于 3.3V,可能会烧坏 SAM3X。Analog Reference()函数在 Arduino Due 上是无效的。

(8) DAC1 和 DAC2：通过 analogWrite()函数提供 12 位精度的模拟输出(4096 个等

级),可以通过 Audio 库创建音频输出。

(9) AREF:模拟输入参考电压,通过 analogReference()使用。

(10) RESET:接低复位控制器,典型应用是通过该引脚来连接扩展板上的复位按键。

4. 通信接口

Arduino Due 可以通过多种方式与计算机、其他 Arduino 或者其他控制器通信,也可以和其他不同的设备通信,像手机、平板、相机等。SAM3X 提供一组硬件 UART 和 3 组 TTL(3.3V)电平的 UART 进行串行通信。

程序下载接口连接 ATmega16U2,虚拟了一个 COM 口(Windows 需要一个.inf 文件来识别该设备,而 Mac OS X 和 Linux 可以自动识别)。SAM3X 的硬件 UART 也连接 ATmega16U2。串口 RX0 和 TX0 通过 ATmega16U2 提供了用于下载程序的串口转 USB 通信。Arduino IDE 包含了一个串口监视器,可以通过串口监视发送或接收简单的数据。当数据通过 ATmega16U2 传输时或者 USB 连接计算机时(并不是 0、1 上的串口通信),板子上的 RX 和 TX 两个 LED 会闪烁。

原生的 USB 口虚拟串行 CDC 通信,这样可以提供一个串口与串口监视器或者计算机上其他应用相连。这个 USB 口也可以用来模拟一个 USB 鼠标或者键盘。要使用这个功能,请查看鼠标键盘库支持页面。这个原生 USB 口也可以作为 USB 主机去连接其他外设,如鼠标、键盘、智能手机。

SAM3X 也支持 TWI 和 SPI 通信。Arduino IDE 中可以通过 Wire 库轻而易举地使用 TWI 总线,使用 SPI 库可以进行 SPI 通信,细节方面请查看 SPI 支持页面。

5. 程序下载方式

(1) 使用编程端口下载,需要在 Arduino IDE 中选择 Arduino Due(Programming Port)作为板子。推荐使用这个端口上传程序到 Arduino。相对于使用原生 USB 端口软擦写芯片,使用编程端口硬擦写更稳定可靠。

(2) 使用原生端口下载,需要在 Arduino IDE 中选择 Arduino Due(Native USB Port)作为板子,开关原生 USB 端口 Baudrate 不会复位 SAM3X。

不同于其他的 Arduino 控制器使用 Avrdue 上传程序,Arduino Due 上传程序依赖于 Bossac。ATmega16U2 固件源码能在 Arduino 库中找到。用户可以使用外部编程器,通过 ISP 接口烧写固件(覆盖 DFU bootloader)。

6. 注意事项

不同于其他 Arduino,Arduino Due 的工作电压为 3.3V,I/O 口可承载电压也为 3.3V。如果使用更高的电压,如 5V,则可能会烧坏芯片。电路板上已经包含控制运行所需的各种部件,仅需要通过 USB 连接到计算机或者通过 AC-DC 适配器、电池连接到电源插座就可以让控制器开始运行。Arduino Due 与工作在 3.3V 且引脚排列符合 Arduino 1.0 标准的 Arduino 扩展板兼容。

2.2.7　Arduino Micro

Arduino Micro 实物如图 2.11 所示,Arduino Micro 是基于 Atmel ATmega32U4 微控制器的开发板。通过 16MHz 的晶体振荡器,该微控制器可提供 8 位分辨率以及 32KB Flash 和 2.5KB RAM。ATmega32U4 在节省空间方面做得比较好的一点是采用了集成式

USB 控制器,该控制器可以降低对辅助微控制器的需求,并且可以像键盘或鼠标那样连接计算机。

Arduino Micro 的主要特性如下:

(1) 微控制器为 ATmega32U4;

(2) 工作电压为 5V;

(3) 输入电压为 7~12 或 6~20V;

(4) 20 个数字 I/O 引脚(其中 7 路作为 PWM 输出);

(5) 12 个模拟输入引脚;

(6) I/O 引脚直流电流 20mA;

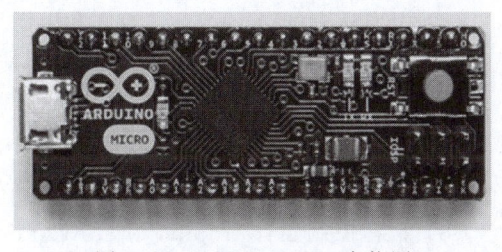

图 2.11 Arduino Micro 实物图

(7) Flash 为 32KB(ATmega32U4),其中 4KB 用于引导加载程序;

(8) SRAM 为 2.5KB(ATmega32U4);

(9) EEPROM 为 1KB(ATmega32U4);

(10) 工作时钟为 16MHz。

该开发板本身的主要特性是具有 USB 微型连接器,因此它可以轻松连接计算机。它还包含 1 个复位按钮、1 个 6 引脚 ISP 重复编程排针和 20 个数字 I/O 引脚,其中 12 个引脚可用于模拟输入,7 个引脚可用于重新配置为 PWM 输出。

Arduino Micro 的编程与其他 Arduino 产品类似,Arduino Micro 也有一个由社区支持的相关内容库,其中包括代码和其他运行功能,可帮助资历较浅的用户学习和快速完成技术更为娴熟的 Arduino 爱好者的项目。Arduino Micro 虽然是最小的 Arduino 板,但它也有一个缺点,Arduino Micro 尺寸极小,因此无法与任何护板配合使用。但是,通过排针 I/O 布局,Arduino Micro 几乎可以直接插入任何电路实验板,因此可以轻松地将 Arduino Micro 连接至系统。

2.3 典型扩展板

2.3.1 Proto Shield 原型开发板

Proto Shield 原型开发板如图 2.12 所示。Arduino Uno 和 Leonardo 上面的端口资源是非常宝贵的,尤其是 3.3V/5V 和 GND 的电源接口在开发板上只有 2~3 个。因此,在搭建诸如流水灯等需要多个 GND 或者 5V 接口的实验时就没有足够的端口资源了,必须要一个扩展板来扩展 Arduino 的资源。

与 Arduino Duemilanove 配合使用的 Proto Shield 原型扩展板,用来搭建电路原型,可以直接在开发板上焊接元件,也可以通过上面的迷你面包板连接电路。面包板与电路板之间通过双面胶连接,售出时面包板与电路板是分离的。通过搭配使用这两个部件,就能够快速上手。

Proto Shield 原型开发板的技术规格如下。

(1) 接入 Arduino 控制器,扩展 5V、3.3V 以及

图 2.12 Proto Shield 原型开发板

Arduino VIN 电压。

(2) 该原型扩展板包括两个 LED 和两个 6×6 轻触按钮的电路,可直接使用。

(3) 引出所有的 Arduino 的控制和电源引脚,适用于和 Arduino 搭建电路原型。

(4) 包括一块可贴面包板,便于不愿焊接电子元件的朋友们搭建自己的电路原型。

(5) 扩展 ICSP 引脚。

(6) 拥有 SOIC 贴片引脚,支持最多 14 引脚的 SOIC 芯片的焊接。

(7) 开发板尺寸:70mm×55mm×20mm。

(8) 兼容控制器:Arduino NG、Arduino Diecimila、DFRduino/Arduino Duemilanove、DFRduino/Arduino Uno。

2.3.2 GPRS Shield 扩展板

GPRS Shield 扩展板如图 2.13 所示。该扩展板是一个串口的 GSM/GPRS 无线模块,目的是让 Arduino 爱好者能够快速地学习 GSM/GPRS 手机开发,并且运用到各类无线开发项目中,也适合于远程控制开发,例如无线抄表、智能家电、超远距离控制等。

GPRS Shield 兼容所有标准的 Arduino 开发板。GPRS Shield 是一个 4 频的 GPRS/GSM 模块,同时支持 4 种制式频段,即 850MHz、900MHz、1800MHz、1900MHz,具备可发送 SMS 短信、打电话、传真等所有 GPRS 手机具备的功能。GPRS Shield 能够让用户非常快速地了解手机开发流程,进行无线开发。

GPRS Shield 基于双频 GSM/GPRS 模块 SIM900,采用 ARM926EJ-S 内核,帮助爱好者学习使用最小型的集成开发环境。GPRS Shield 可以通过 UART 串口使用 AT 指令配置设置,只需要将扩展板插到 Arduino 板上,就能轻松地通过 AT 命令控制 GPRS Shield,拨打电话,发送短信……另外,GPRS Shield 支持 LCD5110 显示和串口 Keypad 键盘输入。

图 2.13 GPRS Shield 扩展板

开发板设置了硬件开机 Button、软件开机(D10)、硬件 RestButton、软件 Rest(D9),允许和 Arduino 灵活搭配使用,满足无论是硬开机、软开机、硬重启还是软重启的 DIY 需求。通过两个跳线连接到 D0~D3,可以自由选择 GPRS Shield 和 Arduino 通信方式是软件串口(跳线到 D2、D3)或者硬件串口(D0、D1)。

GPRS Shield 提供 Short Message Service 短信服务、Audio 音乐及 GPRS 模式 3 种工作模式。

模块采用标准 2.54 排针接口,板载一颗超级电容,可以保证模块在断电情况下 RTC 时钟 1~2 天的计时,用来学习开发手机定时闹钟功能。

GPRS Shield 扩展板的特色功能包括:

(1) 全兼容 Arduino 和 Mega2560 开发板系列;

(2) 串口通信,自由选择硬件串口(D0/D1)或软件串口(D2/D3)和主板通信;

(3) SIM900,所有 IC 全部留出,包括所有的 GPIO 口和 KEY、PANEL 等接口;

(4) 板载超级电容，保证 RTC 工作；

(5) 同时支持软硬件开关机，支持软硬件重启；

(6) 4 频带宽，850MHz，900MHz，1800MHz，1900MHz；

(7) AT 命令控制，SIMCOM 增强 AT 指令集；

(8) 供电电压范围为 3.1～4.8V；

(9) 休眠模式低功耗：1.5mA。

使用时的注意事项如下。

(1) 插上 Arduino 主板后，必须同时连接 9V DC 电源。原因是 GPRS Shield 开机电流和工作最大峰值电流约为 2A，但是 USB 端口无法提供如此大的电流，所以必须外接供电设备。

(2) 保证 SIM 卡没有锁住。

(3) GPRS Shield 通信的波特率最好是 19 200b/s 8-N-1（GPRS Shield 默认自动配对波特率）。

2.3.3　Arduino Ethernet W5100 R3 Shield 网络扩展板

Arduino Ethernet W5100 R3 Shield 网络扩展板可以让 Arduino 控制器连接网络，其实物如图 2.14 所示。它是一块内置 WIZnet W5100TCP/IP 微处理器的扩展板，通过长引脚排母（wire-wrap header）连接 Arduino 板，使用 Arduino IDE 中的 Ethernet 库程序便可以轻松地使这款扩展板连接到网络中。这款扩展板最多可同时支持 4 个 Socket 连接。

该款扩展板的 R3 版本还新增了由 4 个额外端口组成的 1.0 标准版输出端口：2 个位于 ARFF 边上，2 个位于 RESET 边上。RESET 边上的两个端口：一个是 IOREF，用来使扩展板适应主板；另一个空端口预留给将来扩展使用。

图 2.14　Arduino Ethernet W5100 R3 Shield 实物图

Arduino Ethernet W5100 R3 Shield 网络扩展板的主要技术参数如下。

(1) 支持和兼容 Arduino 和 Arduino Mega。

(2) W5100 以太网芯片，RJ45 以太网标准接口，4 TCP/UDP 网络连接。

(3) 兼容 Arduino 以太网库。

(4) 支持 SD 卡(不超过 2GB)。

(5) 完全兼容 Arduino/Lseeduino/Mega。

(6) SD 卡 I/O 引脚：CS(D4)、MOSI(D11)、SCK(D13)、MISO(D12)。

(7) 工作电压为 DC 5～12V。

(8) 尺寸为 78mm×53.5mm。

最新版本新增 micro-SD 卡插槽，拥有网络存储功能。此外，它和 Arduino Duemilanove、Mega 系列也完全兼容。它还拥有一个独立的 PoE(Power-over Ethernet)模块，该模块可以焊接到主板上，从而通过双绞线来传输电力。这是符合 IEEE 802.3af 标准的，并和现存的

PoE 模块相兼容,同时具有集成线路变压器和以太网供电功能。

2.3.4 WizFi210 扩展板

WizFi210 是一款可以利用动态电源管理达到低功耗(待机：34.0μA；接收：124mA；输出：126mA)的 Wi-Fi 模块,实物如图 2.15 所示。相对市面上其他的 Wi-Fi 模块,其功耗较低。如果使用 WizFi210 来设计产品,其功耗也相对较低,而且可以设置待机模式(即当产品在不需要运行的时候,设定待机模式,减少浪费电源；予要运行的时候,再唤醒)。

基于 WizFi210 的 Wi-Fi 无线模块提供 TTL 电平串口到 IEEE 802.11b/g/n 无线通信的桥接,任何具有 TTL 串口的设备都可以很容易地建立起无线网络,实现远程管理和控制。内部集成多种通信协议及其加密算法,只需要简单的设置即可实现多种场合的应用。兼容 Arduino 接口规格,方便应用到 Arduino 项目中。

WizFi210 扩展板的性能如下所述。

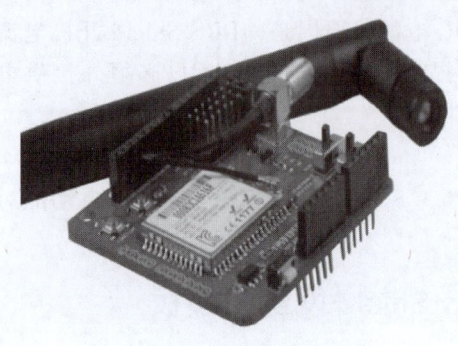

图 2.15 WizFi210 实物图

(1) 标准 Arduino 叠层设计,可轻松插接到标准 Arduino、MEGA、Romeo 等控制器上。

(2) 嵌入式 IEEE 802.11b/g/n 无线网络,支持访问接入点(AP)、客户端、网关以及串口到 WLAN 等模式。

(3) 支持协议：UDP、TCP/IP (IPv4)、DHCP、ARP、DNS、HTTP/HTTPS 客户端和服务器。

(4) 支持 WEP、WPA/WPA2-PSK、Enterprise、EAP-FAST、EAP-TLS、EAP-TTLS、PEAP 加密。

(5) 支持 UART、SPI、I^2C 接口,支持 TTL 串口到无线的应用。

(6) 数据流传输速率为 11Mb/s、5.5Mb/s、2Mb/s (802.11b)。

(7) 工作电压为 5V,功耗＜200mA,频率范围为 2.4～2.497GHz,输出功率为 8dBm±1dBm,数据速率为 1～54Mb/s,调制类型为 SSS、CCK。

2.3.5 Arduino L298N 电机驱动扩展板

Arduino 电机驱动扩展板如图 2.16 所示,L298N V03 是最新的电机驱动扩展板。同前一版本的 Arduino L298N 电机驱动扩展板相比,V03 版本的改进主要是添加了更多的设置开关,以满足不同场合下的应用要求。

(1) VLO(Voltage Logic Onboard)：电机驱动芯片 L298N 在工作的时候有两个电压——逻辑电压和电机电压,其中逻辑电压是 5V,一般会小于电机电压(如 7.2V、9V 或者 12V)。为了能够将接在 VEX 端子上的电机电压转换成 5V 逻辑电压使用,

图 2.16 Arduino 电机驱动扩展板

电机驱动板上提供了相应的电压转换电路。电压转换电路的工作电压是受限的(小于20V),所以当电机大于20V时,就不能使用这个电压转换电路了。VLO开关的作用就是选择打开(开关置于ON)还是关闭(开关置于OFF)板上这一逻辑转换电路。

(2) VLC(Voltage Logic Connected):L298N电机驱动扩展板上的逻辑电压除了可以由上面介绍的电压转换电路提供,还可以通过与Arduino控制板上的5V逻辑电压直接连接来提供。VLC开关的作用:决定是否将电机驱动扩展板上的5V逻辑电压与Arduino控制板上的5V逻辑电压连接起来。当开关置于ON的位置上时连接;当开关置于OFF的位置上时不连接。

(3) VM(Voltage Motor):VM的作用是对电机电压进行选择。当L298N电机驱动扩展板与Arduino连接之后,有两种办法为电机提供电源,即通过Arduino板上的VIN引脚(开关置于VIN)和通过电机驱动扩展板上的VEX端子(开关置于VEX)。

相对于Arduino来讲,L298N电机驱动扩展板所承载的电流和电压都是比较高的,因此,在使用的过程中要特别注意连线。下面提供几种典型的电路连接方式供大家在使用中参考。

1. 电机电压为 6～12V

一般来讲,Arduino可以通过外接的6～12V变压器进行供电(Arduino上的VIN引脚)。如果电机电压正好在这个范围之内,那就正好可以利用这一外接电源来同时为Arduino和电机供电,连接实物图如图2.17所示。这种情况下,VLO、VLC和VM三者有如下的设置。

- VLO:OFF,不需要电机驱动扩展板上的电压转换电路。
- VLC:ON,与Arduino的5V引脚连接,为电机驱动扩展板提供逻辑电压。
- VM:VIN,与Arduino的VIN引脚连接,为电机驱动扩展板提供电机电压。

2. 电机电压小于 6V

通过电机驱动扩展板上的GND和VEX两个端子来给电机供电。此时,电机驱动扩展板上的5V逻辑电压转换电路无法正常工作(VEX电压太低),所以只能通过与Arduino板上的5V引脚连接来为电机驱动扩展板提供5V逻辑电压,连接实物图如图2.18所示。这种情况下,电机驱动扩展板进行如下的设置。

图 2.17 Arduino 电路板与 6～12V 电机连接示意图

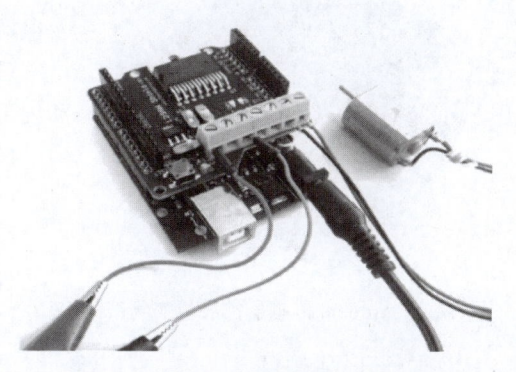

图 2.18 Arduino 电路板与 6V 以下电机连接示意图

- VLO：OFF，不需要电机驱动扩展板上的电压转换电路。
- VLC：ON，与 Arduino 的 5V 引脚连接，为电机驱动扩展板提供 5V 逻辑电压。
- VM：VEX，通过电机驱动扩展板上的 VEX/GND 端子为电机提供驱动电压。

3. 电机电压为 12～20V

通过电机驱动扩展板上的 GND 和 VEX 两个端子来给电机供电，此时电机驱动扩展板上的 5V 逻辑电压转换电路可以正常工作。这种情况下，电机驱动扩展板进行如下的设置。

- VLO：ON，需要电机驱动扩展板上的电压转换电路。
- VLC：OFF，不与 Arduino 的 5V 引脚连接，安全隔离。
- VM：VEX，通过电机驱动扩展板上的 VEX/GND 端子为电机提供驱动电压。

上述设置中因为 VLC 并没有将 Arduino 的 5V 引脚与电机扩展板上的 5V 逻辑电压连接起来，所以仍需要额外再为 Arduino 供电（通过 USB 线或者外接电源），这主要是出于安全隔离的考虑，特别是在 VEX 上的电压比较高的情况下。

4. 电机电压为 20～46V

通过电机驱动扩展板上的 GND 和 VEX 两个端子来给电机供电，此时电机驱动扩展板上的 5V 逻辑电压转换电路无法正常工作（VEX 电压太低）。这种情况下，电机驱动扩展板进行如下的设置。

- VLO：OFF，不需要电机驱动扩展板上的电压转换电路。
- VLC：ON，与 Arduino 的 5V 引脚连接，为电机驱动扩展板提供 5V 逻辑电压。
- VM：VEX，通过电机驱动扩展板上的 VEX/GND 端子为电机提供驱动电压。

2.3.6　Arduino 传感器扩展板

Arduino 传感器扩展板实物图如图 2.19 所示。Arduino 是一款开源的控制板，非常适合爱好电子制作的朋友制作互动作品，但对于一些不熟悉电子技术的人，要在 Arduino 上添加电路是一个比较麻烦的事情，所以设计了专用的传感器扩展板，能使大部分传感器轻松地和 Arduino 控制板连接。

Arduino 传感器扩展板的特点如下。

(1) 扩展 14 个数字 I/O 端口（12 个舵机接口）及电源、6 个模拟 I/O 端口及电源。

(2) 一个数字端口外接电源接线柱，外部供电和内部供电自动切换。

(3) 一个外接电源输入接线柱和一个输入插针。

(4) RS485 接口。

(5) 复位按钮。

(6) XBee/Bluetooth Bee 蓝牙无线数传接口。

(7) APC220/Bluetooth V3 蓝牙无线数传接口。

图 2.19　Arduino 传感器扩展板实物图

(8) I^{2}C/TWI 接口。

(9) SD 卡模块接口。

(10) 模块电源为＋5V，舵机电源为＋5V，输出电源为＋3.3V。

(11) 模块尺寸为 57mm×54mm。

Arduino 传感器扩展板引脚定义如图 2.20 所示。数字传感器接入时需要使用数字传感器连接线接插到数字口 D0～D13,绿色为信号,红色为电源正,黑色为电源地。而模拟传感器则需要使用模拟传感器连接线接插到模拟口 A0～A5,红色为电源正,黑色为电源地,蓝色为信号。

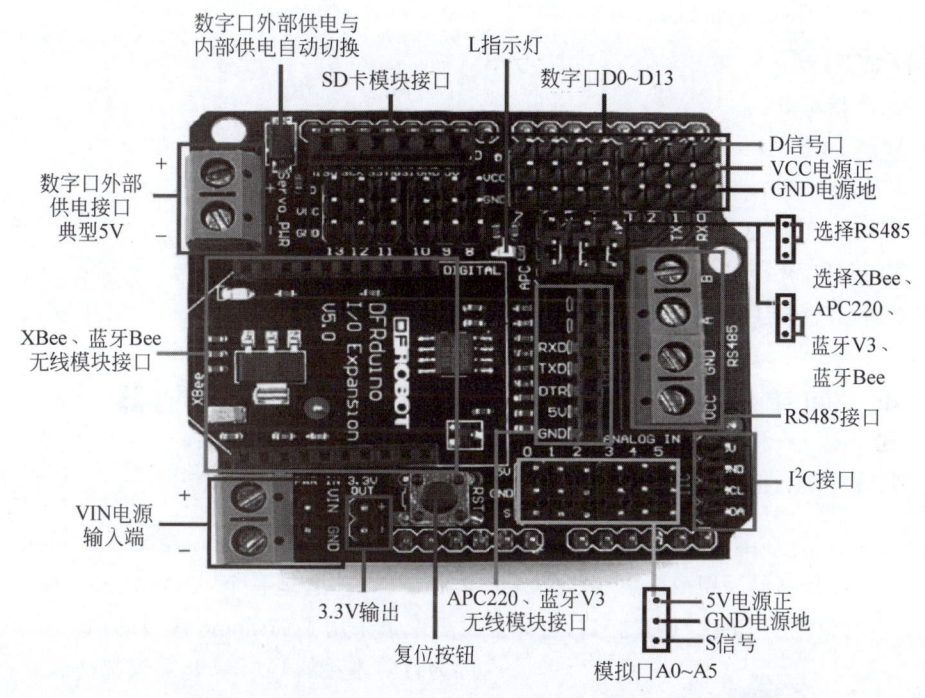

图 2.20 Arduino 扩展板引脚定义

2.3.7 Arduino I/O 扩展板

Arduino I/O 扩展板实物图如图 2.21 所示。此扩展板可把 Arduino 接口扩展为 3 引脚和 4 引脚传感器接口,可直连 3 引脚和 4 引脚传感器,省去了烦琐的面包板接线,并且支持直连 XBee 通信模块和 Wi-Fi-LPT100。

接口如下。

- XBee 接口。
- I^2C 接口。
- SPI 接口。
- 3 引脚传感器接口。VCC:电源正;GND:电源地;D:数字引脚,与 Arduino 主控板相对应。
- Wi-Fi-LPT100 接口。
- 4 引脚传感器接口。VCC:电源正;GND:电源地;A:模拟引脚,与 Arduino 主控板相对应;D:数字引脚,与 Arduino 主控板相对应。

图 2.21 Arduino I/O 扩展板实物图

跳线如下。
- VCC 配置跳线。选择传感器接口供电电压。
- 调试/通信配置跳线。当选择 TXD 与 TX,RXD 与 RX 相连时,可通过 Arduino 主控板串口对 XBee 通信模块或 Wi-Fi-LPT100 进行调试和配置;当选择 TXD 与 RX,RXD 与 TX 相连时,可通过 Arduino 主控板串口与 XBee 通信模块或 Wi-Fi-LPT100 进行数据通信。

器件如下。
- 电源指示灯。
- Wi-Fi-LPT100 状态指示灯。
- XBee 状态指示灯。
- Wi-Fi-LPT100 恢复出厂设置按键。
- XBee 和 Wi-Fi-LPT100 复位按键。
- XBee EASYLINK 按键。

2.4 简单认识其他不同型号的 Arduino 控制器

2.4.1 Arduino Zero

Arduino 官方在美国旧金山湾区 Maker Faire 上发布了 Arduino 控制器 Arduino Zero (图 2.22)。该控制器采用 Atmel SAMD21 作为控制核心,这是一个 ARM Cortex-M0 核心的单片机;同时板载了 EDBG 调试接口,整体上看更像是采用了 Arduino 接口的 Atmel 开发板,因为目前主流的 Cortex 开发板都搭载有类似的调试接口;而 SAMD21 控制器的主要配置为 48MHz 时钟频率,256KB Flash,32KB SRAM。

Arduino 公司的联合创始人兼 CEO Massimo Banzi 表示:"Zero 开发板的发布扩充了 Arduino 开发板系列,且同时具备更高的性能,有助于发挥创客群体的创造力。其灵活的功能能够为各类设备带来无限的项目机遇,而且也是一个很好的教学工具,可用于学习如何开发 32 位应用程序。"

图 2.22 Arduino Zero 实物图

2.4.2 Arduino 兼容控制器

Arduino 公布了原理图及 PCB 图纸,并使用了开源协议,使得其他硬件厂商也可以生产 Arduino 控制器,但 Arduino 商标归 Arduino 团队所有,其他生产商不能使用。Arduino 代理商、国内知名的开源硬件厂商 OpenJumper 提供的 Zduino(图 2.23)和 DFRduino 是国内 Arduino 爱好者的理想选择。

Zduino Uno   Zduino Leonardo

Zduino MEGA

图 2.23　Arduino 兼容控制器

2.4.3　衍生控制器

众多 Arduino 爱好者及硬件公司基于 Arduino 的设计理念，在其他单片机上完成了类似 Arduino 的开发工具。这些开发工具有与 Arduino 兼容的硬件外形设计，一样简单的开发环境和核心函数。只要掌握了 Arduino 的开发方式，即可轻松地使用这些衍生控制器来完成开发工作。

2.5　课后问答

1. 试着举出 3 条 ATmega32xx 的特性。
2. 2.2 节主要介绍了几种典型开发板？分别是什么？
3. 看图 2.24，猜一猜分别是哪个控制板的实物图。

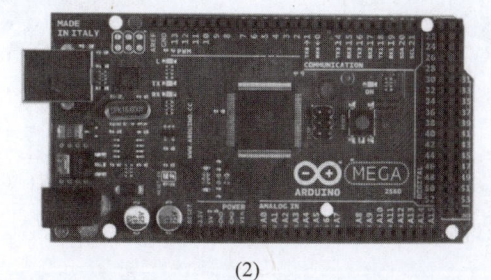

(1)　　　　　　　　　　(2)

图 2.24　控制板实物图

(3)

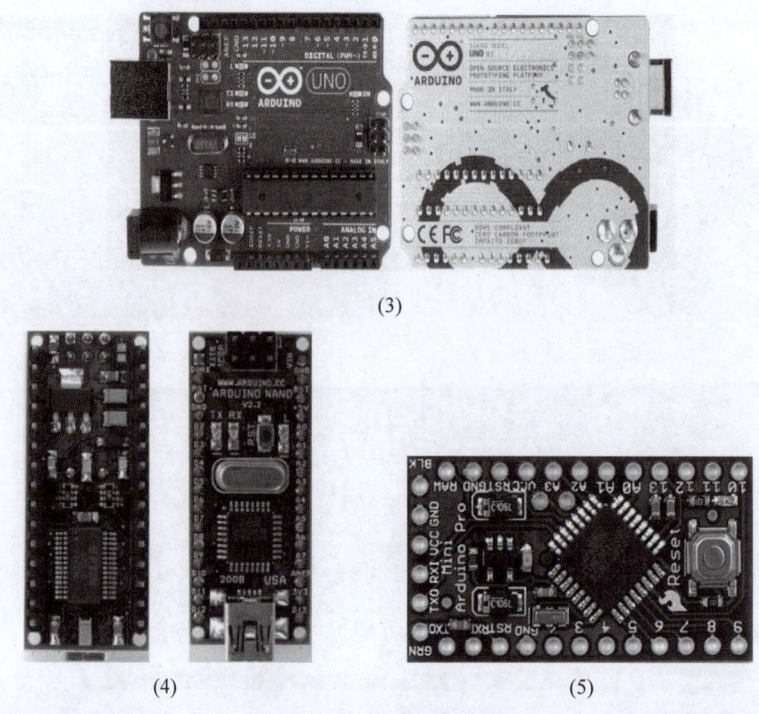

(4) (5)

图 2.24 （续）

4. 说一说哪种 Arduino 扩展板你最感兴趣？你能说出它的几点功能？
5. 看图 2.25，猜一猜分别是哪个扩展板的实物图。

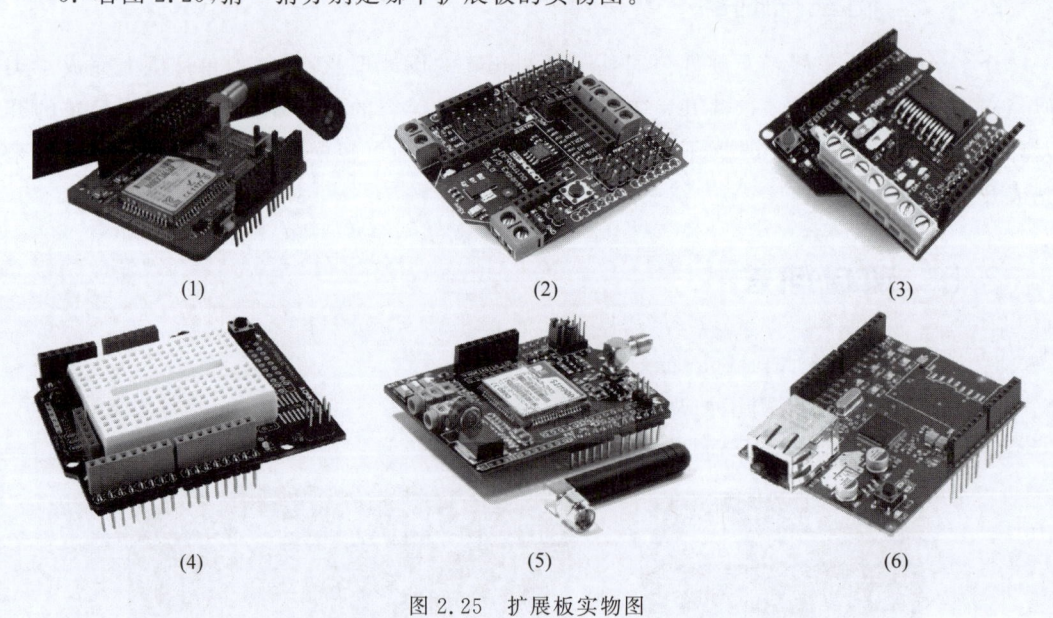

(1) (2) (3)

(4) (5) (6)

图 2.25 扩展板实物图

6. Arduino Uno 各电源引脚的作用分别是什么？
7. 总结本章提到的开发板的不同点。

2.6 本章小结

Arduino 的硬件主要由控制板和扩展板组成,Arduino 开发板是实现代码功能的地方。本章主要讲解了以下几方面的内容。
- Arduino Uno R3 核心芯片的相关特性。
- Arduino 典型的开发板的相关具体介绍。
- Arduino 典型扩展板的功能讲解。

第 3 章 开发环境

CHAPTER 3

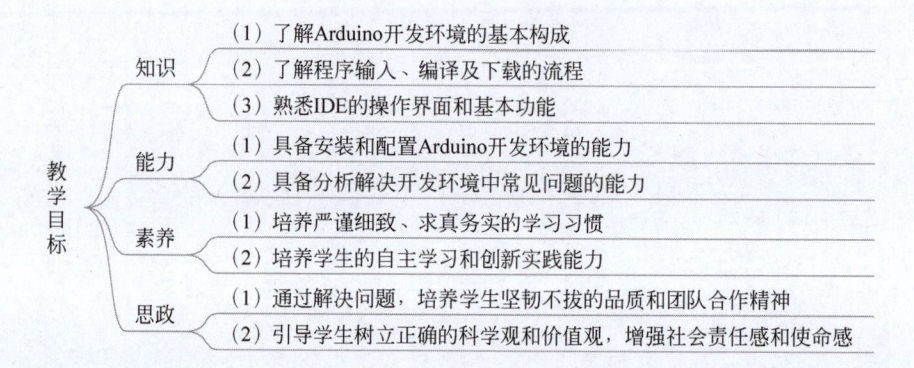

教学目标
- 知识
  - (1) 了解Arduino开发环境的基本构成
  - (2) 了解程序输入、编译及下载的流程
  - (3) 熟悉IDE的操作界面和基本功能
- 能力
  - (1) 具备安装和配置Arduino开发环境的能力
  - (2) 具备分析解决开发环境中常见问题的能力
- 素养
  - (1) 培养严谨细致、求真务实的学习习惯
  - (2) 培养学生的自主学习和创新实践能力
- 思政
  - (1) 通过解决问题,培养学生坚韧不拔的品质和团队合作精神
  - (2) 引导学生树立正确的科学观和价值观,增强社会责任感和使命感

课前预想

(1) 你知道 IDE 是什么吗? Arduino IDE 呢?
(2) 你知道 Arduino IDE 试用版本和特点是什么吗?
(3) 你知道如何烧录程序吗?

Arduino 集成开发环境(IDE)是一款在计算机里运行的软件,可以通过它为自己的 Arduino 上传不同的程序,而 Arduino 的编程语言也是由 Processing 语言改编而来的。

3.1 开发环境概述

IDE(Integrated Development Environment,集成开发环境)一般包括代码编辑器、编译器、调试器和图形用户界面工具,就是集代码编写功能、分析功能、编译功能、调试功能于一体的开发软件服务套件。所有具备这一特性的软件或者软件套件(组)都可以称为集成开发环境,如微软的 Visual Studio 系列、Borland 的 C++ Builder、Delphi 系列等。

Arduino IDE 是 Arduino 开放源代码的集成开发环境,其界面友好,语法简单,并能方便地下载程序,使 Arduino 的程序开发变得非常便捷。作为一款开放源代码的软件,Arduino IDE 也是由 Java、Processing、AVR-GCC 等开放源码的软件编写的,其最大特点是跨平台的兼容性,适用于 Windows、maxOS X 以及 Linux。

3.2 集成开发环境

3.2.1 Windows 环境搭建

从 Arduino 官网下载 IDE 开发环境,单击 Windows Win10 and newer,64 bits 选项,如图 3.1 所示。单击图 3.2 中的 JUST DOWNLOAD 按钮进行下载。

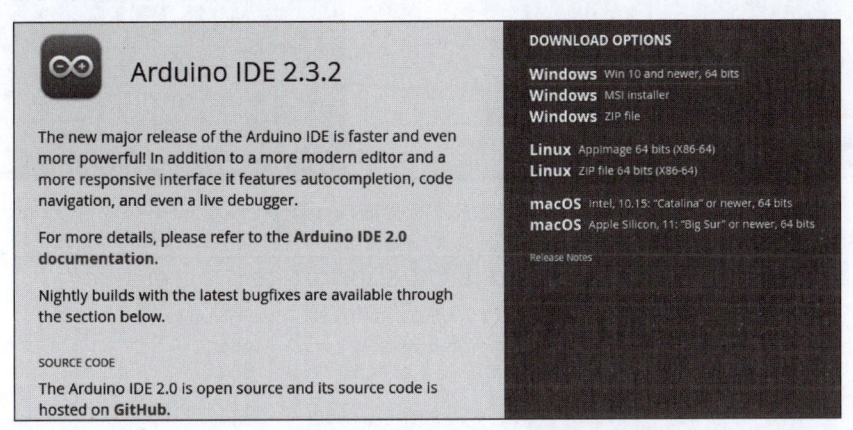

图 3.1 Arduino IDE 下载界面(Windows 环境)

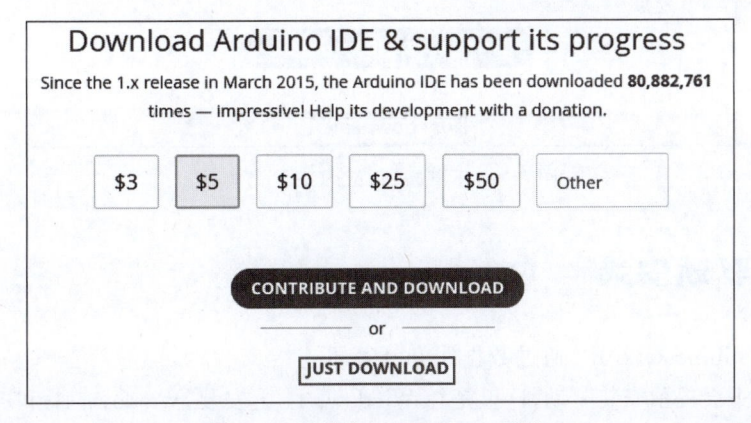

图 3.2 下载按钮(Windows 环境)

下载完成后解压文件夹,双击 arduino.exe 运行软件。Arduino IDE 依赖 Java 开发环境,需要 PC 安装 Java 的 JDK 并进行变量配置。如果双击启动失败,可能是 PC 无 JDK 支持。

3.2.2 macOS X 环境搭建

从官网下载 IDE 开发环境,选择 macOS Intel,10.15:"catalina" or newer,64 bits 选项,如图 3.3 所示。单击图 3.4 中的 JUST DOWNLOAD 按钮进行下载。

下载完成后,将 Arduino 应用程序复制到 Application 文件夹(或计算机中的其他位置)中,即可完成安装。

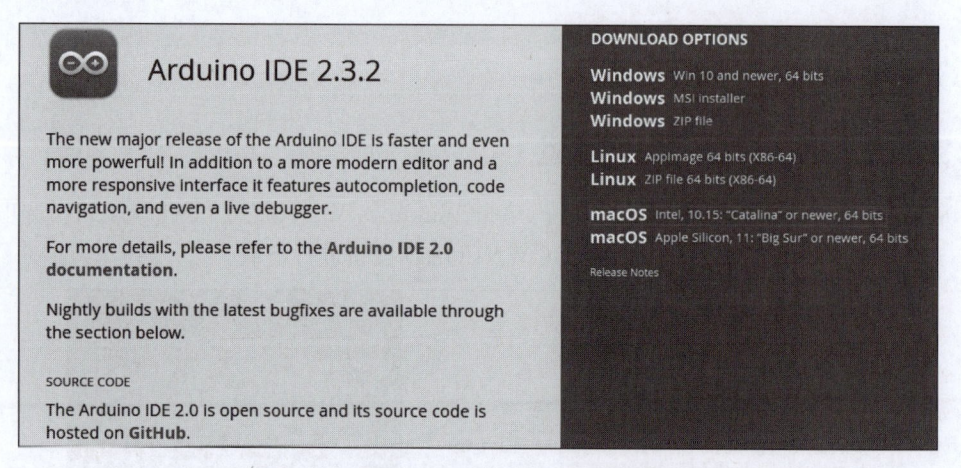

图 3.3　Arduino IDE 下载界面(macOS X 环境)

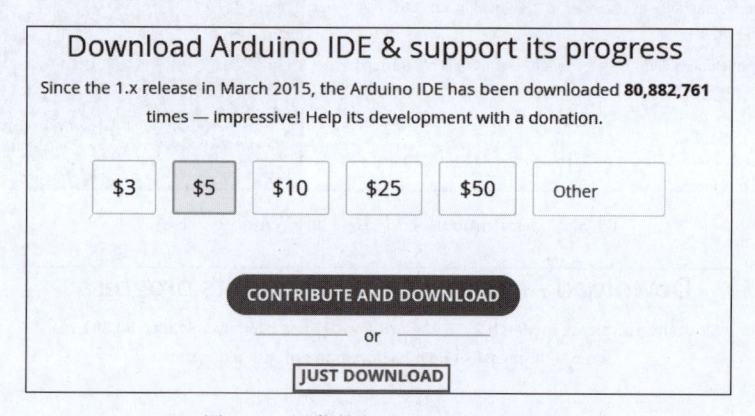

图 3.4　下载按钮(macOS X 环境)

3.3　驱动安装

首先把 Arduino Uno R3 通过数据线和计算机连接。

正常情况下会提示安装驱动,这里是在 Windows 11 上安装,Windows 10 和 Windows 7 上的安装与此类似。

(1) 在设备管理器中找到未识别的设备,然后选择"更新驱动程序",如图 3.5 所示。

(2) 选择"浏览我的电脑以查找驱动程序",如图 3.6 所示。

(3) 选择在 Arduino IDE 文件夹下搜索驱动程序,如图 3.7 所示。

(4) 驱动安装完成之后会进行提示,如图 3.8 所示。

现在,运行 Arduino IDE,就可以将第一个程序烧写至 Arduino 中了。为了确保一切都正

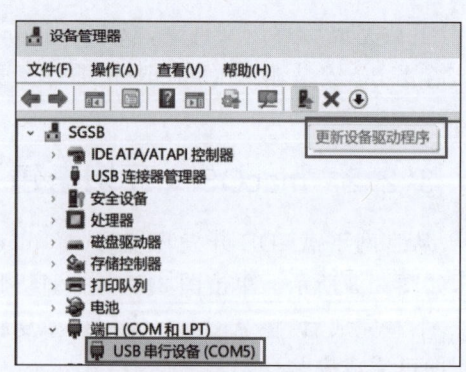

图 3.5　更新驱动操作示意

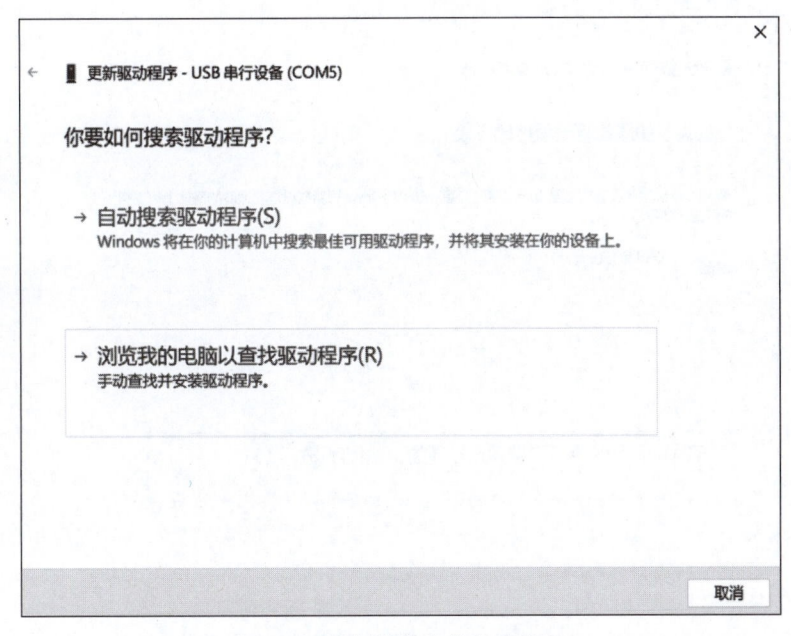

图 3.6　选择浏览查找驱动程序

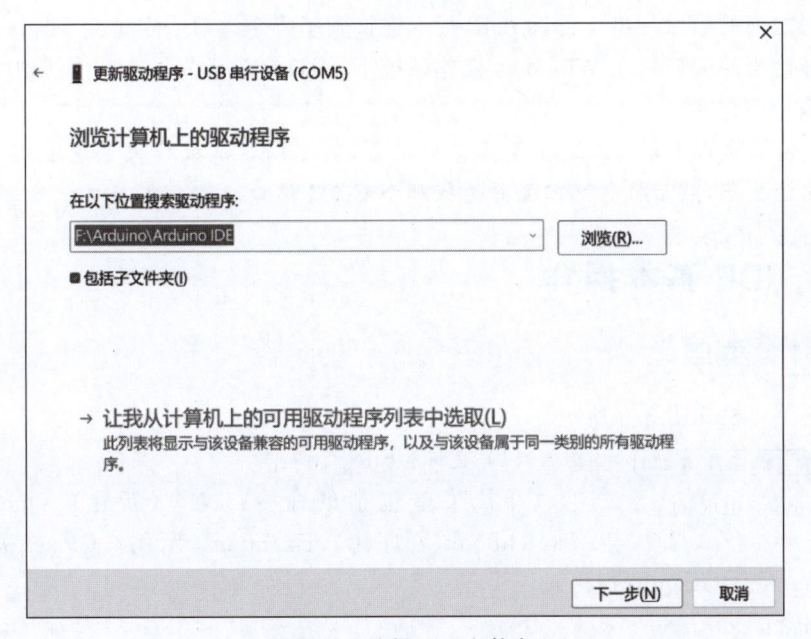

图 3.7　选择 IDE 文件夹

常工作,可以烧写 Blink 示例程序,它会让板载 LED 灯闪烁。绝大多数 Arduino 有一个连接到 13 号引脚的 LED。定位到 File-Example-Basic 菜单并单击 Blink 程序,会打开一个新的 IDE 窗口,其中已经写好了 Blink 程序。首先,要用这个示例程序为 Arduino 编程,然后分析这个程序,理解其中的重要部分,这样就可以编写自己的程序了。

在烧写程序之前,需要告诉 IDE 将哪种 Arduino 连接到了哪个端口。在 Tools-Board 菜单下选择正确的板卡(假设它也有一个连接到 13 号引脚的 LED)。

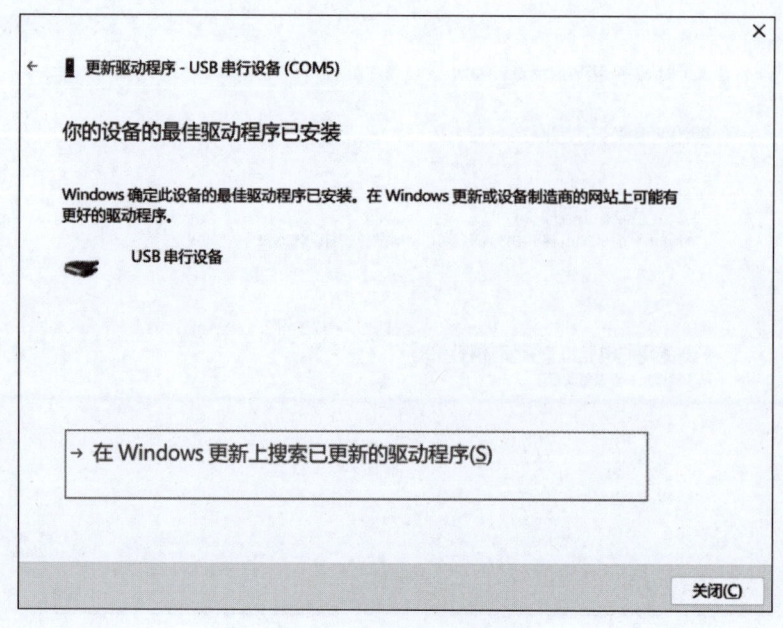

图 3.8 驱动安装完成

在编写之前的最后一步是告诉 IDE,板卡连接到了哪个端口。定位到 Tools-Serial Port 菜单并选择恰当的端口。在 Windows 操作系统下,端口会显示为 com*,其中"*"是一个表示串口编号的数字。

提示:如果你的计算机上连接了多串口设备,则可以尝试拔掉板卡看看哪个 COM 端口在菜单中消失了,然后将它插回去并选择那个 COM 端口。

3.4 IDE 基本操作

3.4.1 菜单

IDE 的菜单栏如图 3.9 所示。

图 3.9 Arduino IDE 的菜单栏

(1) 文件:File。

下拉菜单包括的命令:New(新建)、Open(打开)、Sketchbook(程序簿)、Examples(示例)、Close(关闭)、Save(保存)、Print(打印)、Quit(退出)。

(2) 编辑:Edit。

下拉菜单包括的命令:Cut(剪切)、Copy(复制)、Copy for Forum(复制到论坛)、Paste(粘贴)、Select All(全选)等。

(3) 程序:Sketch。

(4) 工具:Tools。

(5) 帮助:Help。

以上命令的功能及用法与中文说明大体一致,并附有快捷键使用方法。

工具栏如图 3.10 所示,图中按钮从上到下依次为:
(1) 打开现有项目文件夹工具按钮;
(2) 开发板管理器工具按钮;
(3) 库管理工具按钮;
(4) 调试工具按钮;
(5) 搜索工具按钮。

主屏幕下方有两个窗口。第一个窗口提供了状态信息和反馈,第二个窗口在校验和烧写程序时提示相关信息,编译的错误也会在这里显示,如图 3.11 所示。

图 3.10 工具栏示意图

图 3.11 用户界面下方窗口

3.4.2 快捷键

Arduino IDE 环境中快捷键对应的操作如下所述。

1. File 菜单

Ctrl+N　新建文档　　　　　　　　Ctrl+Shift+U　通过编程器下载程序
Ctrl+O　打开文档　　　　　　　　Ctrl+Shift+P　页面设置
Ctrl+W　关闭程序　　　　　　　　Ctrl+P　打印
Ctrl+S　保存程序　　　　　　　　Ctrl+Comma　参数设置
Ctrl+Shift+S　程序另存为　　　　Ctrl+Q　退出程序
Ctrl+U　下载程序

2. Edit 菜单

Ctrl+Z　恢复/撤销　　　　　　　　Ctrl+Slash(/)　注释/取消注释
Ctrl+Y　重做　　　　　　　　　　Ctrl+Close Bracket(])　增加缩进
Ctrl+X　剪切　　　　　　　　　　Ctrl+Open Bracket([)　减少缩进
Ctrl+C　复制　　　　　　　　　　Ctrl+F　查找
Ctrl+Shift+C　复制到论坛　　　　Ctrl+G　查找下一个
Ctrl+Alt+C　复制为 HTML　　　　 Ctrl+Shift+G　查找上一个
Ctrl+A　选择全部　　　　　　　　Ctrl+E　查找选择内容

3. Sketch 菜单

Ctrl+R　校验/编译　　　　　　　　Ctrl+K　显示程序文件夹

4. Tools 菜单

Ctrl+T　自动格式化　　　　　　　Ctrl+Shift+M　串口监视器

5. Help 菜单

Ctrl+Shift+F　在手册中查找

3.5 程序输入、编译及下载

首先,打开 Arduino 编译软件,界面如图 3.12 所示。

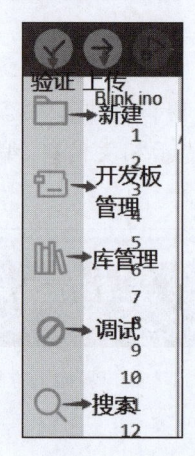

图 3.12 Arduino 编译软件界面

录入程序后单击"验证"按钮,编译成功时,界面如图 3.13 所示。然后保存程序,成功保存后单击"下载"按钮,将程序下载到 Arduino 板子上,下载成功的界面如图 3.14 所示。

图 3.13 程序录入及编译界面

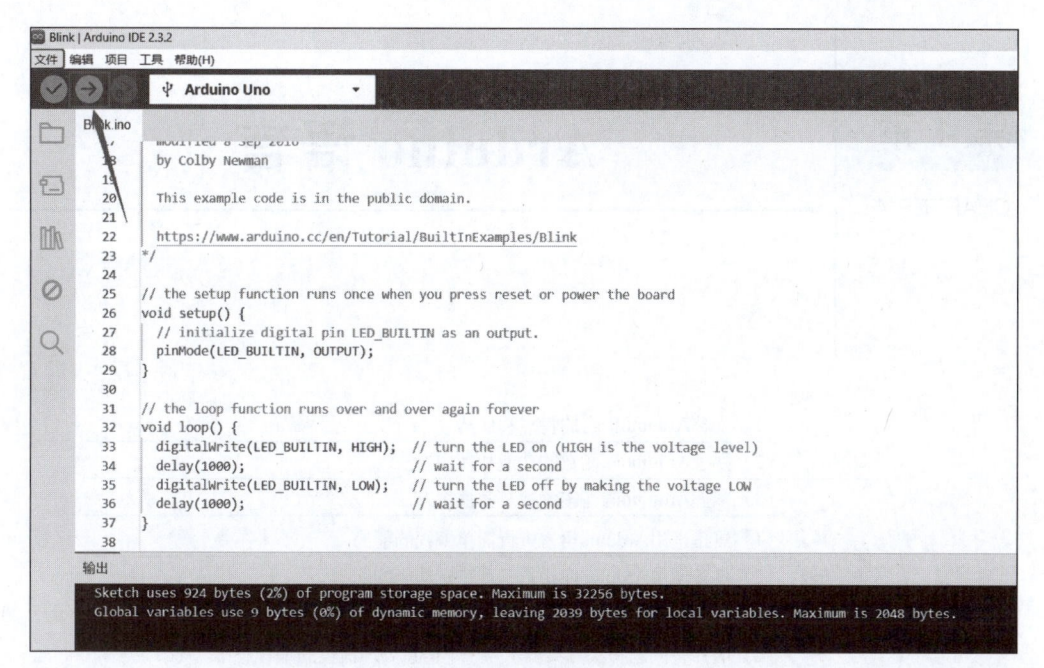

图 3.14　程序下载

3.6　开发环境常见问题

在某些情况下,有可能在 Windows 环境下对 Arduino 软件的使用会出现问题。

如果遇到了这样的问题:当双击 Arduino 图标时没有反应,这时可以试着用另一种启动 Arduino 的方法——双击 run.bat。

Windows 用户可能会遇到另一个问题:当系统给 USB 串口分配的端口号大于或等于 COM10 时,Arduino 将无法判断,这时必须手动修改端口号,修改成小于 10 的 COM 口。方法如下:首先在桌面找到"我的电脑",右击选择"管理",找到并单击"任务管理器",找到"端口(COM 和 LPT)",再找到我们所使用的串口端口号。双击选择"端口设置",找到"高级",单击 COM 端口号的下拉框,就可以选择空闲着的且号码小于 9 的端口了。如果问题还没有得到解决,请到 Arduino 官网详细查询。

3.7　课后问答

自己尝试在 Arduino IDE 中烧录程序,并观察分析这个程序。

3.8　本章小结

本章主要介绍了集成开发环境,了解了 Arduino 的开发环境,以及如何实现程序的烧录,总结了烧录程序时会遇到的一系列问题。

第 4 章 Arduino 语言

CHAPTER 4

教学目标：

知识
- (1) 了解Arduino语言的特点和优势
- (2) 熟悉Arduino库函数的功能和使用方法
- (3) 掌握Arduino的基本函数及其使用方法

能力
- (1) 具备运用Arduino语言进行简单编程的能力
- (2) 具备使用Arduino库函数实现特定功能的能力

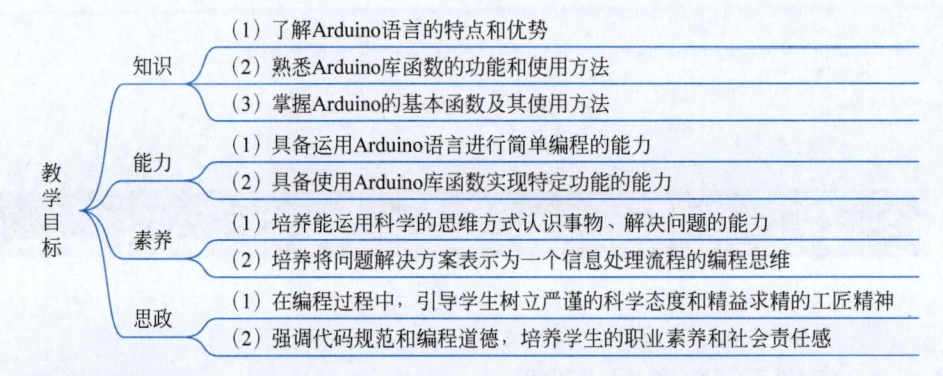

素养
- (1) 培养能运用科学的思维方式认识事物、解决问题的能力
- (2) 培养将问题解决方案表示为一个信息处理流程的编程思维

思政
- (1) 在编程过程中，引导学生树立严谨的科学态度和精益求精的工匠精神
- (2) 强调代码规范和编程道德，培养学生的职业素养和社会责任感

课前预想

(1) 什么是标识符？
(2) 关键字有什么作用？
(3) 运算符有几种？分别说出它们的名字。
(4) Arduino 有几种语句？分为几大类？
(5) Arduino 语言基本结构有什么？
(6) Arduino 语言包括哪些内容？
(7) Arduino 语言在 Arduino 中的作用是什么？
(8) 哪一个数字引脚难以作为数字输入使用？
(9) digitalWrite 引脚编号是什么？
(10) 如果引脚悬空，digitalRead()会返回什么数值？
(11) Arduino 库函数的特点是什么？有什么优势？

Arduino 语言是建立在 C/C++ 基础上的，其实也就是基础的 C 语言，只不过把 AVR 单片机(微控制器)相关的一些参数设置都函数化了，不用去了解它的底层硬件，让不了解 AVR 单片机(微控制器)的朋友也能轻松上手。

4.1 Arduino 语言概述

Arduino 使用 C/C++ 语言编写程序，虽然 C++ 兼容 C 语言，但是这两种语言又有所区别。C 语言是一种面向过程的编程语言，C++ 是一种面向对象的编程语言。早期的 Arduino

核心库使用 C 语言编写,后来引进了面向对象的思想,目前 Arduino 核心库采用 C 与 C++ 混合编程。

通常所说的 Arduino 语言,是指 Arduino 核心库文件提供的各种应用程序编程接口(Application Programming Interface,API)的集合。这些 API 是对更底层的单片机支持库进行二次封装所形成的。例如,使用 AVR 单片机的 Arduino 核心库是对 AVR-Libc(基于 GCC 的 AVR 支持库)的二次封装。

4.1.1 标识符

标识符用来标识源程序中某个对象的名字,这些对象可以是语句、数据类型、函数、变量、常量和数组等。

C 语言规定,一个标识符由字母、数字和下画线组成,第一个字符必须是字母或下画线。通常以下画线开头的标识符是编译系统专用的,所以在编写 C 语言程序时,最好不要使用以下画线开头的标识符,但是下画线可以用在第一个字符以后的任何位置。

标识符的长度不要超过 32 个字符,尽管 C 语言规定标识符的长度最大可达 255 个字符,但是在实际编译时,只有前面 32 个字符能够被正确识别。对于一般的应用程序来说,32 个字符的标示符长度就足够用了。

C 语言对大小写字符敏感,所以在编写程序时要注意大小写字符的区分。例如,对于 sec 和 SEC 这两个标识符来说,C 语言会认为这是两个完全不同的标识符。

C 语言程序中的标识符命名应做到简洁明了、含义清晰,这便于程序的阅读和维护。例如,在比较最大值时,最好使用 max 来定义该标识符。

4.1.2 关键字

在 C 语言编程中,为了定义变量、表达语句功能和对一些文件进行预处理,还必须用到一些具有特殊意义的字符,这就是关键字。

C 语言的关键字共有 32 个,根据关键字的作用,可将其分为数据类型关键字、控制语句关键字、存储类型关键字和其他关键字 4 类。

1. 数据类型关键字 12 个

char:声明字符型变量或函数,其占用 1 字节的内存空间,数值范围是 $-128 \sim +128$。在存储字符时,字符需要用单引号引用。例如"char col='c';"。

字符都是以数字形式存储在 char 类型变量中的。

double:声明双精度变量或函数。

enum:声明枚举类型。

float:声明浮点型变量或函数,当需要用变量表示小数时,浮点数便是所需要的数据类型。浮点数占用 4 字节的内存,其存储空间大,能够存储带小数的数字。如果在常数后面加上".0",编译器会把该常数作为浮点数而不是整数来处理。

int:声明整型变量或函数,用 2 字节表示一个存储空间,其取值范围是 $-32\,768 \sim +32\,767$。

long:声明长整型变量或函数,用 4 字节表示一个存储空间,其大小是 int 型的 2 倍,其存储范围是 $-2\,147\,483\,648 \sim 2\,147\,483\,648$。

short：声明短整型变量或函数。
signed：声明有符号类型变量或函数。
struct：声明结构体变量或函数。
union：声明共用体(联合)数据类型。
unsigned：声明无符号类型变量或函数。
void：声明函数无返回值或无参数，声明无类型指针。

2. 控制语句关键字 12 个

循环语句(5个)：for，一种循环语句；do，循环语句的循环体；while，循环语句的循环条件；break，跳出当前循环；continue，结束当前循环，开始下一轮循环。

条件语句(3个)：if，条件语句；else，条件语句否定分支(与 if 连用)；goto，无条件跳转语句。

开关语句(3个)：switch，用于开关语句；case，开关语句分支；default，开关语句中的"其他"分支。

返回语句(1个)：return，子程序返回语句(可以带参数，也可不带参数)。

3. 存储类型关键字 4 个

auto：声明自动变量，一般不使用。
extern：声明变量是在其他文件中声明(也可以看为引用变量)。
register：声明寄存器变量。
static：声明静态变量。

4. 其他关键字 4 个

const：声明只读变量。
sizeof：计算数据类型长度。
typedef：用于给数据类型取别名。
volatile：说明变量在程序执行中可被隐含地改变。

4.1.3 Arduino 语言运算符

运算符是告诉编译程序执行特定算术或逻辑操作的符号。C 语言的运算范围很宽，把除了控制语句和输入/输出以外几乎所有的基本操作都作为运算符处理。

无论是加、减、乘、除还是大于、小于，都需要用到运算符，C 语言中的运算符和平时用的运算符基本上都差不多。运算符包括赋值运算符、算术运算符、逻辑运算符、位逻辑运算符、位移运算符、关系运算符、自增自减运算符、条件运算符、逗号运算符等。大多数运算符都是二目运算符，即运算符位于两个表达式之间。单目运算符的意思是运算符作用于单个表达式。

1. 赋值运算符

赋值语句的作用是把某个常量、变量或表达式的值赋给另一个变量，符号为"="。这里并不是等于的意思，只是赋值，等于用"=="表示。

注意：赋值语句左边的变量在程序的其他地方必须要声明。

赋值的变量称为左值，因为它们出现在赋值语句的左边；产生值的表达式称为右值，因为它们出现在赋值语句的右边。常数只能作为右值。

例如"count＝5；total1＝total2＝0；"。第一个赋值语句大家都能理解。第二个赋值语句的意思是把 0 同时赋值给两个变量,这是因为赋值语句是从右向左运算的,也就是说从右端开始计算。因此,令"total2＝0；",然后"total1＝total2；",那么"(total1＝total2)＝0；"行吗？答案是：不可以。因为先要算括号里面的,这时 total1＝total2 是一个表达式,而赋值语句的左边是不允许存在表达式的。

2. 算术运算符

在 C 语言中有两个单目和五个双目运算符,分别为＋正(单目)、－负(单目)、＊乘法(双目)、/除法(双目)、％取模(双目)、＋加法(双目)、－减法(双目)。

下面是两个赋值语句的例子,在赋值运算符右侧的表达式中就使用了算术运算符：

```
Area = Height * Width;
num = num1 + num2/num3 - num4;
```

运算符有运算顺序问题,先算乘除再算加减,单目正和单目负最先运算。

取模运算符(％)用于计算两个整数相除所得的余数。例如,a＝7％4,最终 a 的结果是 3,因为 7％4 的余数是 3。那么有人要问了,若想求它们的商怎么办呢？b＝7/4,这样 b 就是它们的商了,应该是 1。

也许有人就不明白了,7/4 应该是 1.75,怎么会是 1 呢？这里需要说明的是,当两个整数相除时,所得到的结果仍然是整数,没有小数部分。若想也得到小数部分,可以这样写：7.0/4 或者 7/4.0,即把其中一个数变为非整数。

那么,怎样由一个实数得到它的整数部分呢？这就需要用强制类型转换了。例如,a＝(int)(7.0/4),因为 7.0/4 的值为 1.75,如果在前面加上(int)就表示把结果强制转换成整型,那么就得到了 1。那么,思考一下 a＝(float)(7/4),最终 a 的结果是多少？

单目减运算符相当于取相反值,若是正数就变为负值,若是负数就变为正值。单目加运算符没有意义,纯粹是和单目减构成一对用的。

3. 逻辑运算符

逻辑运算符是根据表达式的值来返回真值或是假值。其实在 C 语言中没有所谓的真值和假值,只是认为非 0 为真值,0 为假值。

符号功能：&& 逻辑与,‖ 逻辑或,! 逻辑非。

例如"5!3；0‖－2&&5；!4；"。当表达式进行"&&"运算时,只要有一个为假,总的表达式就为假；只有当所有都为真时,总的值才为真。

当表达式进行"‖"运算时,只要有一个为真,总的值就为真；只有当所有的都为假时,总的值才为假。

逻辑非(!)运算是把相应的变量数据转换为相应的真/假值。若原先为假,则逻辑非以后为真；若原先为真,则逻辑非以后为假。

还有一点很重要,当一个逻辑表达式的后一部分的取值不会影响整个表达式的值时,后一部分就不会进行运算了。例如：

```
a = 2,b = 1; a ‖ b-1;
```

因为 a＝2,为真值,所以不管 b－1 是不是真值,总的表达式一定为真值,这时后面的表达式就不会再计算了。

4. 关系运算符

关系运算符是对两个表达式进行比较,各关系返回一个真/假值,各关系运算符及功能如表 4.1 所示。

表 4.1 关系运算符及其功能

符 号	功 能	符 号	功 能
>	大于	<=	小于或等于
<	小于	==	等于
>=	大于或等于	!=	不等于

这些运算符大家都能明白,主要问题就是等于(==)和赋值(=)的区别了。

一些刚开始学习 C 语言的人总是对这两个运算符弄不明白,经常在一些简单问题上出错,自己检查时还找不出来。看下面语句:if(Amount=123),很多新人都理解为如果 Amount 等于 123,就怎么样。其实这行代码的意思是先赋值 Amount=123,然后判断这个表达式是不是真值,若结果为 123,则是真值,那么就做后面的。如果想让当 Amount 等于 123 才运行,应该是 if(Amount==123)。

5. 自增自减运算符

这是一类特殊的运算符,自增运算符(++)和自减运算符(--)对变量的操作结果是增加 1 和减少 1。例如:

```
-- Couter; Couter -- ; ++Amount; Amount++;
```

在这些例子里,运算符在前面还是在后面对本身的影响都是一样的,都是加 1 或者减 1,但是当把它们作为其他表达式的一部分时,两者就有区别了。运算符放在变量前面,那么在运算之前,变量先完成自增或自减运算;如果运算符放在后面,那么自增自减运算是在变量参加表达式的运算后再运算。

这样讲可能不太清楚,看下面的例子:

```
num1 = 4; num2 = 8; a = ++num1; b = num2++;
```

a=++num1,总的来看是一个赋值,把++num1 的值赋给 a,因为自增运算符在变量的前面,所以 num1 先自增加 1 变为 5,然后赋值给 a,最终 a 也为 5。b=num2++,这是把 num2++的值赋给 b,因为自增运算符在变量的后面,所以先把 num2 赋值给 b,b 应该为 8,然后 num2 自增加 1 变为 9。

那么,如果出现这样的情况怎么处理呢?

```
c = num1++ + num2;
```

到底是 c=(num1++)+num2,还是 c=num1+(++num2),这要根据编译器来决定,不同的编译器可能有不同的结果。在以后的编程当中,应尽量避免出现上面复杂的情况。

6. 复合赋值运算符

在赋值运算符当中,还有一类 C/C++ 独有的复合赋值运算符。它们实际上是一种缩写形式,使得对变量的改变更为简洁,如 Total=Total+3。

刚开始看这行代码,似乎有问题,这是不可能成立的。其实还是老样子,"="是赋值而不是等于。它的意思是本身的值加 3，然后再赋值给本身。为了简化，上面的代码也可以写成 Total＋＝3。

复合赋值运算符及其功能如表 4.2 所示。

表 4.2　复合赋值运算符及其功能

符　　号	功　　能	符　　号	功　　能
＋＝	加法赋值	＜＜＝	左移赋值
－＝	减法赋值	＞＞＝	右移赋值
＊＝	乘法赋值	＆＝	位逻辑与赋值
／＝	除法赋值	｜＝	位逻辑或赋值
％＝	模运算赋值	＾＝	位逻辑异或赋值

上面的 10 个复合赋值运算符中，后面的 5 个在以后的位运算时再说明。

那么看了上面的复合赋值运算符，有人就会问，到底 Total＝Total＋3 与 Total＋＝3 有没有区别？

答案是有的。对于 A＝A＋1，表达式 A 被计算了两次；对于复合运算符 A＋＝1，表达式 A 仅计算了一次。一般来说，这种区别对于程序的运行没有多大影响，但是当表达式作为函数的返回值时，函数就被调用了两次（以后再说明），而且如果使用普通的赋值运算符，也会加大程序的开销，使效率降低。

7. 条件运算符

条件运算符(:)是 C 语言中唯一的一个三目运算符，它对第一个表达式做真/假检测，然后根据结果返回另外两个表达式中的一个。

```
<表达式 1>?<表达式 2>:<表达式 3>
```

在运算中，首先对表达式 1 进行检验，如果为真，则返回表达式 2 的值；如果为假，则返回表达式 3 的值。例如，a＝(b＞0)b:－b。当 b＞0 时，a＝b；当 b 不大于 0 时，a＝－b。这就是条件表达式。其实上面的意思就是把 b 的绝对值赋值给 a。

8. 逗号运算符

在 C 语言中，多个表达式可以用逗号分隔，其中用逗号分隔的表达式的值分别计算，但整个表达式的值是最后一个表达式的值。假设：

```
b = 2,c = 7,d = 5,a1 = (++b,c－－,d + 3);
a2 = ++b,c－－,d + 3;
```

对于第一行代码，有 3 个表达式，用逗号分隔，所以最终的值应该是最后一个表达式的值，也就是 d＋3 为 8，所以 a＝8。对于第二行代码，也有 3 个表达式，这时的 3 个表达式为 a2＝＋＋b,c－－,d＋3。因为赋值运算符比逗号运算符优先级高，所以最终表达式的值虽然也为 8，但 a2＝3。

9. 优先级和结合性

从上面逗号运算符的例子可以看出，这些运算符计算时都有一定的顺序，就好像先要算乘除后算加减一样。优先级和结合性是运算符的两个重要特性，结合性又称为计算顺序，它决定组成表达式的各部分是否参与计算以及什么时候计算。

C 语言中所使用运算符的优先级和结合性如表 4.3 所示。

表 4.3 C 语言中所使用运算符的优先级和结合性

优先级	运算符	名称或含义	使用形式	结合方向	说明
1	[]	数组下标	数组名[常量表达式]	左到右	—
	()	圆括号	（表达式）/函数名（形参表）		—
	.	成员选择（对象）	对象.成员名		—
	->	成员选择（指针）	对象指针->成员名		—
2	—	负号运算符	—表达式	右到左	单目运算符
	(类型)	强制类型转换	（数据类型）表达式		—
	++	自增运算符	++变量名/变量名++		单目运算符
	——	自减运算符	——变量名/变量名——		单目运算符
	*	取值运算符	*指针变量		单目运算符
	&	取地址运算符	&变量名		单目运算符
	!	逻辑非运算符	!表达式		单目运算符
	~	按位取反运算符	~表达式		单目运算符
	sizeof	长度运算符	sizeof(表达式)		—
3	/	除	表达式/表达式	左到右	双目运算符
	*	乘	表达式*表达式		双目运算符
	%	余数（取模）	整型表达式/整型表达式		双目运算符
4	+	加	表达式+表达式	左到右	双目运算符
	—	减	表达式—表达式		双目运算符
5	<<	左移	变量<<表达式	左到右	双目运算符
	>>	右移	变量>>表达式		双目运算符
6	>	大于	表达式>表达式	左到右	双目运算符
	>=	大于或等于	表达式>=表达式		双目运算符
	<	小于	表达式<表达式		双目运算符
	<=	小于或等于	表达式<=表达式		双目运算符
7	==	等于	表达式==表达式	左到右	双目运算符
	!=	不等于	表达式!=表达式		双目运算符
8	&	按位与	表达式&表达式	左到右	双目运算符
9	^	按位异或	表达式^表达式	左到右	双目运算符
10	|	按位或	表达式|表达式	左到右	双目运算符
11	&&	逻辑与	表达式&&表达式	左到右	双目运算符
12	||	逻辑或	表达式||表达式	左到右	双目运算符
13	?:	条件运算符	表达式1?表达式2:表达式3	右到左	三目运算符
14	=	赋值运算符	变量=表达式	右到左	—
	/=	除后赋值	变量/=表达式		—
	*=	乘后赋值	变量*=表达式		—
	%=	取模后赋值	变量%=表达式		—
	+=	加后赋值	变量+=表达式		—
	—=	减后赋值	变量—=表达式		—
	<<=	左移后赋值	变量<<=表达式		—
	>>=	右移后赋值	变量>>=表达式		—
	&=	按位与后赋值	变量&=表达式		—
	^=	按位异或后赋值	变量^=表达式		—
	|=	按位或后赋值	变量|=表达式		—
15	,	逗号运算符	表达式,表达式,…	左到右	从左向右顺序运算

4.1.4 Arduino 语言控制语句

控制语句用于控制程序的流程,以实现程序的各种结构方式。

它们由特定的语句定义符组成。C 语言有 9 种控制语句,可分成以下 3 类。

1. 条件判断语句

C 语言支持两种选择语句:if 语句和 switch 语句。这些语句允许在程序运行时且知道其状态的情况下,控制程序的执行过程。首先看一下 if 语句的用法。

if 语句是 C 语言中的条件分支语句,它能将程序的执行路径分为两条。if 语句的完整格式如下:

```
if(condition) statement1;
else statement2;
```

其中,if 和 else 的对象可以是单个语句(statement),也可以是程序块;条件 condition 可以是任何返回布尔值的表达式;else 语句是可选的。

1) if 语句

if 语句的执行过程如下:如果条件为真,就执行 if 的对象(statement1);否则,执行 else 的对象(statement2)。任何时候两条语句都不可能同时执行。考虑下面的例子:

```
int a,b;
if(a<b) a = 0;
else b = 0;
```

本例中,如果 a 小于 b,那么 a 被赋值为 0;否则,b 被赋值为 0。任何情况下都不可能使 a 和 b 都被赋值为 0。

记住,直接跟在 if 或 else 语句后的语句只能有一句。如果想包含更多的语句,需要建一个程序块,如下面的例子:

```
int bytesAvailable;
if(bytesAvailable > 0) {
  ProcessData();
  bytesAvailable -= n;
}
else
  waitForMoreData();
```

这里,如果变量 bytesAvailable 大于 0,则 if 块内的所有语句都会执行。

嵌套(nested)if 语句是指该 if 语句为另一个 if 或者 else 语句的对象。在编程时经常要用到嵌套 if 语句。当使用嵌套 if 语句时,需记住的要点是:一个 else 语句总是对应着和它同一个块中最近的 if 语句,而且该 if 语句没有与其他 else 语句相关联。下面是一个例子:

```
if(i == 10) {
   if(j == 20) a = b;
   if(k == 100) c = d;      //这个 if 与下面紧跟的 else 相关联
   else a = c;
}
else a = d;                 //这个 else 与最上面的 if(i == 10)相关联
```

如注释所示,最后一个 else 语句没有与 if(j==20)相对应,因为它们不在同一个块(尽管

if(j==20)语句是没有与else配对最近的if语句)。最后一个else语句对应着if(i==10)。内部的else语句对应着if(k==100),因为它是同一个块中最近的if语句。

基于嵌套if语句的通用编程结构被称为if-else-if阶梯。它的语法如下：

```
if(condition 1)
    statement 1;
else if(condition 2)
    statement 2;
else if(condition 3)
    statement 3;
else
    statement 4;
```

条件表达式从上到下被求值。一旦找到为真的条件,就执行与它关联的语句,该阶梯的其他部分就被忽略了。如果所有的条件都不为真,则执行最后的else语句。最后的else语句经常被作为默认的条件,即如果所有其他条件测试都失败,就执行最后的else语句。如果没有最后的else语句,而且所有其他的条件都失败,那程序就不作任何动作。

2) switch语句

if语句处理两个分支或多个分支时需使用if-else-if结构,但如果分支较多,则嵌套的if语句层就越多,程序不但庞大而且理解也比较困难。因此,C语言又提供了一个专门用于处理多分支结构的条件选择语句,称为switch语句,又称开关语句。使用switch语句直接处理多个分支(当然包括两个分支)。其一般形式为：

```
switch(表达式)
{
    case 常量表达式 1:
        语句 1;
        break;
    case 常量表达式 2:
        语句 2;
        break;
    …
    case 常量表达式 n:
        语句 n;
        break;
    …
    default:
        语句 n+1;
        break;
}
```

switch语句的执行流程：首先计算switch后面圆括号中表达式的值,然后用此值依次与各case的常量表达式比较。若圆括号中表达式的值与某个case后面的常量表达式的值相等,就执行此case后面的语句,执行后遇break语句就退出switch语句;若圆括号中表达式的值与所有case后面的常量表达式都不等,则执行default后面的语句n+1,然后退出switch语句,程序流程转向开关语句的下一个语句。

如下程序所示,可以根据输入的考试成绩等级输出百分制分数段：

```
switch(grade)
{
  case 'A':              /*注意,这里是冒号(:)并不是分号(;)*/
    printf("85 - 100\n");
    break;               /*每一个case语句后都要跟一个break用来退出switch语句*/
  case 'B':              /*每一个case后的常量表达式必须是不同的值以保证分支的唯一性*/
    printf("70 - 84\n");
    break;
  case 'C':
    printf("60 - 69\n");
    break;
  case 'D':
    printf("60\n");
    break;
default:
    printf("error!\n");
}
```

如果在 case 后面包含多条执行语句时,也不需要像 if 语句那样加花括号,进入某个 case 后,会自动顺序执行本 case 后面的所有执行语句。如:

```
{
  …
  case 'A':
    if(grade = 100)
      printf("85 - 100\n");
  else
    printf("error\n");
  break;
  …
```

default 总是放在最后,这时 default 后不需要 break 语句,并且 default 部分也不是必需的。如果没有这一部分,当 switch 后面圆括号中表达式的值与所有 case 后面的常量表达式的值都不相等时,则不执行任何一个分支,直接退出 switch 语句,此时,switch 语句相当于一个空语句。

例如,将上面例子中 switch 语句中的 default 部分去掉,则当输入的字符不是 A、B、C 或 D 时,此 switch 语句中的任何一条语句都不被执行。

在 switch-case 语句中,多个 case 可以共用一条执行语句,如:

```
…
  case 'A':
  case 'B':
  case 'c':
  printf("> 60\n");
  break;
…
```

在 A、B、C 这 3 种情况下,均执行相同的语句,即输出＞60。

考试成绩等级输出百分制分数的例子中,如果把每个 case 后的 break 删除,则当 grade＝'A'时,程序从 printf("85-100\n")开始执行,输出结果为

```
85 - 100
70 - 84
60 - 69
60
error!
```

这是因为 case 后面的常量表达式实际上只起语句标号作用,而不起条件判断作用,即只是开始执行处的入口标号。因此,一旦与 switch 后面圆括号中表达式的值匹配,就从此标号处开始执行,而且执行完一个 case 后面的语句后,若没遇到 break 语句,就自动进入下一个 case 继续执行,而不再判断是否与之匹配,直到遇到 break 语句才停止执行,退出 break 语句。因此,若想执行一个 case 分支之后立即跳出 switch 语句,就必须在此分支的最后添加一个 break 语句。

2. 循环执行语句

C++循环语句包括 while 语句、do-while 语句和 for 语句等。

1) while 语句

while 语句实现"当型"循环,它的一般格式为

```
while (termination){
    body;
}
```

当布尔表达式(termination)的值为 true 时,循环执行花括号中的语句,并且初始化部分和迭代部分是任选的。

while 语句首先计算终止条件,当条件满足时,才去执行循环中的语句,这是"当型"循环的特点。

2) do-while 语句

do-while 语句实现"直到型"循环,它的一般格式为

```
do{
    body;
}while (termination);
```

do-while 语句首先执行循环体,然后计算终止条件,若结果为 true,则循环执行花括号中的语句,直到布尔表达式的结果为 false。

与 while 语句不同的是,do-while 语句的循环体至少执行一次,这是"直到型"循环的特点。

3) for 语句

for 语句也用来实现"当型"循环,它的一般格式为

```
for(initialization;termination;iteration){
    body;
}
```

for 语句执行时,首先执行初始化操作,然后判断终止条件是否满足。如果满足,则执行循环体中的语句,最后执行迭代部分。完成一次循环后,重新判断终止条件。

可以在 for 语句的初始化部分声明一个变量,它的作用域为一个 for 语句。

for 语句通常用来执行循环次数确定的情况(如对数组元素进行操作),也可以根据循环

结束条件执行循环次数不确定的情况。

在初始化部分和迭代部分可以使用逗号语句来进行多个动作。逗号语句是用逗号分隔的语句序列。例如：

```
for(i = 0,j = 10;ij;i++,j-- ){
    body;
}
```

初始化、终止以及迭代部分都可以为空语句()，三者均为空的时候，相当于一个无限循环，如：

```
for(i = 0;;i++)
{
    body;
}
```

3. 转向语句

转向语句包括 break 语句、continue 语句、return 语句及 goto 语句。此类语句尽量少用，因为这不利于结构化程序设计，滥用它会使程序流程无规律、可读性差。

1) break 语句

break 语句中断当前循环，其和 label 一起使用，中断相关联的语句。一般格式为

```
break [label];
```

其中，可选的 label 参数指定断点处语句的标签。

通常在 switch 语句和 while、for、for-in 或 do-while 循环中使用 break 语句。最常见的是在 switch 语句中使用 label 参数，它可在任何语句中使用，无论是简单语句还是复合语句。

执行 break 语句会退出当前循环或语句，并开始执行脚本紧接着的语句。

下面的示例说明了 break 语句的用法。

```
function BreakTest(breakpoint){
var i = 0;
while(i <= 100)
{
    if(i == breakpoint)
        break;
        i++;
}
        return(i);
}
```

2) continue 语句

continue 语句是跳过循环体中剩余的语句而强制执行下一次循环。其作用为结束本次循环，即跳过循环体中下面尚未执行的语句，接着进行下一次是否执行循环的判定。如：

```
while(表达式 1) {
    语句组 1
```

```
        if(表达式 2) continue;
    语句组 2 }
```

continue 语句使用时应该注意：其只能用在循环语句中。一般都是与 if 语句一起使用。

程序举例：将 100~200 范围内的不能被 3 整除的数输出。

```
main()
{
int n;
for(n = 100;n = 200;n++)
{
if(n % 3 == 0)
continue;
printf(" % 5d",n);
}
}
```

当 n 能被 3 整除时，才执行 continue 语句，结束本次循环；只有 n 不能被 3 整除时，才执行 printf()函数。

上述程序中的循环体也可以改用如下语句处理：

```
if(n % 3!= 0)
printf(" % 5d",n);
```

这里使用 continue 语句，只是为了说明 continue 语句的作用。

continue 语句和 break 语句的区别：continue 语句只结束本次循环，而不是终止整个循环的执行；而 break 语句则是结束循环，不再进行条件判断。

3）return 语句

return 表示从被调函数返回到主调函数继续执行，返回时可附带一个返回值，由 return 后面的参数指定。

return 通常是必要的，因为函数调用的时候计算结果通常是通过返回值带出的。

如果函数执行不需要返回计算结果，也经常需要返回一个状态码来表示函数执行得顺利与否（-1 和 0 就是最常用的状态码），主调函数可以通过返回值判断被调函数的执行情况。

如果实在不需要函数返回什么值，就需要用 void 声明其类型。

补充：如果函数名前有返回类型定义，如 int、double 等就必须有返回值，而如果是 void 型，则可以不写 return，但这时即使写了也无法返回数值。

4）goto 语句

goto 语句也称为无条件转移语句，其一般格式如下：

```
goto 语句标号;
```

其中，语句标号是按标识符规定书写的符号，放在某一语句行的前面，标号后加冒号(:)。语句标号起标识语句的作用，与 goto 语句配合使用。如：

```
label: i++;
loop: while(x7);
```

C语言不限制程序中使用标号的次数,但各标号不得重名。goto语句的语义是改变程序流向,转去执行语句标号所标识的语句。

goto语句通常与条件语句配合使用,可用来实现条件转移,构成循环、跳出循环体等功能。

但是,在结构化程序设计中一般不主张使用goto语句,以免造成程序流程的混乱,使理解和调试程序都产生困难。

4.1.5　Arduino语言基本结构

1. 顺序结构

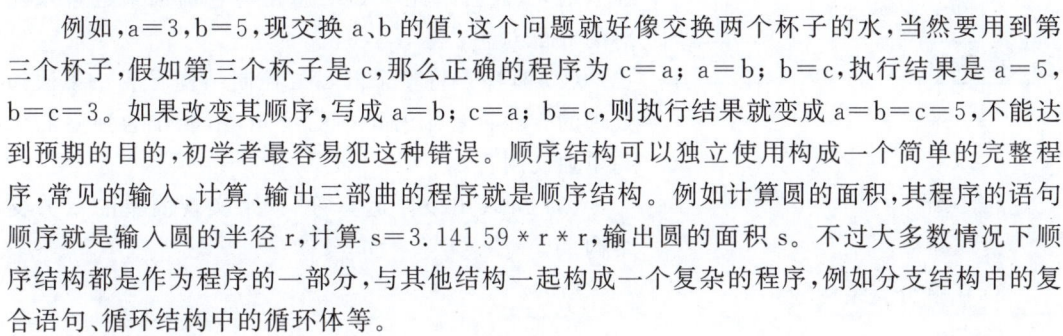

顺序结构的程序设计是最简单的,只要按照解决问题的顺序写出相应的语句就行,它的执行顺序是自上而下,依次执行。

例如,a＝3,b＝5,现交换a、b的值,这个问题就好像交换两个杯子的水,当然要用到第三个杯子,假如第三个杯子是c,那么正确的程序为c＝a;a＝b;b＝c,执行结果是a＝5,b＝3。如果改变其顺序,写成a＝b;c＝a;b＝c,则执行结果就变成a＝b＝c＝5,不能达到预期的目的,初学者最容易犯这种错误。顺序结构可以独立使用构成一个简单的完整程序,常见的输入、计算、输出三部曲的程序就是顺序结构。例如计算圆的面积,其程序的语句顺序就是输入圆的半径r,计算s＝3.141 59＊r＊r,输出圆的面积s。不过大多数情况下顺序结构都是作为程序的一部分,与其他结构一起构成一个复杂的程序,例如分支结构中的复合语句、循环结构中的循环体等。

2. 选择结构

按照给定的条件有选择地执行程序中的语句。

1) if单分支结构

格式:

if(表达式)语句

功能:

判断表达式的值,若为true(真)则执行语句;若为false(假)则不执行语句。

if语句流程图如图4.1所示。

说明如下：

(1) 表达式可以是任意合法的C++表达式。一般为逻辑表达式或关系表达式,当表达式为赋值表达式时,可以含对变量的定义。如:

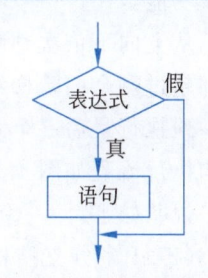

图4.1　if语句流程图

if(int i＝3)语句　　　　　　　　//等价于int i;if(i＝3)语句

(2) 若表达式的值为数值,则0被视为假,一切非0被视为真。

(3) 当表达式的值为真,要执行多条语句时,应将这些语句用花括号括起来以复合语句的形式出现。

(4) 程序是将整个if控制结构看成一条语句处理的。该语句称为if语句,也称为条件语句。

(5) 语句可以是另一个 if 语句或其他控制语句(嵌套)。
2) if 双分支结构
格式：

```
if(表达式)语句 1
else 语句 2
```

功能：

判断表达式的值,若为 true(真)则执行语句 1；若为 false(假)则执行语句 2。if-else 语句执行流程如图 4.2 所示。

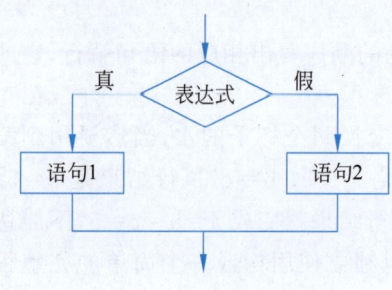

图 4.2 if else 语句流程图

说明如下。

(1) 语句 1 和语句 2 可以是另一个 if 语句或其他控制语句(嵌套),此时 else 总是与它前面最近且未配对的 if 配对。

(2) 程序是将整个 if-else 控制结构看成一条语句处理的。else 是 if 语句中的子句,不能作为独立的语句单独使用。

(3) 可以用条件运算符":"来实现简单的双分支结构。

3) if 多分支结构
格式：

```
if(表达式 1)语句 1
else if(表达式 2)语句 2
else if(表达式 3)语句 3
…
[else 语句 n]
```

功能：

从上向下依次判断各表达式的值,如果某一表达式的值为 true(真),则执行相应的 if 语句并越过剩余的阶梯结构；如果所有表达式的值均为 false(假),并且存在 else 子句,那么无条件地执行最后一个 else 子句(语句 n)；若不存在 else 子句,则不执行任何语句。if 多分支结构执行流程如图 4.3 所示。

说明如下。

(1) if 多分支结构实际上是一种规范化的 if 嵌套结构,在这种结构中,if 语句嵌套在 else 之后,即

```
if(表达式 1)
    语句 1
else
    if(表达式 2)
        语句 2
    else
        if(表达式 3)
            语句 3
            …
```

```
     [else
        语句 n]
```

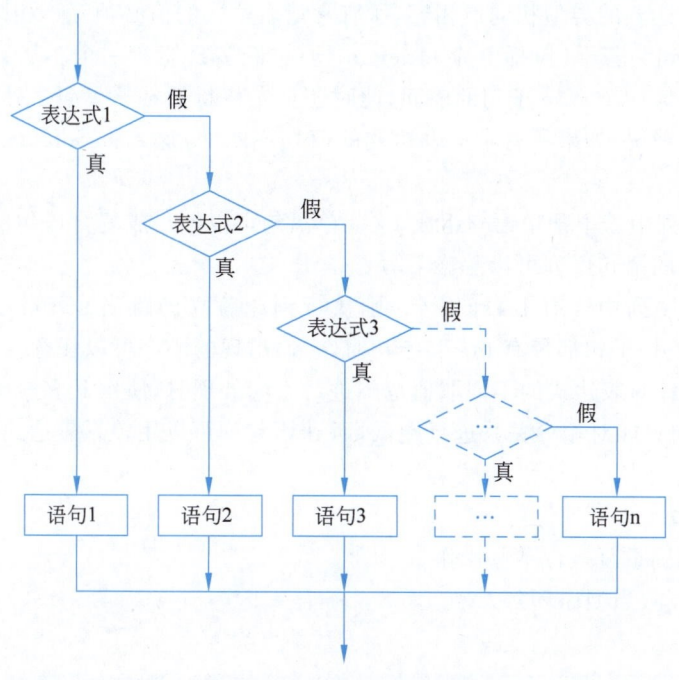

图 4.3　if/else if 语句执行流程图

(2) 从逻辑上看,各表达式条件都应当是相互排斥的,任意时刻最多有一个条件得以满足,不应出现既满足这个条件又满足那个条件的情况。

4) switch 多分支结构

格式:

```
switch(表达式)
{
case 常量表达式 1:[语句序列 1]
case 常量表达式 2:[语句序列 2]
case 常量表达式 3:[语句序列 3]
case 常量表达式 4:[语句序列 4]
case 常量表达式 5:[语句序列 5]
case 常量表达式 6:[语句序列 6]
…
[default:语句序列 n]
}
```

功能:

从上向下依次判断各 case 常量表达式的值和表达式值的匹配(相等)情况,当出现第一次匹配时,就将该 case 后的语句序列作为程序的执行入口点。执行完该 case 后的语句序列后,流程控制会自动转移到下一个 case 语句序列继续执行,而不再对其匹配情况进行判断,直到执行完其后的所有语句序列。如果所有常量表达式的值均不匹配,并且存在 default 子句,那么无条件地将该 default 子句作为程序的执行入口点;若不存在 default 子句,则不执行任何语句。

说明如下。

(1) 表达式和各常量表达式的类型一般为整型、字符型、逻辑型和枚举型。各常量表达式的类型要与表达式的类型相同或相容,所有常量表达式的值必须互不相同。

(2) case 子句为若干(包括 0 个),default 子句最多只能有一个。从语法上讲,default 子句可以放在任何一个 case 子句的前面,此时还是先判断各 case 常量表达式的值与表达式值的匹配(相等)情况,如果所有常量表达式的值均不匹配,这才将 default 子句作为程序的执行入口点。

(3) 语句序列由若干条单语句组成,这些单语句可以不写成复合语句的形式。必要时,case 语句标号后的语句序列可以省略不写。

(4) 若语句序列中含有 break 语句,则执行到此就立即跳出 switch 语句体。当所有 case 子句和 default 子句都带有 break 子句时,它们出现的顺序可以任意。

(5) 当需要针对表达式的不同取值范围进行不同处理时,使用 if 多分支结构比较方便,因为 switch 语句只能对相等关系进行测试,而 if 语句却可以用关系表达式对一个较大范围内的值进行测试。

3. 循环结构

按给定的规则重复执行某些操作。

1) while 循环(当型循环)

格式:

```
while(表达式)语句
```

while 语句流程图如图 4.4 所示。首先,判断表达式的值,若为 true(真)则执行语句;当执行完一次语句后再次判断表达式的值,若再为真,则再执行语句;依此往返,重复执行。若为 false(假)则退出循环,跳过语句的执行。

说明如下。

(1) 表达式就是给定的"循环条件",语句构成"循环体",在循环体中一般应有使循环趋于结束的语句。

(2) 先判断表达式,后执行语句。当一开始表达式的值就为 false 时,程序一次也不循环。

(3) while 语句一般用于不知道具体循环次数的情况。

2) do-while 循环(直到型循环)

格式:

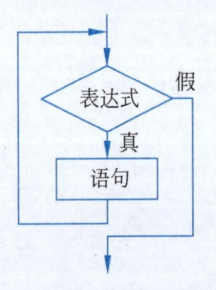

图 4.4 while 语句流程图

```
do 语句
while(表达式);
```

do-while 循环语句执行流程图如图 4.5 所示。先执行一次语句,再判断表达式的值,若为 true(真)则再执行语句;依此往返,重复执行。若为 false(假)则退出循环,跳过语句的执行。

说明如下。

(1) 先执行语句,后判断表达式。程序至少要循环一次。

(2) do-while 与 while 循环的不同之处在于:do-while 循环的循环体在前,循环条件在后，因此 do-while 循环在任何情况下都至少被执行一次；而 while 循环的循环条件在前，循环体在后，当循环条件一开始就不成立时，循环体一次也不执行。这一点正是在构造循环结构时决定使用 do-while 语句还是 while 语句的重要依据。

3) for 循环(次数循环)

格式：

for([表达式 1];[表达式 2];[表达式 3])语句

for 循环语句执行流程图如图 4.6 所示。先求解表达式 1；再求解表达式 2，若其值为 true(真)，则执行语句；最后求解表达式 3，第一次循环结束。下次循环再求解表达式 2，判断其值的真假，若为真则继续循环。依此往返，若为 false(假)则退出循环，跳过语句的执行。

图 4.5 do-while 循环语句流程图　　图 4.6 for 循环语句执行流程图

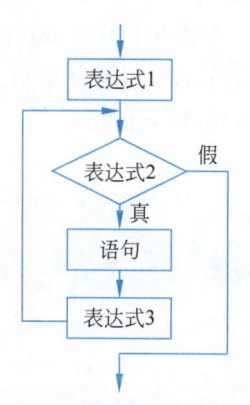

说明如下。

(1) 表达式 1 为 for 循环的初始化部分，一般用来设置循环控制变量的初始值，当表达式为赋值表达式时，可包含对变量的定义；表达式 2 为 for 循环的条件部分，是用来判定循环是否继续进行的依据；表达式 3 为 for 循环的增量部分，一般用来修改循环控制变量的值。

(2) 省略表达式 1 时应在 for 语句之前给循环变量赋初值；省略表达式 2 时可认为循环的条件始终为真。

4. 跳转语句

1) break 语句(跳出语句)

格式：

break;

跳出语句用在 switch 结构中，break 语句使执行流程跳出所在 switch 语句。用在循环结构中，break 语句使执行流程无条件地跳出本层循环体。

说明如下。

(1) break 语句经常用于使执行流程跳出死循环。

(2) 若 break 语句位于多重循环的内层循环体中，则只能跳出内层循环(本层循环)，而不能跳出其他外层循环。

2) continue 语句(继续语句)。

格式：

```
continue;
```

继续用于在循环结构中,结束本次循环,即跳过循环体中尚未执行的语句,接着进行下一次循环判断。

说明如下。

(1) 用在 while 和 do-while 循环中,continue 语句将使执行流程直接跳转到循环条件的判定部分,然后决定循环是否继续进行；用在 for 循环中,continue 语句将使执行流程跳过循环体中余下的语句,转而去执行表达式 3,然后根据表达式 2 进行循环条件的判定以决定循环是否继续进行。

(2) 和 break 语句相比,continue 语句只结束本层循环中的本次循环,而不是终止整个循环的执行；而 break 语句则是结束本次整个循环,不再进行循环条件是否成立的判断。

3) goto 语句(转向语句)

格式一：

```
goto 语句标号;
[语句序列]
语句标号:语句
```

格式二：

```
语句标号:语句
[语句序列]
goto 语句标号;
```

goto 语句强制中止执行 goto 语句之后的语句,无条件地跳转到语句标号对应的语句继续执行。

说明如下。

(1) 语句标号是 C++ 中唯一可以直接使用而不必事先定义的标识符。

(2) goto 语句和相应的标号语句应位于同一函数体中,不能从一个函数跳转到另一个函数,也不能从一个复合语句外部跳转到该复合语句内部。

(3) 根据程序的需要,goto 语句可以出现在相应语句标号之前(格式一)或之后(格式二)。

(4) goto 语句一般与 if 语句一起构成循环结构；goto 语句通常用在多重循环结构的内层循环中,用来解决从内层循环体直接跳转到外层循环之外的问题。

(5) 现代程序设计方法主张限制使用 goto 语句,因为滥用 goto 语句破坏了程序的 3 种基本结构,程序流程变得毫无规律,可读性差,并极易产生错误。

4.2 Arduino 基本函数

4.2.1 数字 I/O

1. pinMode(pin,mode)

描述：将指定的引脚配置成输出或输入。

语法：pinMode(pin,mode)。

参数：pin,要设置模式的引脚；mode,INPUT 或 OUTPUT。

程序示例：

```
int LEDPin = 13;                    //LED 连接到数字引脚 13
void setup()
{
pinMode(LEDPin,OUTPUT);             //设置数字脚为输出
}
void loop()
{
digitalWrite(LEDPin,HIGH);          //打开 LED
delay(1000);                        //等待 1s
digitalWrite(LEDPin,LOW);           //关掉 LED
delay(1000);                        //第二次等待 1s
}
```

注意：模拟输入脚也能当作数字引脚使用。

2. digitalWrite(pin,value)

描述：给一个数字引脚写入 HIGH 或者 LOW。如果一个引脚已经使用 pinMode()配置为 OUTPUT 模式,其电压将被设置为相应的值,HIGH 为 5V(3.3V 控制板上为 3.3V), LOW 为 0V。如果引脚配置为 INPUT 模式,使用 digitalWrite()写入 HIGH 值,将使内部 20kΩ 上拉电阻接入。写入 LOW 将会禁用上拉。上拉电阻可以点亮一个 LED,让其微微亮。如果出现 LED 工作,但是亮度很低,这种情况可能就是由上拉电阻引起的。补救的办法是使用 pinMode()函数设置为输出引脚。

注意：数字引脚 13 难以作为数字输入使用,因为大部分的控制板上使用了一颗 LED 和一个电阻与其连接。如果启动内部的 20kΩ 上拉电阻,其电压将在 1.7V 左右,而不是正常的 5V,因为板载 LED 串联的电阻使其电压降了下来,因此其返回值总是 LOW。如果必须使用数字引脚 13 的输入模式,则需要使用外部上拉和下拉电阻。

语法：digitalWrite(pin,value)。

参数：pin,引脚编号(如 1,5,10,A0,A3)；value,HIGH 或 LOW。

程序示例：

```
//将引脚 13 设置为高电位,延时 1s,然后设置为低电位
int LEDPin = 13;                    //LED 连接到数字引脚 13
void setup()
{
pinMode(LEDPin,OUTPUT);             //设置数字引脚为输入模式
}
void loop()
{
digitalWrite(LEDPin,HIGH);          //使 LED 亮
delay(1000);                        //延时 1s
digitalWrite(LEDPin,LOW);           //使 LED 灭
delay(1000);                        //延时 1s
}
```

注意：模拟引脚也可以当作数字引脚使用。

3）int digitalRead(pin)

描述：读取指定引脚的值，HIGH 或 LOW。

语法：digitalRead(PIN)。

参数：pin，想读取数值的引脚号(int)。

返回：HIGH 或 LOW。

程序示例：

```
//将引脚 13 设置为输入引脚 7 的值
int LEDPin = 13;              //LED 连接到引脚 13
int inPin = 7;                //按钮连接到数字引脚 7
int val = 0;                  //定义变量以存储读取值
void setup()
{
pinMode(LEDPin,OUTPUT);       //将引脚 13 设置为输出
pinMode(inPin,INPUT);         //将引脚 7 设置为输入
}
void loop()
{
val = digitalRead(inPin);     //读取输入引脚的值
digitalWrite(LEDPin,val);     //将 LED 值设置为按钮的值
}
```

注意：如果引脚悬空，digitalRead()会返回 HIGH 或 LOW(随机变化)，模拟输入引脚能当作数字引脚使用。

4.2.2 模拟 I/O

1. analogReference(type)

描述：设定用于模拟输入的基准电压(输入范围的最大值)。

DEFAULT：默认值 5V(Arduino 板为 5V)或 3V(Arduino 板为 3.3V)为基准电压。

INTERNAL：在 ATmega168 和 ATmega328 上以 1.1V 为基准电压，在 ATmega8 上以 2.56V 为基准电压(Arduino Mega 无此选项)。

INTERNAL1V1：以 1.1V 为基准电压(此选项仅针对 Arduino Mega)。

INTERNAL2V56：以 2.56V 为基准电压(此选项仅针对 Arduino Mega)。

EXTERNAL：以 AREF 引脚(0～5V)的电压作为基准电压。

参数：type，引用类型为 DEFAULT、INTERNAL、INTERNAL1V1、INTERNAL2V56 或者 EXTERNAL。

注意事项：改变基准电压后，之前从 analogRead()读取的数据可能不准确。

警告：不要在 AREF 引脚上使用任何小于 0V 或超过 5V 的外部电压。如果使用 AREF 引脚上的电压作为基准电压，则在使用 analogRead()前必须设置引用类型为 EXTERNAL，否则将会改变有效的基准电压(内部产生)和 AREF 引脚，这可能会损坏 Arduino 板上的单片机。

另外，可以在外部基准电压和 AREF 引脚之间连接一个 5kΩ 电阻，可以在外部和内部

基准电压之间切换。请注意,这种情况下总阻值将会发生改变,因为 AREF 引脚内部还有一个 32kΩ 电阻,这两个电阻都有分压作用。例如,如果输入 2.5V 的电压,则最后在 AREF 引脚上的电压将为 2.5V×32kΩ/(32kΩ+5kΩ)≈2.2V。

2. analogRead()

描述:从指定的模拟引脚读取数据值。Arduino 板包含一个 6 通道(Arduino ProMini 和 Arduino Nano 有 8 个通道,Arduino Mega 有 16 个通道)、10 位 A/D 转换器,这表示它将 0~5V 的输入电压映射到 0~1023 的整数值,即每个读数对应电压值为 5V/1024,都每单位 0.0049V(4.9mV)。输入范围和精度可以通过 analogReference() 改变,其大约需要 100μs(0.0001s)来读取模拟输入,所以最大的阅读速度是每秒 10 000 次。

语法:analogRead(PIN)。

数值的读取:从输入引脚(大部分开发板为 0~5,Arduino ProMini 和 Arduino Nano 为 0~7,Arduino Mega 为 0~15)读取数值。

返回:0~1023 的整数值。

注意事项:如果模拟输入引脚没有连入电路,由 analogRead() 返回的值将根据多项因素(例如其他模拟输入引脚,手靠近开发板等)产生波动。

程序示例:

```
int analogPin = 3;              //电位器(中间的引脚)连接到模拟输入引脚 3
//另外两个引脚分别接地和 +5V
int val = 0;                    //定义变量来存储读取的数值
void setup()
{
serial.begin(9600);             //设置波特率(9600b/s)
}
void loop()
{
val = analogRead(analogPin);    //从输入引脚读取数值
serial.println(val);            //显示读取的数值
}
```

3. analogWrite()

描述:从一个引脚输出 PWM 模拟值(Pulse Width Modulation,脉冲宽度调整),让 LED 以不同的亮度点亮或驱动电机以不同的速度旋转。analogWrite() 输出结束后,该引脚将产生一个稳定的特定占空比的 PWM,该 PWM 输出持续到下次调用 analogWrite()(或在同一引脚调用 digitalRead() 或 digitalWrite())。

PWM 信号的频率大约是 490Hz。大多数 Arduino 板(ATmega168 或 ATmega328)只有引脚 3、5、6、9、10 和 11 可以实现该功能。在 Aduino Mega 上,引脚 2~13 可以实现该功能。旧版本的 Arduino 板(ATmega8)只有引脚 9、10、11 可以使用 analogWrite()。在使用 analogWrite() 之前,不需要调用 pinMode() 来设置引脚为输出引脚。analogWrite 函数与模拟引脚、analogRead 函数没有直接关系。

语法:analogWrite(pin,value)。

参数:pin,用于输入数值的引脚;value,占空比,取值范围为 0(完全关闭)~255(完全打开)。

注意事项：引脚 5 和 6 的 PWM 输出将高于预期的占空比（输出的数值偏高），这是因为 millis()、delay() 功能和 PWM 输出共享相同的内部定时器。这将导致大多时候处于低占空比状态（如 0～10），并可能导致在数值为 0 时，没有完全关闭引脚 5 和 6。

程序示例：

```
//通过读取电位器的阻值控制 LED 的亮度
int LEDPin = 9;                  //LED 连接到数字引脚 9
int analogPin = 3;               //电位器连接到模拟引脚 3
int val = 0;                     //定义变量以存储读值
void setup()
{
pinMode(LEDPin,OUTPUT);          //设置引脚为输出引脚
}
void loop()
{
val = analogRead(analogPin);     //从输入引脚读取数值
analogWrite(LEDPin,val/4);       //以 val/4 的数值点亮 LED(analogRead 读取的数值为
                                 //0～1023,而 analogWrite 输出的数值为 0～255)
}
```

4.2.3 高级 I/O

1. tone()

描述：在一个引脚上产生一个特定频率的方波（50% 占空比）。持续时间可以设定，波形会一直产生直到调用 noTone() 函数。该引脚可以连接压电蜂鸣器或其他扬声器播放声音。在同一时刻只能产生一个声音。如果一个引脚已经在播放音乐，那么呼叫 tone() 将不会有任何效果。如果音乐在同一个引脚上播放，那么它会自动调整频率。使用 tone() 函数会与 3 脚和 11 脚的 PWM 产生干扰（Arduino Mega 板除外）。

注意：如果要在多个引脚上产生不同的音调，则要在对下一个引脚使用 tone() 函数前，先使用 noTone() 函数。

语法：tone(pin,frequency) 或 tone(pin,frequency,duration)。

参数：pin,要产生声音的引脚；frequency,产生声音的频率,单位 Hz,类型 unsigned int；duration,声音持续的时间,单位毫秒（可选），类型 unsigned long。

2. noTone()

描述：停止由 tone() 产生的方波。如果没有使用,tone() 将不会有变化。

注意：如果想在多个引脚上产生不同的声音,则要在对下一个引脚使用 tone() 前,先使用 noTone()。

语法：noTone(pin)。

参数：pin,所要停止产生声音的引脚。

3. ShiftOut()

描述：将数据的一个字节一位一位地移出。从最高有效位（最左边）或最低有效位（最右边）开始,依次向数据引脚（dataPin）写入每一位,之后时钟脚被拉高或拉低,指示之前的

数据有效。

注意：如果所连接的设备时钟类型为上升沿（rising edges），则要确定在调用 shiftOut() 前时钟脚为低电平，如调用 digitalWrite(clockPin, LOW)。

语法：shiftOut(dataPin, clockPin, bitOrder, value)。

参数：dataPin，输出位数据的引脚(int)；clockPin，时钟脚，当 dataPin 有值时，此引脚电位变化（int）；bitOrder，输出位的顺序，最高位优先（MSBFIRST）或最低位优先（LSBFIRST）；value，移位位元输出的数据（byte）。

注意事项：dataPin 和 clockPin 要用 pinMode() 设定为输出。shiftOut 目前只能输出 1 字节（8 位），所以如果输出值大于 255，则需要分成两个步骤。

程序示例：

```
//最高有效位优先串行输出
int data = 500;
//移位元输出高字节
shiftOut(dataPin,clock,MSBFIRST,(data 8));
//移位元输出低字节
shiftOut(data,clock,MSBFIRST,data);
//最低有效位优先串行输出
data = 500;
//移位元输出低字节
shiftOut(dataPin,clock,LSBFIRST,data);
//移位元输出高字节
shiftOut(dataPin,clock,LSBFIRST,(data 8));
```

4．shiftIn()

描述：将数据的一字节一位一位地移入。从最高有效位（最左边）或最低有效位（最右边）开始，对于每个位，先拉高时钟电位，再从数据传输线中读取一位，再将时钟线拉低。

注意：这是一个软件实现，也可以参考硬件实现的 SPI 链接库，其速度更快，但只对特定脚有效。

语法：byte incoming = shiftIn(dataPin, clockPin, bitOrder)。

参数：dataPin，输入每一位数据的引脚(int)；clockPin，时钟引脚，触发从 dataPin 读取数据的信号(int)；bitOrder，位的顺序，最高位优先（MSBFIRST）或最低位优先（LSBFIRST）。

返回：读取的值(byte)。

5．pulseIn()

描述：读取一个引脚的脉冲（HIGH 或 LOW）。例如，如果 value 是 HIGH，则 pulseIn() 会等待引脚变为 HIGH 开始计时，再等待引脚变为 LOW 并停止计时。返回脉冲的长度，单位为微秒(μs)。如果在指定的时间内无脉冲，函数返回 0。此函数的计时功能由经验决定，长时间的脉冲计时可能会出错。计时范围为 $10\mu s \sim 3min(1s=10^3 ms=10^6 \mu s)$。

语法：pulseIn(pin, value) 或 pulseIn(pin, value, timeout)。

参数：pin，要进行脉冲计时的引脚号(int)；value，要读取的脉冲类型，HIGH 或 LOW (int)；timeout（可选），指定脉冲计数的等待时间，单位为 μs，默认值是 1s (unsigned long)。

返回：脉冲长度(μs)，如果等待超时则返回 0 (unsigned long)。

程序示例：

```
int pin = 7;
unsigned long duration;
void setup()
{
pinMode(pin,INPUT);
}
void loop()
{
duration = pulseIn(pin,HIGH);
}
```

4.2.4　时间函数

1. millis()

描述：返回 Arduino 开发板运行当前程序开始的毫秒数，这个数字将在约 50 天后溢出（归零）。

返回：返回从运行当前程序开始的毫秒数（无符号长整数 unsigned long）。

程序示例：

```
unsigned long time;
void setup(){
Serial.begin(9600);
}
void loop(){
Serial.print("Time:");
time = millis();
//打印从程序开始到现在的时间
Serial.println(time);
//等待 1s,以免发送大量的数据
delay(1000);
}
```

注意事项：millis 是一个无符号长整数，试图和其他数据类型（如整型数）做数学运算可能会产生错误。

2. micros()

描述：返回 Arduino 开发板从运行当前程序开始的微秒数，这个数字将在约 70min 后溢出（归零）。在 16MHz 的 Arduino 开发板上（如 Duemilanove 和 Nano），这个函数的分辨率为 $4\mu s$（即返回值总是 4 的倍数）；在 8MHz 的 Arduino 开发板上（如 LilyPad），这个函数的分辨率为 $8\mu s$。

返回：返回从运行当前程序开始的微秒数（无符号长整数）。

程序示例：

```
unsigned long time;
void setup(){
Serial.begin(9600);
}
void loop(){
Serial.print("Time:");
```

```
time = micros();
//打印从程序开始的时间
Serial.println(time);
//等待 1s,以免发送大量的数据
delay(1000);
}
```

注意事项：micros 是一个无符号长整数,试图和其他数据类型(如整型数)做数学运算可能会产生错误。

3. delay()

描述：程序设定的暂停时间(单位为毫秒)。

语法：delay(ms)。

参数：ms,暂停的毫秒数(unsigned long)。

程序示例：

```
LEDPin = 13;                          //LED 连接到数字引脚 13
void setup()
{
pinMode(LEDPin,OUTPUT);               //设置引脚为输出
}
void loop()
{
digitalWrite(LEDPin,HIGH);            //使 LED 亮
delay(1000);                          //等待 1s
digitalWrite(LEDPin,LOW);             //使 LED 灭
delay(1000);                          //等待 1s
}
```

创建一个使用 delay()的闪烁 LED 很简单,并且许多例子将很短的 delay 用于消除开关抖动。在 delay 函数使用的过程中,读取传感器值、计算、引脚操作均无法执行,因此,它所带来的后果就是使其他大多数活动暂停。其他操作定时的方法请参考 millis()函数和它下面的例子。大多数熟练的程序员通常避免超过 10ms 的 delay(),除非 Arduino 程序非常简单。但某些操作在 delay()执行时仍然能够运行,因为 delay 函数不会使中断失效。通信端口 RX 接收到的数据会被记录,PWM(analogWrite)值和引脚状态会保持,中断也会按设定执行。

4. delayMicroseconds()

描述：使程序暂停指定的一段时间(单位为微秒)。目前,能够产生的最大延时准确值是 16 383,这可能会在未来的 Arduino 版本中有所改变。对于超过几千微秒的延时,应该使用 delay()代替。

语法：delayMicroseconds(μs)。

参数：μs,暂停的时间,单位为微秒(unsigned int)。

程序示例：

```
int outPin = 8;                       //数字引脚 8
void setup()
{
pinMode(outPin,OUTPUT);               //设置为输出的数字引脚
```

```
}
void loop()
{
digitalWrite(outPin,HIGH);            //设定引脚高电位
delayMicroseconds(50);                //暂停 50μs
digitalWrite(outPin,LOW);             //设定引脚低电位
delayMicroseconds(50);                //暂停 50μs
}
```

将 8 号引脚设定为输出引脚,它会发出一系列周期为 100μs 的方波。
delayMicroseconds()函数在延时 3μs 以上时工作非常准确,但不能保证在更小的时间内延时准确,Arduino 1.0.18 版本后,delayMicroseconds()不再会使中断失效。

4.2.5 数学函数

1. min(x,y)

描述:计算两个数字中的最小值。

参数:x,第一个数字,任何数据类型;y,第二个数字,任何数据类型。

返回:两个数字中的较小者。

示例:

```
//将 sensVal 或 100 中较小者赋值给 sensVal,确保它永远不会大于 100
sensVal = min(sensVal,100);
```

注释:直接比较,max()方法常被用来约束变量的下限,而 min()常被用来约束变量的上限。

警告:鉴于 min()函数的实现方式,应避免在括号内出现其他函数,否则将导致不正确的结果。

2. max(x,y)

描述:计算两个数字中的最大值。

参数:x,第一个数字,任何数据类型;y,第二个数字,任何数据类型。

返回:两个数字中的较大者。

示例:

```
sensVal = max(senVal,20);             //将 20 或更大值赋给 sensVal,保障该值至少为 20
```

警告:鉴于 max()函数的实现方法,要避免在括号内嵌套其他函数,否则可能会导致不正确的结果。

3. abs(x)

描述:计算一个数的绝对值。

参数:x,一个数值。

返回:如果 x 大于或等于 0,则返回它本身;如果 x 小于 0,则返回它的相反数。

警告:鉴于实现 abs()函数的方法,应避免在括号内使用任何函数(括号内只能是数字),否则将导致不正确的结果。

4. constrain(x,a,b)

描述:将一个数值约束在一个范围内。

参数：x，要被约束的数值，适用于所有的数据类型；a，该范围的最小值，适用于所有的数据类型；b，该范围的最大值，适用于所有的数据类型。

返回值：x，如果 x 是介于 a 和 b 之间；a，如果 x 小于 a；b，如果 x 大于 b。

示例：

```
sensVal = constrain(sensVal,10,150);      //传感器返回值的范围限制在 10～150
```

5．map（value，fromLow，fromHigh，toLow，toHigh）

描述：将一个数值从一个范围映射到另外一个范围，也就是说，会将 fromLow 到 fromHigh 的值映射至 toLow 到 toHigh。不限制值的范围，因为范围外的值有时是刻意的和有用的。如果需要限制值的范围，constrain()函数可以用于此函数之前或之后。注意，两个范围中的"下限"可以比"上限"更大或者更小，因此，map()函数可以用来翻转数值的范围，例如：

```
y = map(x,1,50,50,1);
```

这个函数同样可以处理负数，例如：

```
y = map(x,1,50,50,-100);
```

上述代码有效且可以很好地运行。map()函数使用整型数进行运算，因此不会产生分数，小数的余数部分会被舍去。

参数：value，需要映射的值；fromLow，当前范围值的下限；fromHigh，当前范围值的上限；toLow，目标范围值的下限；toHigh，目标范围值的上限。

返回：被映射的值。

程序示例：

```
//映射一个模拟值到 8 位(0～255)
void setup(){}
void loop()
{
int val = analogRead(0);
val = map(val,0,1023,0,255);
analogWrite(9,val);
}
```

6．pow（base，exponent）

描述：计算一个数的幂次方。pow()可以用来计算一个数的分数幂，其用来产生指数幂的数或曲线非常方便。

参数：base，底数(float)；exponent，幂(float)。

返回：一个数的幂次方值(double)。

7．sqrt（x）

描述：计算一个数的平方根。

参数：x，被开方数，任何类型。

返回：此数的平方根，类型 double。

4.2.6 三角函数

1．sin（rad）

描述：计算角度的正弦(弧度)，其结果在 −1～1 范围内。

参数：rad,弧度制的角度(float)。
返回：角度的正弦值(double)。

2. cos(rad)

描述：计算角度的余弦(弧度),其结果在-1~1范围内。
参数：rad,弧度制的角度(float)。
返回：角度的余弦值(double)。

3. tan(rad)

描述：计算角度的正切(弧度),其结果在负无穷大和无穷大范围内。
参数：rad,弧度制的角度(float)。
返回：角度的正切值(double)。

4.2.7 随机数函数

1. randomSeed(seed)

描述：随机数端口定义函数,在Arduino里的随机数是可以被预知的。所以如果需要一个真正的随机数,可以呼叫此函数重新设定产生随机数种子。可以使用随机数当作随机数的种子,以确保数字以随机的方式出现,通常会使用类比输入当作随机数种子,借此可以产生与环境有关的随机数(如无线电波、宇宙雷射线、电话和荧光灯发出的电磁波等)。
参数：seed,表示读模拟口analogRead(pin)函数。
返回：产生的随机数。
程序示例：

```
randomSeed(analogRead(5));    //使用类比输入当作随机数种子
```

2. long random(max)

描述：随机数函数,返回数据大于或等于0且小于max。
参数：一个数值max。
返回：返回大于或等于0且小于max的数。
程序示例：

```
long randnum = random(11);    //回传0~10的数字
```

3. long random(min,max)

描述：随机数函数,返回数据大于或等于min且小于max。
参数：两个数值min和max。
返回：返回大于或等于min且小于max的数。
程序示例：

```
long randnum = random(0, 100);    //回传0~99的数字
```

4.2.8 外部中断函数

1. attachInterrupt(interrupt,function,mode)

描述：当发生外部中断时,调用一个指定的函数,会用新的函数取代之前指定给中断的

函数。大多数的 Arduino 板有两个外部中断：0 号中断(引脚 2)和 1 号中断(引脚 3)，部分不同类型 Arduino 板的中断及引脚关系如表 4.4 所示，表中的 int 是 interrupt 的缩写，而不是代表整数的 int。Arduino Due 有更强大的中断能力，其允许在所有引脚上触发中断程序，可以直接使用 attachInterrrupt 指定引脚号码。

表 4.4　不同类型 Arduino 板中断及引脚关系

Arduino 板	int.0	int.1	int.2	int.3	int.4	int.5
Uno,Ethernet	2	3	x	x	x	x
Mege	2	3	21	20	19	
Leonardo	3	2	0	1	x	x

语法：attachInterrupt（interrupt,function,mode）、attachInterrupt（pin,function,mode）(Due 专用)。

参数：interrupt,中断的编号,参考表 4.4 使用；pin,引脚号码(Due 专用)；function,中断发生时调用的函数,此函数必须不带参数和不返回任何值；mode,定义何种情况发生中断,以下 4 个常数为 mode 的有效值。

(1) LOW：当引脚为低电位时,触发中断。
(2) CHANGE：当引脚电位发生改变时,触发中断。
(3) RISING：当引脚由低电位变为高电位时,触发中断。
(4) FALLING：当引脚由高电位变为低电位时,触发中断。

而对于 Arduino Due 而言,增加一个专用参数 HIGH,即当引脚为高电位时,触发中断。

注意事项：中断函数中,delay()不会生效,millis()的数值不会持续增加。当中断发生时,串口收到的数据可能会遗失。在中断函数里面使用到的全局变量应该声明为 volatile 变量。

中断使用：在单片机程序中,当事件发生时,中断是非常有用的,它可以帮助解决时序问题。一个中断程序示例如下：

```
int pin = 13;
volatile int state = LOW;
void setup()
{
pinMode(pin,OUTPUT);
attachInterrupt(0,blink,CHANGE);
}
void loop()
{
digitalWrite(pin,state);
}
void blink()
{
state = !state;
}
```

2. detachInterrupt（interrupt）

描述：关闭给定的中断。

参数：interrupt，中断禁用的数（0或者1）。

4.2.9　中断使能函数

1. interrupts()

描述：重新启用中断（使用noInterrupts()命令后将被禁用）。中断允许一些重要任务在后台运行。禁用中断后，一些函数可能无法工作，传入信息可能会被忽略。中断会稍微打乱代码的时间，可以在程序关键部分禁用中断。

程序示例：

```
void setup() {
}
void loop()
{
noInterrupts();
//重要的、对时间敏感的代码
interrupts();
//其他代码写在这里
}
```

2. noInterrupts()

描述：禁止中断。中断允许在后台运行一些重要任务，默认使能中断。禁止中断时部分函数会无法工作，通信中接收到的信息也可能会丢失。中断会影响计时代码，在某些特定的代码中也会失效。

程序示例：

```
void setup()
void loop()
{
noInterrupts();
//关键的、对时间敏感的代码放在这里
interrupts();
//其他代码放在这里
}
```

4.2.10　串口收发函数

1. Serial.begin(speed)

描述：将串行数据传输速率设置为b/s。与计算机进行通信时，可以使用这些波特率：300,1200,2400,4800,9600,14 400,19 200,28 800,38 400,57 600或115 200。当然，也可以指定其他波特率，例如，引脚0、1和一个组件进行通信，它需要一个特定的波特率。

语法：Serial.begin(speed)仅适用于 Arduino Mega、Serial1.begin(speed)、Serial2.begin(speed)、Serial3.begin(speed)、Serial1.begin(speed,config)、Serial2.begin(speed,config)、Serial3.begin(speed,config)。

参数：speed,b/s(波特率),long。

config,设置数据位、奇偶校验位和停止位,该参数有效值包括：

SERIAL_5N1；

SERIAL_6N1；
SERIAL_7N1；
SERIAL_8N1（默认值）；
SERIAL_5N2；
SERIAL_6N2；
SERIAL_7N2；
SERIAL_8N2；
SERIAL_5E1；
SERIAL_6E1；
SERIAL_7E1；
SERIAL_8E1；
SERIAL_5E2；
SERIAL_6E2；
SERIAL_7E2；
SERIAL_8E2；
SERIAL_5O1；
SERIAL_6O1；
SERIAL_7O1；
SERIAL_8O1；
SERIAL_5O2；
SERIAL_6O2；
SERIAL_7O2；
SERIAL_8O2。

程序示例：

```
void setup() {
   Serial.begin(9600);              //打开串口,设置数据传输速率为9600b/s
}
void loop() {}
Arduino Mega 的示例：
//Arduino Mega 可以使用 4 个串口(Serial,Serial1,Serial2,Serial3),
//设置 4 个不同的波特率
void setup(){
Serial.begin(9600);
Serial1.begin(38400);
Serial2.begin(19200);
Serial3.begin(4800);
Serial.println("Hello Computer");
Serial1.println("Hello Serial 1");
Serial2.println("Hello Serial 2");
Serial3.println("Hello Serial 3");
}
void loop() {}
```

2. int Serial.available()

描述：从串口读取有效的字节数(字符)。这是已经传输到并存储在串行接收缓冲区(能够存储64字节)的数据,available()继承了Stream类。

语法：Serial.available()。此外,仅适用于Arduino Mega的还有3个,分别为Serial1.available()、Serial2.available()和Serial3.available()。

返回：可读取的字节数。

程序示例：

```
incomingByte = 0;                //传入的串行数据
void setup() {
Serial.begin(9600);              //打开串行端口,设置传输波特率为9600b/s
}
void loop() {
//只有当接收到数据时,才会发送数据
if(Serial.available()>0) {
//读取传入的字节
incomingByte = Serial.read();
//显示得到的数据
Serial.print("I received: ");
Serial.println(incomingByte,DEC);
}
}
//Arduino Mega 的例子
void setup() {
Serial.begin(9600);
Serial1.begin(9600);
}
void loop() {
//读取埠 0,发送到埠 1
if(Serial.available()) {
int inByte = Serial.read();
Serial1.print(inByte,BYTE);
 }
//读取埠 1,发送到埠 0
if(Serial1.available()) {
int inByte = Serial1.read();
Serial.print(inByte,BYTE);
}
}
```

3. int Serial.read()

描述：读取传入的串口的数据,read()继承自Stream类。

语法：Serial.read()。此外,仅适用于Arduino Mega的有3个,分别为Serial1.read()、Serial2.read()和Serial3.read()。

返回：传入串口数据的第一字节(或-1,如果没有可用的数据)。

程序示例：

```
int incomingByte = 0;            //传入的串行数据
void setup() {
Serial.begin(9600);              //打开串口,设置数据传输速率为9600b/s
```

```
}
void loop() {
//只在接收到数据时,才会发送数据
if(Serial.available() 0) {
//读取传入的位组
incomingByte = Serial.read()
//打印得到的
Serial.print("I received: ");
Serial.println(incomingByte,DEC);
}
}
```

4. Serial.flush()

描述:等待超出的串行数据完成传输(在1.0及以上的版本中,flush()语句的功能不再是丢弃所有进入缓存器的串行数据)。flush()继承自 Stream 类。

语法:Serial.flush()。此外,仅适用于 Arduino Mega 的有 3 个,分别为 Serial1.flush()、Serial2.flush()和 Serial3.flush()。

5. Serial.print(data)

描述:以 ASCII 文本形式打印数据到串口输出。此命令可以采取多种形式,每个数字的打印输出使用的是 ASCII 字符。浮点型打印输出的是同样的 ASCII 字符,保留到小数点后两位;Bytes 型则打印输出单个字符;字符和字符串原样打印输出。Serial.print()打印输出的数据不换行,Serial.println()打印输出的数据自动进行换行处理。例如:

- Serial.print(78)输出为 78;
- Serial.print(1.23456)输出为 1.23;
- Serial.print("N")输出为 N;
- Serial.print("Hello world.")输出为"Hello world."。

也可以自己定义输出数据的进制,如:

- BIN(二进制,或以 2 为基数);
- OCT(八进制,或以 8 为基数);
- DEC(十进制,或以 10 为基数);
- HEX(十六进制,或以 16 为基数)。

而对于浮点型数字,可以指定输出的小数数字。例如:

- Serial.print(78,BIN)输出为 1001110;
- Serial.print(78,OCT)输出为 116;
- Serial.print(78,DEC)输出为 78;
- Serial.print(78,HEX)输出为 4E;
- Serial.println(1.23456,0)输出为 1;
- Serial.println(1.23456,2)输出为 1.23;
- Serial.println(1.23456,4)输出为 1.2346。

可以通过基于闪存的字符串进行打印输出,将数据放入 F()中,再放入 Serial.print()。例如:

```
Serial.print(F("Hello world"));
```

若要发送一字节,则使用 Serial.write()。

语法:Serial.print(val)或 Serial.print(val,格式)。

参数:val,打印输出的值,可以为所有数据类型;格式,指定进制(整数数据类型)或小数位数(浮点类型)。

返回:print()将返回写入的字节数,但是否使用(或读出)是可以设定的。

程序示例:

```
//使用 for 循环打印一个数字的各种格式
int x = 0;                              //定义一个变量并赋值
void setup() {
Serial.begin(9600);                     //打开串口传输,并设置波特率为9600b/s
}
void loop() {
///打印标签
Serial.print("NO FORMAT");              //打印一个标签
Serial.print("\t");                     //打印一个转义字符
Serial.print("DEC");
Serial.print("\t");
Serial.print("HEX");
Serial.print("\t");
Serial.print("OCT");
Serial.print("\t");
Serial.print("BIN");
Serial.print("\t");
for(x=0; x 64; x++){                    //打印 ASCII 编码表的一部分,修改它的格式得到需要的内容
//打印多种格式:
Serial.print(x);                        //以十进制格式将 x 打印输出,与 DEC 相同
Serial.print("\t");                     //横向跳格
Serial.print(x,DEC);                    //以十进制格式将 x 打印输出
Serial.print("\t");                     //横向跳格
Serial.print(x,HEX);                    //以十六进制格式打印输出
Serial.print("\t");                     //横向跳格
Serial.print(x,OCT);                    //以八进制格式打印输出
Serial.print("\t");                     //横向跳格
Serial.println(x,BIN);                  //以二进制格式打印输出
//然后用 "println"打印一个回车
delay(200);                             //延时 200ms
}
Serial.println("");                     //打印一个空字符,并自动换行
}
```

6. Serial.println(data)

描述:打印数据到串行端口,输出人们可识别的 ASCII 编码文本并回车(ASCII 13,或 '\r')及换行(ASCII 10,或 '\n')。此命令采用的形式与 Serial.print()相同。

语法:Serial.println(val)或 Serial.println(val,format)。

参数:val,打印的内容,可以为所有数据类型;format,指定基数(整数数据类型)或小数位数(浮点类型)。

返回：字节(byte)，println()将返回写入的字节数，但可以选择是否使用它。

程序示例：

```
//模拟输入信号,读取模拟口 0 的模拟输入,打印输出读取的值
int analogValue = 0;                    //定义一个变量来保存模拟值
void setup() {
//设置串口波特率为9600b/s:
Serial.begin(9600);
}
void loop() {
//读取引脚 0 的模拟输入：
analogValue = analogRead(0);
//打印各种格式
Serial.println(analogValue);            //打印 ASCII 编码的十进制格式
Serial.println(analogValue,DEC);        //打印 ASCII 编码的十进制格式
Serial.println(analogValue,HEX);        //打印 ASCII 编码的十六进制格式
Serial.println(analogValue,OCT);        //打印 ASCII 编码的八进制格式
Serial.println(analogValue,BIN);        //打印 ASCII 编码的二进制格式
//延时 10ms
delay(10);
}
```

4.2.11 附表

此处附上 Arduino 中常用函数的函数原型与函数功能描述，如表 4.5 所示。

表 4.5　Arduino 中常用函数的函数原型与函数功能描述

函 数 原 型	函数功能描述
pinMode(pin,mode);	将指定的引脚配置成输出或输入
digitalWrite(pin,value);	给一个数字引脚写入 HIGH 或者 LOW
digitalRead(pin);	读取指定引脚的值，HIGH 或 LOW
analogReference(type);	设定用于模拟输入的基准电压(输入范围的最大值)
analogRead();	从指定的模拟引脚读取数据值
analogWrite();	从一个引脚输出模拟值
tone();	在一个引脚上产生一个特定频率的方波
noTone();	停止由 tone()产生的方波
ShiftOut();	将数据的一字节一位一位地移出
shiftIn();	将数据的一字节一位一位地移入
pulseIn();	读取一个引脚的脉冲(HIGH 或 LOW)
millis();	返回 Arduino 开发板运行当前程序开始的毫秒数
micros();	返回 Arduino 开发板从运行当前程序开始的微秒数
delay();	程序设定的暂停时间(单位：ms)
delayMicroseconds();	使程序暂停指定的一段时间(单位：μs)
min(x,y);	计算两个数字中的最小值
max(x,y);	计算两个数字中的最大值
abs(x);	计算一个数的绝对值
constrain(x,a,b);	将一个数值约束在一个范围内

续表

函 数 原 型	函数功能描述
map（value，fromLow，fromHigh，toLow，toHigh）；	将一个数值从一个范围映射到另外一个范围
pow(base,exponent)；	计算一个数的幂次方
sin(rad)；	计算角度的正弦（弧度），其结果在-1~1范围内
cos(rad)；	计算角度的余弦（弧度），其结果在-1~1范围内
tan(rad)；	计算角度的正切（弧度），其结果在负无穷大和无穷大之间
randomSeed(seed)；	随机数端口定义函数
random(max)；	随机数函数，返回数据大于或等于0且小于max
random(min,max)；	随机数函数，返回数据大于或等于min且小于max
attachInterrupt(interrupt,function,mode)；	当发生外部中断时，调用一个指定的函数
detachInterrupt(interrupt)；	关闭给定的中断
interrupts()；	重新启用中断（使用noInterrupts()命令后将被禁用）
noInterrupts()；	禁止中断
Serial.begin(speed)；	将串行数据传输速率设置为b/s
Serial.available()；	从串口读取有效的字节数（字符）
Serial.read()；	读取传入的串口数据
Serial.flush()；	等待超出的串行数据完成传输
Serial.print(data)；	以ASCII编码文本形式打印数据到串口输出
Serial.println(data)；	打印数据到串行端口

4.3　Arduino 库函数

4.3.1　库函数概述

Arduino 开发的一个优势就是可以通过添加第三方库来增加对硬件的支持。目前已经有很多库，开发者可以根据需求选择安装，它们只会在开发者需要的时候载入。

程序经常会依赖一些库，可以在代码的顶端看到它需要什么样的库。如果看到♯include<FatReader.h>，意味着需要一个FatReader库或者一个包含FatReader文件的库。库是一个包含一些文件在里面的文件夹，这些文件以.cpp(C++code file)和.h(C++ header file)为扩展名。

4.3.2　常用库函数

1. 标准链接库

- EEPROM：对"永久内存"进行读和写。
- Ethernet：用于通过 Arduino 以太网扩展板连接到互联网。
- Firmata：与计算机上应用程序通信的标准串行协议。
- LiquidCrystal：控制液晶显示屏（LCD）。
- SD：对 SD 卡进行读/写操作。

- Servo：控制伺服电机。
- SPI：与使用的序列周边接口（SPI）的设备进行通信。
- SoftwareSerial：使用任何数字引脚进行串行通信。
- Stepper：控制步进电机。
- Wi-Fi：用于通过 Aduino 的 Wi-Fi 扩展板连接到互联网。
- Wire：双总线接口（TWI/I^{2}C）通过网络对设备或者传感器发送和接收数据。

2. 仅适用于 Leonardo 的库

- Keyboard：向已连接的计算机发送按键指令。
- Mouse：控制已连接的计算机中的鼠标光标。

3. 仅适用于 Esplora 的链接库

- Esplora：此链接库允许方便地访问安装在 Esplora 上面的传感器和扩展板。

4. 通信库（网络和协议）

- Messenger：处理来源于计算机的文本消息。
- NewSoftSerial：软件串口库的升级版本。
- OneWire：控制基于一线协议的设备（来源于 Dallas Semiconductor）。
- PS2Keyboard：从已经连接的 PS2 键盘读取字符。
- Simple Message System：在 Arduino 和计算机之间发送消息。
- Serial2Mobile：采用蜂窝电话发送文本消息或电子邮件（通过应用软件串口的 AT 指令）。
- Webduino：Arduino 扩展的 Web 服务库。
- X10：AC 电力线上发送 X10 信号。
- XBee：与 XBee 采用 API 模式进行通信。
- SerialControl：通过串口连接远程控制其他 Arduino 设备。
- IRremote：多协议红外遥控链接库。

5. 传感器库

- Capacitive Sensing：将两个或多个引脚变换为电容传感器。
- Debounce：读取噪声数字输入。
- GFX：标准图形例程接口库。
- GLCD：基于 KS0108 或相同芯片组的 LCD 图形例程库。
- Improved LCD library：修复官方 Arduino LCD 库的初始 bug。
- LEDControl：MAX7221 或 MAX7219 控制的 LED 阵列或七段数码管驱动库。
- LEDDisplay：HCMS-29xx 控制的滚动 LED 显示。
- Matrix：基本的 LED 矩阵显示控制库。
- PCD8544：Nokia 55100 LCD 显示驱动库。
- Sprite：LED 矩阵动画控制基本库。
- ST7735：1.8 英寸，128×160 TFT LCD 控制库。

6. 音效和声波库

- FFT：声音或其他模拟信号的频率分析库。
- Tone：通过控制器引脚产生声音频率序列。

7. 电机和脉宽调制库

- TLC5940：16 通道 12 位 PWM 控制器。
- BOXZ：互动机器人控制通用库。

8. 定时/计时/计数器库

- DateTime：通过软件追踪当前日期和时间的库，无须外部硬件。
- Metro：帮助以规定的时间间隔执行动作。
- MsTimer2：使用 timer 2 中断，每 N ms 触发一个动作。
- Timer1：PWM、中断和秒表工具，使用 16 位 Timer1。

9. 实用工具库

- PString：打印到缓冲器的精简库。
- Streaming：简化打印主题。

4.4 课后问答

1. Arduino 标识符由什么组成？第一个字母必须是什么？最多不超过多少个字符？
2. 关键字分为几类？分别是什么？
3. 符号"＝"与"＝＝"有什么区别？
4. 计算以下各表达式中 a 的值。

a＝1,a＝a+2；　　　　a＝3,a++；　　　　　a＝6.0/4；　　　a＝9/4；
a＝(float)(10/4)；　　a＝(int)(10.0/4)；　　a＝5,b＝1　　　a‖b－1；
^a＝7！＝3；　　　　　a＝0&&9；

5. while 语句与 do-while 语句的区别是什么？
6. continue 语句与 break 语句的区别是什么？
7. max() 函数与 min() 函数的区别是什么？
8. 如果想在多个引脚上产生不同的声音，在使用 tone() 函数时要注意什么？
9. Arduino 常用库函数包括哪些内容？
10. 正确理解和记忆各库函数的作用。

4.5 本章小结

本章主要讲解 Arduino 语言，该语言建立在 C/C++ 基础上，但实用性要远高于 C 语言。Arduino 的编程语言更为简单和人性化，将一些常用语句实现组合函数化。Arduino 的语言主要包括标识符、关键字、Arduino 语言运算符、Arduino 语言控制语句、Arduino 语言基本结构。通过本章的学习，可以使大家对 Arduino 有更深入的了解。

第 2 部分　ARTICLE

模块实验

第 5 章　炫酷 LED 灯

第 6 章　按键开关输入

第 7 章　火焰传感器

第 8 章　温度与湿度监测

第 9 章　气体监测

第 10 章　LCD 显示

第 11 章　电机控制

第 12 章　蓝牙通信

第 13 章　Wi-Fi 无线数据传输

第 14 章　ZigBee 无线数据传输

第 5 章　炫酷 LED 灯

CHAPTER 5

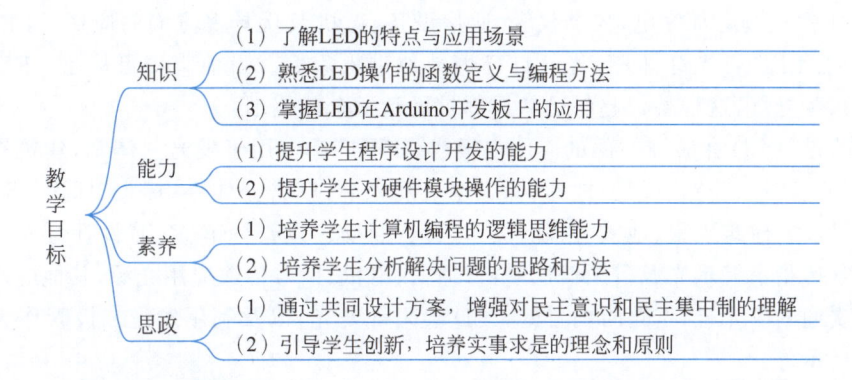

教学目标
- 知识
  - （1）了解LED的特点与应用场景
  - （2）熟悉LED操作的函数定义与编程方法
  - （3）掌握LED在Arduino开发板上的应用
- 能力
  - （1）提升学生程序设计开发的能力
  - （2）提升学生对硬件模块操作的能力
- 素养
  - （1）培养学生计算机编程的逻辑思维能力
  - （2）培养学生分析解决问题的思路和方法
- 思政
  - （1）通过共同设计方案，增强对民主意识和民主集中制的理解
  - （2）引导学生创新，培养实事求是的理念和原则

5.1　实验原理

LED(Light Emitting Diode，发光二极管)是一种固态的半导体器件，它可以直接把电转化为光。LED 的心脏是一个半导体的晶片，晶片的一端附在一个支架上，一端是负极，另一端连接电源的正极，整个晶片被环氧树脂封装起来。半导体晶片由两部分组成：一部分是 P 型半导体(带正电的空穴占主导地位)，另一部分是 N 型半导体(带负电电子占主导地位)。这两种半导体连接起来的时候，它们之间就形成一个 P-N 结。当电流通过导线作用于这个晶片的时候，电子就会被推向 P 区，在 P 区里电子跟空穴复合，然后就会以光子的形式发出能量，这就是 LED 发光的原理。

曾经有人指出，高亮度 LED 是人类继爱迪生发明白炽灯后最伟大的发明之一。随着国际国内的经济发展，LED 的应用领域正在不断扩展。各种各样的 LED 灯如图 5.1 所示。

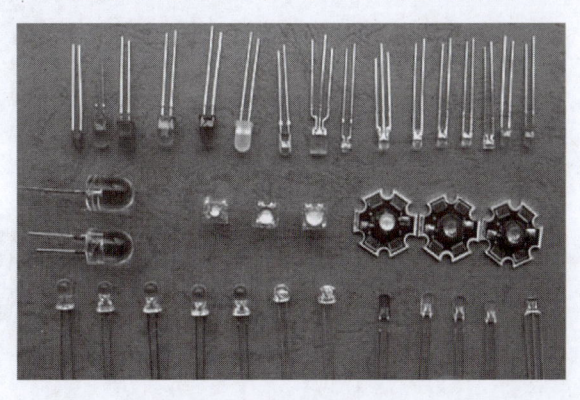

图 5.1　各种 LED 灯

在照明领域,LED 正以绝对优势"吞噬"着整个领域。LED 被称为第四代照明光源或绿色光源,具有节能、环保、寿命长、体积小等特点,可以广泛应用于各种指示、显示、装饰、背光源、普通照明和城市夜景等领域。

(1) 便携灯具:手电筒、头灯、矿工灯、潜水灯等。

(2) 汽车用灯:汽车内部的仪表板、音响指示灯、开关的背光源、阅读灯、外部的高位刹车灯、转向灯、倒车灯、尾灯、侧灯以及头灯等,大功率的 LED 已被大量用于汽车照明中。

(3) 特殊照明:太阳能庭院灯、太阳能路灯、水底灯等。由于 LED 尺寸小,便于动态的亮度和颜色控制,因此比较适合用于建筑装饰照明。

(4) 普通照明:LED 照明光源早期的产品发光效率低,光强一般只能达到几到几十 mcd,适用于室内场合如家电、仪器仪表、通信设备、微机及玩具等方面的应用。LED 筒灯、LED 天花灯、LED 日光灯、LED 光纤灯已悄悄地进入家庭。目前直接目标是 LED 光源替代白炽灯和荧光灯,这种替代趋势已从局部扩展到了全球范围。

有趣的是,LED 在装饰方面的应用也很广,如可广泛应用于发光立体字,建筑景观外观发光体、高架、高楼、公路、桥梁、地标、标志建筑发光源,广告立体字、标志、标识、指示光源,商业空间、机场、建筑工程、地铁、医院、饭店、百货商场、广场、餐馆、PUB 设计灯光,汽车、运输、轮船、宣传指示警示光源,计算机、手机、通信、滑鼠、信号传输应用光源,其他应用如一种广受儿童欢迎的闪光鞋,走路时内置的 LED 会闪烁发光,以及利用发光二极管作为电动牙刷的电量指示等。

本次实验需要完成的就是用 Arduino 控制 LED 灯,让它闪烁起来。

5.2 材料清单及数据手册

5.2.1 材料清单

实验所需要的材料清单如表 5.1 所示。表中列出了元器件名称、型号参数规格、数量及参考实物图,实验者可以在网上商店或实体元器件店进行购买。

表 5.1 实验所需要的材料清单

元器件名称	型号参数规格	数　　量	参考实物图
Arduino 开发板	Uno R3	1	
面包板	840 孔无焊板	1	

续表

元器件名称	型号参数规格	数量	参考实物图
LED	蓝色—5mm	1	
电阻	220Ω,0.25W	1	
面包板专用插线	—	若干	

5.2.2 核心元件数据手册

LED 是利用化合物材料制成 P-N 结的光电器件,它具备 P-N 结型器件的电学特性、I-V 特性、C-V 特性和光学特性、光谱响应特性、发光光强指向特性、时间特性以及热学特性。下面是 LED 的重要参数,通过了解 LED 的参数,可以帮助实验者更好地根据自己的需求选择合适的 LED,并在实验过程中能合理地使用 LED,以免造成不必要的损坏。

(1) 正向工作电流 IF:指发光二极管正常发光时的正向电流值。在实际使用中应根据需要选择 IF 在 0.6·IFm 以下。

(2) 正向工作电压 VF:该正向工作电压是在给定的正向电流下得到的,一般是在 IF=20mA 时测得的。发光二极管正向工作电压 VF 为 1.4~3V。在外界温度升高时,VF 将下降。

(3) V-I 特性:发光二极管的电压与电流的关系。在正向电压小于某值(称为阈值)时,电流极小,不发光;当电压超过某值后,正向电流随电压迅速增加,发光。

(4) 发光强度 IV:指法线(对圆柱形发光管来讲是指其轴线)方向上的发光强度。若在该方向上辐射强度为(1/683)W/sr,则发光 1 坎德拉(符号为 cd)。由于一般 LED 的强度小,所以发光强度常用烛光(毫坎德拉,mcd)为单位。

(5) LED 的发光角度: $-90°\sim +90°$。

(6) 光谱半宽度 $\Delta\lambda$: 表示发光管的光谱纯度。

(7) 半值角 $\theta_1/2$: $\theta_1/2$ 是指发光强度值为轴向强度值一半的方向与发光轴向(法向)的夹角。

(8) 全形: 根据 LED 发光立体角换算出的角度,也叫平面角。

(9) 视角: 指 LED 发光的最大角度,根据视角不同,应用也不同,也叫光强角。

(10) 半形: 法向 0°与最大发光强度值/2 之间的夹角。严格来说,是最大发光强度值与最大发光强度值/2 所对应的夹角。LED 的封装技术导致最大发光角度并不是法向 0°的光强值,因此引入偏差角,指的是最大发光强度对应的角度与法向 0°之间的夹角。

(11) 最大正向直流电流 IFm: 所允许加的最大正向直流电流,超过此值可损坏二极体。

(12) 最大反向电压 VRm: 所允许加的最大反向电压即击穿电压,超过此值,发光二极体可能被击穿损坏。

(13) 工作环境温度 topm: 发光二极体可正常工作的环境温度范围。低于或高于此温度范围,发光二极体将不能正常工作,效率大大降低。

(14) 允许功耗 Pm: 允许加于 LED 两端正向直流电压与流过它的电流之积的最大值。超过此值,LED 发热、损坏。

与白炽灯相比,LED 光源具有如下特点。

(1) 电压: LED 使用低压电源,供电电压在 6~24V 范围内,因产品不同而异,所以是比使用高压电源更安全的电源,特别适用于公共场所。

(2) 能耗: 消耗能量较同光效的白炽灯降低 80%。

(3) 适用性: 每个单元 LED 小片是 3~5mm 的正方形,很小,所以可以制成各种形状的器件,并且适合于易变的环境。

(4) 稳定性: 10 万小时,光衰为初始的 50%。

(5) 响应时间: 白炽灯的响应时间为毫秒级,LED 灯的响应时间为纳秒级。

(6) 对环境污染: 无有害金属汞。

(7) 颜色: 改变电流可以变色,发光二极管可方便地通过化学修饰方法,调整材料的能带结构和带隙,实现红黄绿蓝橙多色发光,如小电流时为红色的 LED,随着电流的增加,可以依次变为橙色、黄色,最后为绿色。

(8) 价格: 较之于白炽灯,LED 的价格比较昂贵,几只 LED 的价格与一只白炽灯的价格相当,而通常每组信号灯需用到 300~500 只二极管。

5.3　硬件连接

实验的硬件连接原理如图 5.2 所示。为避免电流过大损坏 LED,Arduino 实验板连接 LED 时需要串接一个限流电阻,限流电阻的取值会影响 LED 的亮度。电路图如图 5.3 所示。

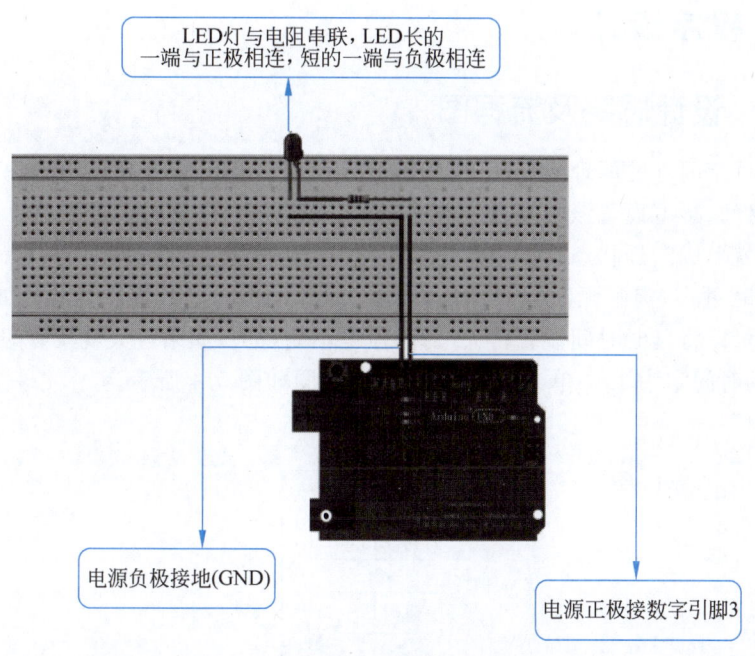

图 5.2 单个 LED 闪烁连接原理图

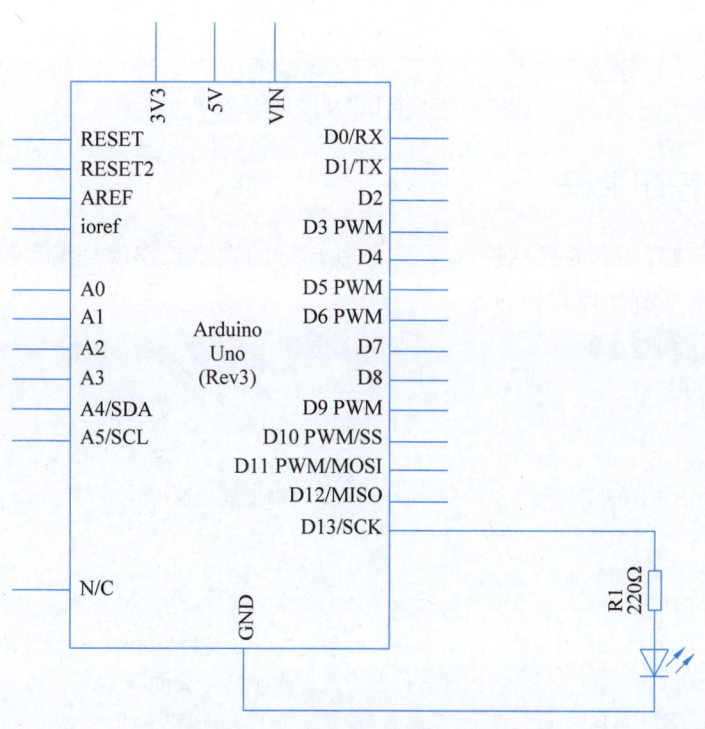

图 5.3 单个 LED 闪烁连接电路图

5.4 程序设计

5.4.1 设计思路及流程图

实现 LED 灯闪烁的原理十分简单,只需要先设置一个引脚为高电平,点亮 LED 灯,然后延时一段时间,接着设置该引脚为低电平,熄灭 LED 灯,再延时。这样使 LED 灯交替亮灭,在视觉上就形成闪烁状态。如果想让 LED 快速闪烁,可以将延时时间设置得小一些,但不能过小,延时过小,肉眼无法分辨出来,看上去就像 LED 灯一直在亮着;如果想让 LED 慢一点闪烁,可以将延时时间设置得大一些,但也不能过大,如果过大就没有闪烁的效果了。这里将延时的时间定为 1s。单个 LED 灯闪烁流程图如图 5.4 所示。

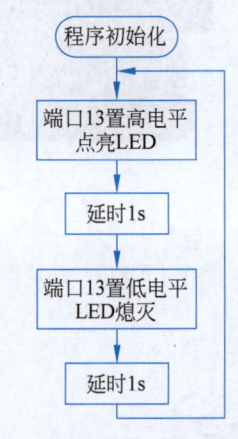

图 5.4 单个 LED 灯闪烁流程图

5.4.2 程序源码

硬件电路搭建好后就轮到软件部分了,软件部分的主要工作就是编写程序。为达到实验要求,编写的参考程序源代码为:

```
//项目一———LED 闪烁灯
int LEDpin = 13;
void setup()
{
pinMode(LEDpin,OUTPUT);              //13 引脚设置为输出
}
void loop()
{
digitalWrite(LEDpin,HIGH);           //设定 PIN13 引脚为 HIGH = 5V 左右
delay(1000);                         //设定延时时间,1000 = 1s
digitalWrite(LEDpin,LOW);            //设定 PIN13 引脚为 LOW = 0V
delay(1000);                         //设定延时时间,1000 = 1s
}
```

5.5 调试及实验现象

单个 LED 灯闪烁实验的实物连接如图 5.5 所示,将程序下载到实验板后,就可以观察到发光二极管以 1s 的时间间隔闪烁。

图 5.5 单个 LED 灯闪烁实验的实物连接

5.6 代码回顾

代码的第一行如下所示:

```
//项目一——LED 闪烁灯
```

这是代码中的说明文字,可以叫它们注释,因为是以"//"开始的,这个符号后面所有的文字编译器都将忽略。注释在代码中是非常有用的,能帮助读者理解代码是如何工作的。

接下来的一行程序是这样的:

```
int LEDPin = 13;
```

这就是所谓的变量,变量是用来存储数据的。在上面的例子里定义了一个变量,类型是 int 或者说整型。整型表示一个数,范围为 $-32\,768 \sim 32\,767$,接下来指定了这个整型数的名字是 LEDPin,并且给它赋了一个值 13。

接下来是 setup( )函数:

```
void setup() {
pinMode(LEDPin,OUTPUT);                //13 引脚设置为输出
}
```

Arduino 程序必须包含 setup( )和 loop( )两个函数,否则它将不能工作。setup( )函数只在程序的开头运行一次。在这个函数里可以在主循环开始前为程序设定一些通用的规则,如设置引脚形式、波特率等。一般情况下,函数是一组集合在一个程序块中的代码。

```
void loop()
{
digitalWrite(LEDPin,HIGH);        //设定 PIN13 引脚为 HIGH = 5V 左右
delay(1000);                      //设定延时时间,1000 = 1s
digitalWrite(LEDPin,LOW);         //设定 PIN13 引脚为 LOW = 0V
delay(1000);                      //设定延时时间,1000 = 1s
}
```

loop()函数是主要的过程函数,只要 Arduino 打开就一直运行。每一条 loop()函数(在花括号内的代码)中的代码都要执行,并按顺序逐个执行,直到函数的最后。然后 loop()函数再次开始,从函数顶部开始运行,一直这样循环下去,直到按下 Arduino 重启按钮。

5.7 拓展实验

在完成了 LED 闪烁实验后,如果还有兴趣,在 LED 闪烁实验的基础上为大家提供一个利用 LED 灯实现广告牌效果的拓展实验。同时,大家可以充分发挥自己的想象,编写出自己想要的 LED 灯效果,玩转多彩 LED 灯。

在生活中经常会看到一些由各种颜色 LED 灯组成的广告牌,广告牌上各个位置上的 LED 灯不断地亮灭变化,就形成各种不同的效果。

本实验就是利用 LED 灯编程模拟广告灯的效果。共需要 LED 灯 6 个、220Ω 的电阻 6 个、面包板 1 块、跳线若干。实验原理图如图 5.6 所示,电路图如图 5.7 所示。

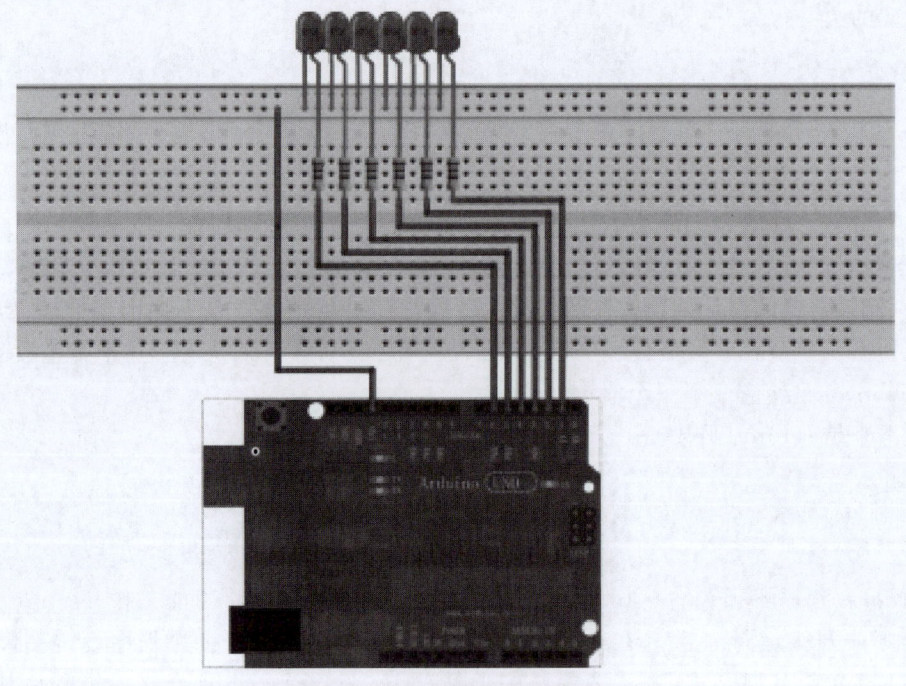

图 5.6 广告灯拓展实验原理图

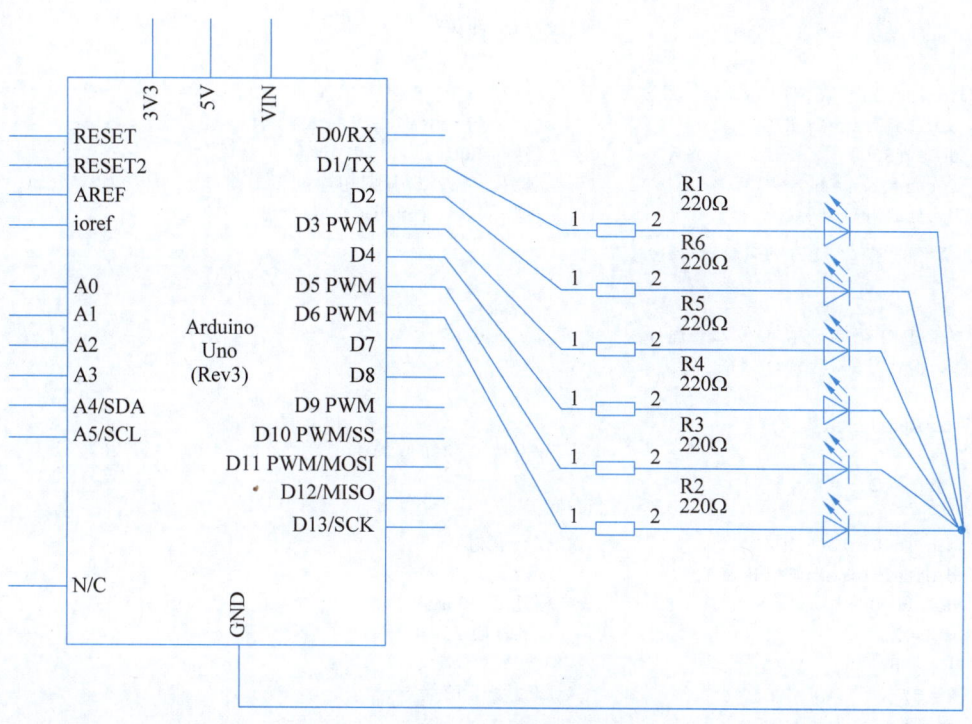

图 5.7　广告灯拓展实验电路图

广告灯拓展实验参考程序如下：

```
//设置控制 LED 灯的数字 I/O 引脚
int LED1 = 1;
int LED2 = 2;
int LED3 = 3;
int LED4 = 4;
int LED5 = 5;
int LED6 = 6;
//LED 灯花样显示样式 1 子程序
void style_1(void)
{
unsigned char j;
for(j = 1;j = 6;j++)              //每隔 200ms 依次点亮 1～6 引脚相连的 LED 灯
{
digitalWrite(j,HIGH);             //点亮与 j 引脚相连的 LED 灯
delay(200);                       //延时 200ms
}
for(j = 6;j = 1;j-- )             //每隔 200ms 依次熄灭与 6～1 引脚相连的 LED 灯
{
digitalWrite(j,LOW);              //熄灭与 j 引脚相连的 LED 灯
delay(200);                       //延时 200ms
}
}
//灯闪烁子程序
void flash(void)
{
unsigned char j,k;
```

```
for(k = 0;k = 1;k++)                    //闪烁两次
{
    for(j = 1;j = 6;j++)                //点亮与 1～6 引脚相连的 LED 灯
    digitalWrite(j,HIGH);               //点亮与 j 引脚相连的 LED 灯
    delay(200);                         //延时 200ms
    for(j = 1;j = 6;j++)                //熄灭与 1～6 引脚相连的 LED 灯
    digitalWrite(j,LOW);                //熄灭与 j 引脚相连的 LED 灯
    delay(200);                         //延时 200ms
}
}
//LED 灯花样显示样式 2 子程序
void style_2(void)
{
    unsigned char j,k;
    k = 1;                              //设置 k 的初值为 1
    for(j = 3;j = 1;j -- )
    {
        digitalWrite(j,HIGH);           //点亮灯
        digitalWrite(j + k,HIGH);       //点亮灯
        delay(400);                     //延时 400ms
        k += 2;                         //k 值加 2
    }
    k = 5;                              //设置 k 值为 5
    for(j = 1;j = 3;j++)
    {
        digitalWrite(j,LOW);            //熄灭灯
        digitalWrite(j + k,LOW);        //熄灭灯
        delay(400);                     //延时 400ms
        k -= 2;                         //k 值减 2
    }
}
//LED 灯花样显示样式 3 子程序
void style_3(void)
{
    unsigned char j,k;                  //LED 灯花样显示样式 3 子程序
    k = 5;                              //设置 k 值为 5
    for(j = 1;j = 3;j++)
    {
        digitalWrite(j,HIGH);           //点亮灯
        digitalWrite(j + k,HIGH);       //点亮灯
        delay(400);                     //延时 400ms
        digitalWrite(j,LOW);            //熄灭灯
        digitalWrite(j + k,LOW);        //熄灭灯
        k -= 2;                         //k 值减 2
    }
    k = 3;                              //设置 k 值为 3
    for(j = 2;j = 1;j -- )
    {
        digitalWrite(j,HIGH);           //点亮灯
        digitalWrite(j + k,HIGH);       //点亮灯
        delay(400);                     //延时 400ms
        digitalWrite(j,LOW);            //熄灭灯
        digitalWrite(j + k,LOW);        //熄灭灯
```

```
    k += 2;                         //k 值加 2 }
}
void setup()
{
unsigned char i;
for(i = 1;i = 6;i++)                //依次设置 1~6 个数字引脚为输出模式
    pinMode(i,OUTPUT);              //设置第 i 个引脚为输出模式
}
void loop()
{
    style_1();                      //样式 1
    flash();                        //闪烁
    style_2();                      //样式 2
    flash();                        //闪烁
    style_3();                      //样式 3
    flash();                        //闪烁
}
```

5.8　拓展实验调试及现象

广告灯拓展实验实物连接如图 5.8 所示。将程序下载到实验板,程序执行流程图如图 5.9 所示。

图 5.8　广告灯拓展实验实物连接(注:此处未连接限流电阻)

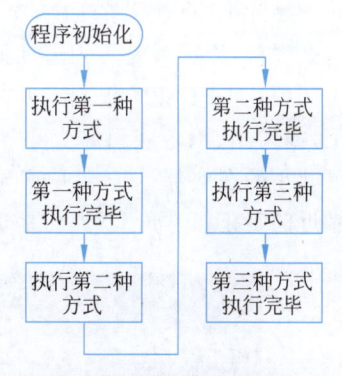

图 5.9　程序执行流程图

首先执行第一种方式(间隔 200ms 依次亮灭),间隔 200ms 依次点亮 LED 灯 1~6,随后间隔 200ms 依次熄灭 LED 灯 1~6;然后执行第二种方式,即间隔 200ms 每个 LED 依次闪烁 2 次,循环完成一个流程;最后执行第三种方式,LED 灯每隔 400ms 间隔地点亮和熄灭,每个 LED 灯依次闪烁 2 次。

实验者可以根据需求自行设置 k 值来确定间隔的时间。另外,如果闪烁的现象不够明显,那么就延长延时函数的参数,以达到最佳的闪烁效果。

5.9　技术小贴士

5.9.1　解析 LED 正负极判别方法

LED 灯在焊接过程中,常遇到如何辨认 LED 的正负极,这点尤其重要,灯亮不亮关键

在此。下面讲解判断 LED 正负极的技巧和方法。

1. 判断草帽型 LED 正负极

草帽型 LED 正负极判别如图 5.10 所示。LED 内部两根块状的引脚称为 LED 的支架,其中负极支架比较大,正极支架比较小,原因是负极支架托载着 LED 的芯片。所以得出的结论就是:**目测 LED,大支架连接为负极,小支架连接为正极**。

图 5.10 草帽型 LED 正负极判别

还有一个比较简单的方法:如果手头的 LED 是新购买的,引脚都还健全,直接看引脚的长短,通过"**正极引脚长,负极引脚短**"的原则就可以区分了。

2. 判断贴片 LED 正负极

贴片 LED 常用在 LED 节能灯照明行业中,但是很多用户在拿到贴片 LED 后,不知道怎么焊接,原因就是不知道如何区分贴片 LED 正负极。

贴片 LED 正负极判定方法如图 5.11 所示。尺寸大的 LED 在极片引脚附近有一些标记,如切角、涂色或引脚大小不一样,一般有标志的,引脚小的、短的一边是阴极(即负极)。尺寸小的在底部有 T 字形或倒三角形符号,T 字形"横"的一边是正极;三角形符号的"边"靠近的是正极,"角"靠近的是负极。

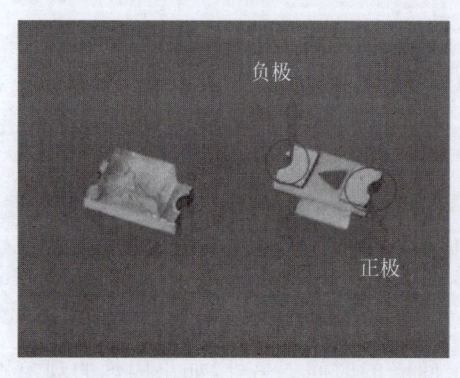

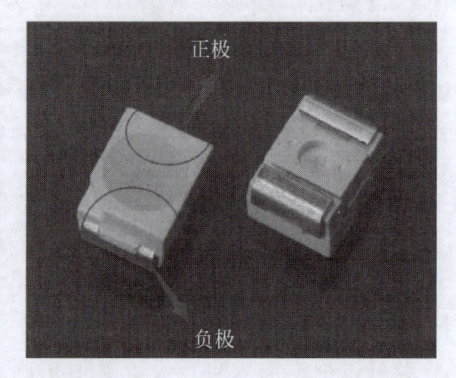

图 5.11 贴片 LED 正负极判别

3. 万用表检测 LED

用万用表检测发光二极管时,分为普通模拟万用表和数字万用表两种情况。

(1) 当使用模拟万用表检测时,必须使用 R×10k 挡。因为发光二极管的管压降大约为 3V,而万用表处于 R×1k 及以下各电阻挡时,表内电池仅为 1.5V,低于管压降,无论正、反向接入,发光二极管都不可能导通,也就无法检测。用 R×10k 挡时,表内接有 9V(或 15V)

高压电池,高于管压降,所以可以用来检测发光二极管。

检测时,将两表笔分别与发光二极管的两条引线相接,如表针偏转过半,同时发光二极管中有一个发亮光点,表示发光二极管是正向接入,这时与黑表笔(与表内电池正极相连)相接的是正极,与红表笔(与表内电池负极相连)相接的是负极。

再将两表笔对调后与发光二极管相接,这时为反向接入,表针应不动。

如果不论正向接入还是反向接入,表针都偏转到头或都不动,则表明该发光二极管已损坏。

(2) 当使用数字万用表检测时,应采用数字万用表中的"二极管"测试挡。

检测时,将两表笔分别与发光二极管的两条引线相接,如数字表显示在 0.7~2.5V 范围内且 LED 有一个发亮光点,表示发光二极管是正向接入,这时与红表笔(与表内电池正极相连)相接的是正极,与黑表笔(与表内电池负极相连)相接的是负极。

再将两表笔对调后与发光二极管相接,这时为反向接入,显示应为无穷大。

如果不论正向接入还是反向接入,都显示无穷大,LED 也不发光,则可以判断该发光二极管已损坏。

5.9.2　LED 分类

1. 按发光管发光颜色分类

按发光管发光颜色分类,可分成红色、橙色、绿色(又细分为黄绿、标准绿和纯绿)、蓝色等。此外,有的发光二极管中包含两种或三种颜色的芯片。根据发光二极管出光处掺或不掺散射剂、有色还是无色,上述各种颜色的发光二极管还可分成有色透明、无色透明、有色散射和无色散射 4 种类型。

2. 按发光管出光面特征分类

按发光管出光面特征分为圆灯、方灯、矩形灯、面发光管、侧向管、表面安装用微型管等。圆形灯按直径分为 $\phi 2mm$、$\phi 4.4mm$、$\phi 5mm$、$\phi 8mm$、$\phi 10mm$ 及 $\phi 20mm$ 等。国外通常把 $\phi 3mm$ 的发光二极管记作 T-1;把 $\phi 5mm$ 的记作 T-1(3/4);把 $\phi 4.4mm$ 的记作 T-1(1/4)。

由半值角大小可以估计圆形发光强度角分布情况。

从发光强度角分布图来分类,分为高指向性、标准型及散射型三类。

高指向性:一般为尖头环氧封装,或是带金属反射腔封装,且不加散射剂。半值角为 5°~20°或更小,具有很高的指向性,可作局部照明光源用,或与光检出器联用以组成自动检测系统。

标准型:通常作指示灯用,其半值角为 20°~45°。

散射型:视角较大的指示灯,其半值角为 45°~90°或更大,散射剂的量较大。

3. 按发光二极管的结构分类

按发光二极管的结构分为全环氧包封、金属底座环氧封装、陶瓷底座环氧封装及玻璃封装等结构。

4. 按发光强度和工作电流分类

普通亮度的 LED,发光强度为 100mcd;把发光强度在 10~100mcd 的叫高亮度发光二极管。一般 LED 的工作电流在十几毫安至几十毫安,而低电流 LED 的工作电流在 2mA 以下。

第6章 按键开关输入

CHAPTER 6

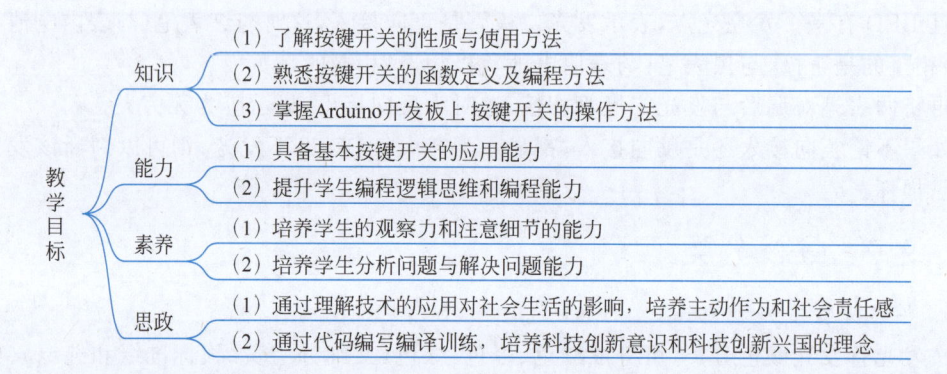

教学目标

知识
(1) 了解按键开关的性质与使用方法
(2) 熟悉按键开关的函数定义及编程方法
(3) 掌握Arduino开发板上按键开关的操作方法

能力
(1) 具备基本按键开关的应用能力
(2) 提升学生编程逻辑思维和编程能力

素养
(1) 培养学生的观察力和注意细节的能力
(2) 培养学生分析问题与解决问题能力

思政
(1) 通过理解技术的应用对社会生活的影响,培养主动作为和社会责任感
(2) 通过代码编写编译训练,培养科技创新意识和科技创新兴国的理念

6.1 实验原理

按键是一种常用的控制电气元件,常用来接通或断开控制电路(其中电流很小),从而达到控制电机械或其他电气设备运行的一种开关。电子产品大都会用到按键这种最基本的人机接口工具。随着工业水平的提升与创新,按键的外观也变得越来越多样化。各种各样的按键开关如图 6.1 所示。

以轻触开关为例,轻触开关是一种电子开关,又叫按键开关,最早出现在日本(称为敏感型开关),使用时以满足操作力的条件向开关操作方向施压,则开关功能闭合接通,当撤销压力时开关即断开,其内部结构是靠金属弹片受力变化来实现通断的。

轻触开关有 4 个引脚,在开关没有被按下去时①-②相连、③-④相连,当开关被按下去之后①、②、③、④全部连通,如图 6.2 所示。

图 6.1 各式各样的按键开关

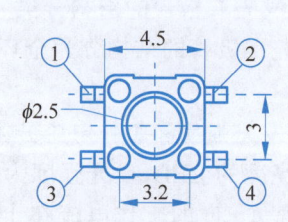

图 6.2 轻触开关引脚图

6.2 材料清单

本次实验所需要的材料清单如表6.1所示。

表 6.1 实验所需材料清单

元器件名称	型号参数规格	数 量	参考实物图
Arduino 开发板	Uno R3	1	
面包板	840孔无焊板	1	
四角轻触开关	6mm×6mm 直插式	1	
LED	蓝色—5mm	1	
电阻	220Ω,0.25W	1	
面包板专用插线	—	若干	

6.3 硬件连接

按照图 6.3 连接好电路。按键开关的一端连接 5V,另一端接模拟输入的 0 号端口；LED 阳极串联 220Ω 限流电阻后连接数字引脚 13,阴极连接到地。电路图如图 6.4 所示。

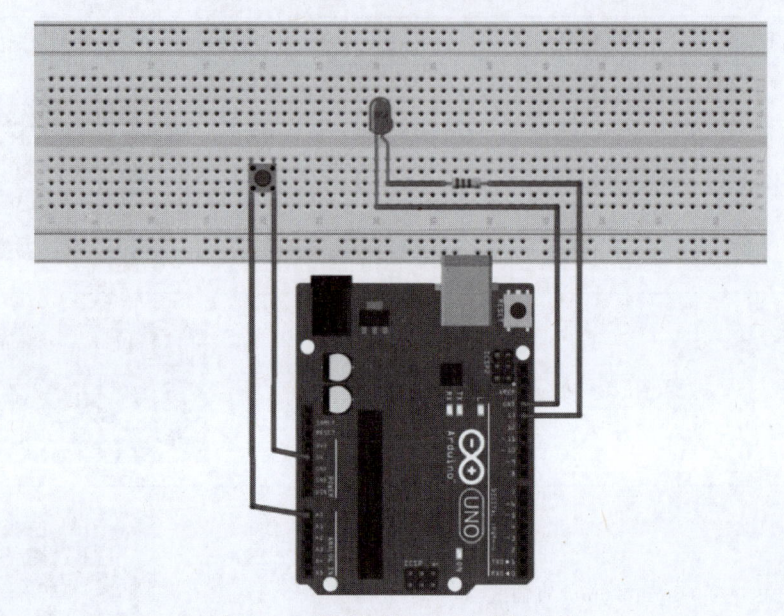

图 6.3 单键控制 LED 连接原理图

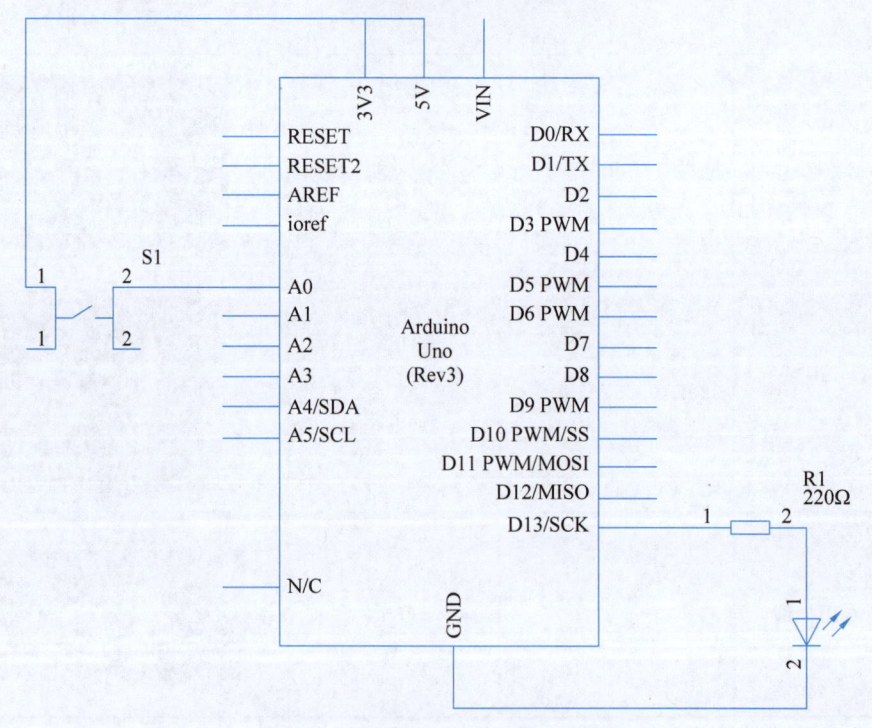

图 6.4 单键控制 LED 连接电路图

6.4 程序设计

6.4.1 设计思路及流程图

本实验使用按键来控制 LED 的亮或者灭。一般情况下,直接把按键开关串联在 LED 的电路中进行控制,这种应用情况比较单一。

此实验通过间接的方法来控制,按键接通后判断电路中的输出电压。当按键没有被按下时,模拟口电压为 0V,LED 灯熄灭;当按键按下时,模拟口的电压值为 5V,所以只要判断电压值是否大于 4.88V 即可知道按键是否被按下。使用逻辑判断的方法来控制 LED 灯亮或者灭,此种控制方法应用范围较广。单键控制 LED 流程图如图 6.5 所示。

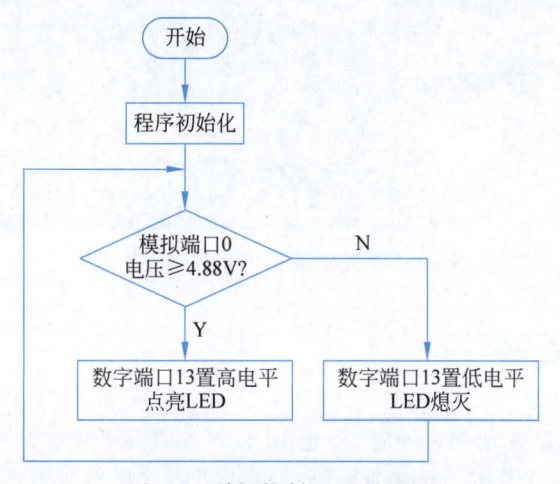

图 6.5 单键控制 LED 流程图

6.4.2 程序源码

单键控制 LED 的参考程序源代码如下:

```
int LED = 13;                    //设置控制 LED 的数字 I/O 引脚
void setup()
{
pinMode(LED,OUTPUT);             //设置数字 I/O 引脚为输出模式
}
void loop() {
int i;
while(1)
{
i = analogRead(A0);              //读取模拟 0 口电压值
if(i>1000)                       //如果电压值大于 1000(即 4.88V)
digitalWrite(LED,HIGH);          //设置第 13 引脚为高电平,点亮 LED 灯
else
digitalWrite(LED,LOW);           //设置第 13 引脚为低电平,熄灭 LED 灯
}
}
```

6.5 调试及实验现象

单键控制 LED 的实物连接图如图 6.6 所示,将程序下载到实验板后,当按下按键时,LED 灯点亮;不按按键时,LED 灯熄灭。

图 6.6 单键控制 LED 的实物连接图

6.6 拓展实验

完成上述实验后,会发现一个问题,要想 LED 灯一直亮着就必须一直按着按键不放,很显然这是一个不切实际的做法,所以现在要实现的功能就是当按下按键并放开后,LED 灯仍然会一直亮着。要想达到这个目的,在不修改硬件连接的情况下,只需要对程序进行适当的修改即可(**定义了 state 变量用来保存按键按下的状态**)。下面为修改后的参考程序源代码:

```
#define LED 13
#define sw 7
int val = 0;
int old_val = 0;
int state = 0;                              //定义状态位
void setup(){
pinMode(LED,OUTPUT);
pinMode(sw,INPUT);
}
void loop(){
val = digitalRead(sw);
if((val == HIGH)&&(old_val == LOW)){
state = 1 - state;                          //状态位取反
delay(10);
}
old_val = val;
if(state == 1){
digitalWrite(LED,HIGH);
}
```

```
else{
digitalWrite(LED,LOW);
}
}
```

6.7　拓展实验调试及现象

将上述代码下载到开发板上后,可以发现,按下按键并松开后,LED灯不会熄灭,而是一直亮着。该功能的实现主要归功于上述参考程序中定义的state变量保存了按键按下的状态。

6.8　技术小贴士

开关的词语解释为开启和关闭。它指一个可以使电路开路、使电流中断或使其流到其他电路的电子元件。最常见的开关有按键开关、拨动开关、干簧管开关、光电开关、振动开关、触摸开关、延时开关、遥控开关。

按键开关：按键开关是在使用时轻轻点按开关按钮就可使开关接通,当松开手时开关即断开,其内部结构是靠金属弹片受力弹动来实现通断的。

拨动开关：拨动开关是通过拨动开关柄使电路接通或断开,从而达到切换电路的目的。它一般用于低压电路,具有滑块动作灵活、性能稳定可靠的特点,拨动开关主要广泛用于各种仪器、仪表设备,各种电动玩具,传真机,音响设备,医疗设备,美容设备等电子产品领域。

干簧管开关：干簧管开关也称舌簧管或磁簧开关,是一种磁敏的特殊开关,是干簧继电器和接近开关的主要部件。基本形式是将两片磁簧片密封在玻璃管内,两片虽重叠,但中间有一个小空隙。当外来磁场时将使两片磁簧片接触,进而导通。一旦磁体远离开关,磁簧开关将返回到其原来的位置。

光电开关(光电传感器)：光电开关是通过光电转换进行电气控制的开关,它是利用被检测物对光束的遮挡或反射,由同步回路选通电路,从而检测物体的有无。物体不限于金属,所有能反射光线的物体均可被检测。光电开关将输入电流在发射器上转换为光信号射出,接收器再根据接收到的光线的强弱或有无对目标物体进行探测。光电开关可以实现人与物体或物体与物体的无接触,故可以有效降低磨损,并具有快速特点,从而提高了系统的使用寿命和某些技术性能。

振动开关：振动开关,也就是在感应振动力大小将感应结果传递到电路装置,并使电路启动工作的电子开关。其一般分为弹簧开关与滚珠开关两大类。振动开关主要应用于电子玩具、小家电、运动器材以及各类防盗器等产品中。振动开关因为拥有灵活且灵敏的触发性,成为许多电子产品中不可或缺的电子元件。

触摸开关：触摸开关是科技发展进步的一种新兴产品。一般是指应用触摸感应芯片原理设计的一种墙壁开关,是传统机械按键式墙壁开关的换代产品。能实现更智能化、操作更方便的触摸开关有传统开关不可比拟的优势,是目前家居产品中非常流行的一种装饰性开关。

延时开关：延时开关是使用电子元件继电器安装于开关之中，从而延时开关电路。延时开关又分为声控延时开关、光控延时开关、触摸式延时开关等。延时开关的原理就是电磁继电器的原理。继电器的工作原理是：当继电器线圈通电后，线圈中的铁芯产生强大的电磁力，吸动衔铁带动簧片，使触点断开后再接通，就可以利用继电器达到某种控制的目的。

遥控开关：遥控开关是现代工业或者现代家庭中常用产品之一，其分为发射（遥控器）和接收（开关）两部分。发射器把控制电信号编码，然后调制（红外调制或者无线调制）转换成无线信号发送出去；接收器将收到载有信息的无线电波信号，然后放大、解码，得到原先的控制电信号，将电信号再进行功率放大用来驱动相关的电气元器件（可控硅、继电器）。

第 7 章 火焰传感器

CHAPTER 7

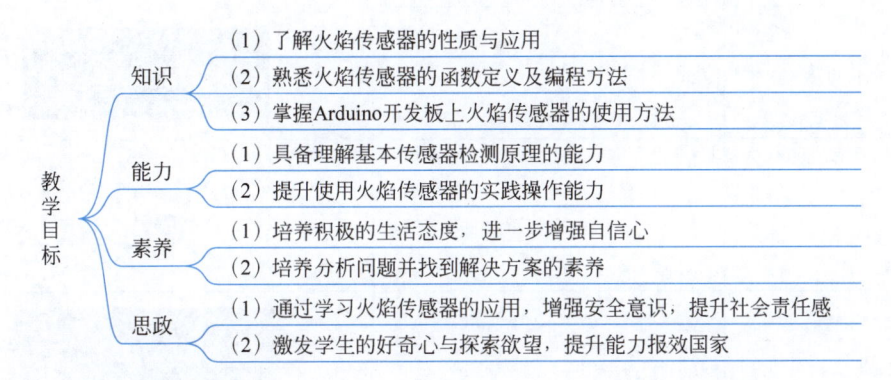

教学目标
- 知识
  - (1) 了解火焰传感器的性质与应用
  - (2) 熟悉火焰传感器的函数定义及编程方法
  - (3) 掌握Arduino开发板上火焰传感器的使用方法
- 能力
  - (1) 具备理解基本传感器检测原理的能力
  - (2) 提升使用火焰传感器的实践操作能力
- 素养
  - (1) 培养积极的生活态度,进一步增强自信心
  - (2) 培养分析问题并找到解决方案的素养
- 思政
  - (1) 通过学习火焰传感器的应用,增强安全意识,提升社会责任感
  - (2) 激发学生的好奇心与探索欲望,提升能力报效国家

7.1 实验原理

火焰是由各种燃烧生成物、中间物、高温气体、碳氢物质以及以无机物质为主体的高温固体微粒构成的。火焰的热辐射包括离散光谱的气体辐射和连续光谱的固体辐射。不同燃烧物的火焰辐射强度、波长分布有所差异,但总体来说,其对应火焰温度的近红外波长域及紫外光域具有很大的辐射强度,根据这种特性可制成火焰传感器。

火焰传感器利用红外线对火焰非常敏感的特点,使用特制的红外线接收管来检测火焰,然后把火焰的亮度转化为高低变化的电平信号,输入到中央处理器,中央处理器根据信号的变化做出相应的程序处理。

7.2 材料清单及数据手册

7.2.1 材料清单

本次实验所需要的材料清单如表 7.1 所示。

表 7.1 材料清单

元器件名称	型号参数规格	数量	参考实物图
Arduino 开发板	Uno R3	1	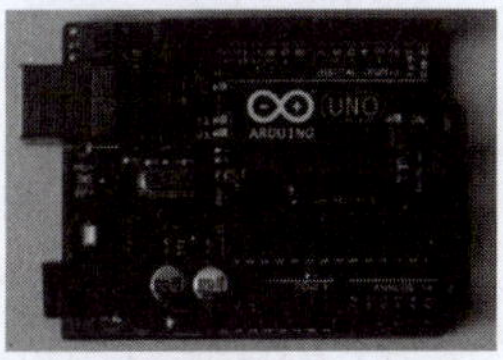

续表

元器件名称	型号参数规格	数量	参考实物图
面包板	840孔无焊板	1	
火焰传感器模块	LM393	1	
面包板专用插线	—	若干	
有源蜂鸣器	—	1	
10kΩ 电阻	—	1	

7.2.2 火焰传感器的数据手册

1. 火焰传感器的规格参数

- 供电电压：DC 3.3～5V，推荐 5V。
- 使用芯片：LM393、火焰检测探头。
- 检测距离：0～300mm(根据火源决定)。
- 检测角度：60°。
- 灵敏度：可调。
- 安装孔径：3mm。
- 模块尺寸：31mm×21mm×8mm(长×宽×高)。
- 孔间距：15mm。
- 模块质量：2.9g。

2. 引脚说明

- G：GND(地)。
- V：VCC(电源+5V)。
- D0：数字量输出口。
- A0：模拟量输出口。

3. 主要应用

应用领域：接收信号的设备，火灾烟雾警报器，收款、售票、游戏与贩卖机系统的条形码读取装置,车辆的雨刷与操控设备等。

7.3 硬件连接

首先将火焰传感器模块的 GND 接地,VCC 接 5V,A0 接开发板的 A0;然后将蜂鸣器正极接开发板数字引脚 8,负极接 GND。

实验原理图如图 7.1 所示。

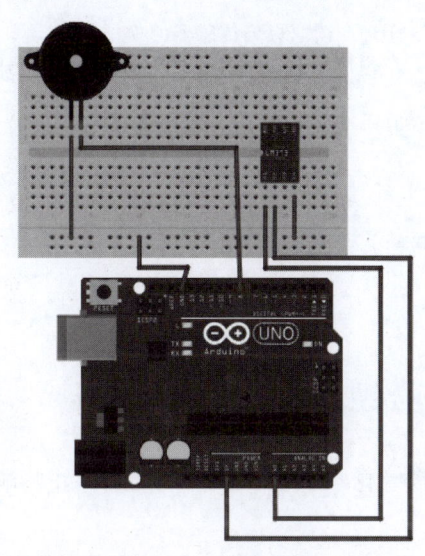

图 7.1 实验原理图

7.4 程序设计

1. 实验流程

火焰传感器实验的软件流程图如图 7.2 所示。

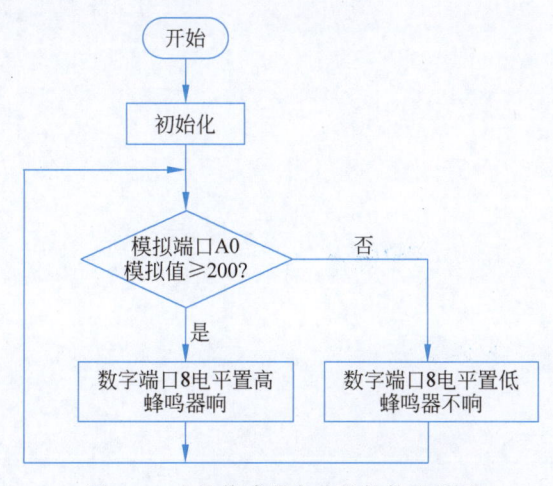

图 7.2 火焰传感器实验的软件流程图

2. 实验程序

火焰传感器实验参考程序的源代码如下：

```
int beep = 8;                    //定义蜂鸣器接口为数字8接口
int flameVal = 0;                //存储火焰传感器数据
void setup(){
  pinMode(beep, OUTPUT);         //定义 beep 为输出接口
  pinMode(A0,INPUT);
}
void loop() {
  flameVal = analogRead(A0);     //读取火焰传感器的模拟值
  if(flameVal >= 200)            //当模拟值大于或等于200时蜂鸣器鸣响,阈值根据实际测试进行修改
  {
    digitalWrite(beep, HIGH);
  }
  else
  {
    digitalWrite(beep, LOW);
  }
}
```

7.5 调试及实验现象

当有火焰靠近时,蜂鸣器鸣响；当无火焰时,蜂鸣器停止鸣响。

第 8 章 温度与湿度监测

CHAPTER 8

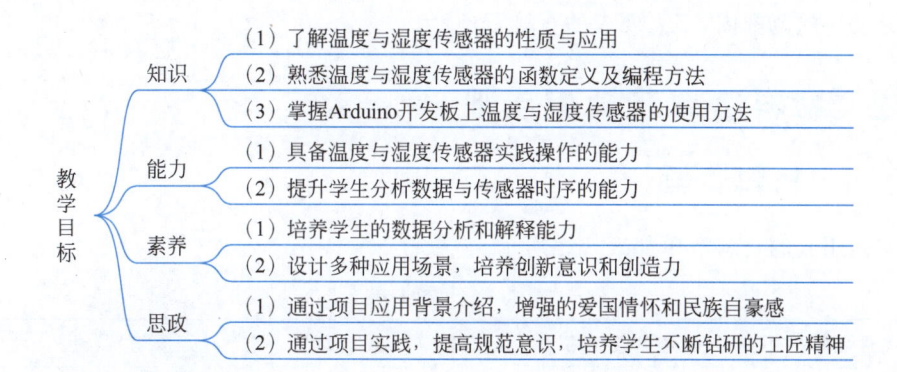

教学目标：

知识
(1) 了解温度与湿度传感器的性质与应用
(2) 熟悉温度与湿度传感器的函数定义及编程方法
(3) 掌握Arduino开发板上温度与湿度传感器的使用方法

能力
(1) 具备温度与湿度传感器实践操作的能力
(2) 提升学生分析数据与传感器时序的能力

素养
(1) 培养学生的数据分析和解释能力
(2) 设计多种应用场景，培养创新意识和创造力

思政
(1) 通过项目应用背景介绍，增强的爱国情怀和民族自豪感
(2) 通过项目实践，提高规范意识，培养学生不断钻研的工匠精神

8.1 实验原理

随着传感器在生产和生活中更加广泛的应用，温度与湿度监测及控制逐渐成为工业生产过程中比较典型的应用之一。在生产中，温度与湿度的高低对产品的质量影响很大，若温度与湿度的监测控制不当，可能会导致无法估计的经济损失。为保证日常工作的顺利进行，首要问题是加强生产车间内温度与湿度的监测工作。传统的方法通常是通过人工进行检测，对不符合温度与湿度要求的库房进行通风、去湿和降温等。这种人工测试方法费时费力，效率低，且测试的温度与湿度误差大，随机性大。目前，在低温条件下（通常指100℃以下），温度与湿度的测量已经相对成熟，利用新型单总线式数字温度传感器实现对温度的测试与控制得到了更快的开发。但是人们的要求也越来越高，要为现代人的工作、科研、学习、生活提供更好、更方便的设施就需要从数字单片机技术入手，一切向着数字化、智能化控制方向发展。国内外对温度与湿度监测的研究，从复杂模拟量监测到现在的数字智能化监测趋于成熟，随着科技的进步，现在对于温度与湿度的研究、监测向着智能化、小型化、低功耗的方向发展。在发展过程中，以单片机为核心的温度与湿度控制系统因其体积小、操作简单、量程宽、性能稳定、测量精度高等诸多优点在生产生活的各方面发挥着至关重要的作用。

温度传感器是指能感受温度并转换成可用输出信号的传感器。温度传感器按照测量方式可分为接触式和非接触式两大类，按照传感器材料及电子元件特性可分为热电阻和热电偶两类。温度传感器有四种主要类型：热电偶、热敏电阻、电阻温度检测器(RTD)和IC温度传感器。IC温度传感器又包括模拟输出和数字输出两种类型。

湿度传感器除电阻式、电容式湿敏元件之外,还有电解质离子型湿敏元件、重量型湿敏元件(利用感湿膜重量的变化来改变振荡频率)、光强型湿敏元件、声表面波湿敏元件等。湿敏元件的线性度及抗污染性差,在监测环境湿度时,湿敏元件要长期暴露在待测环境中,很容易被污染而影响其测量精度及长期稳定性。

本实验设计的是基于 Arduino 的温度与湿度监测和控制系统,主要以广泛应用的 DHT11 作为温度与湿度的监测模块。DHT11 是一款有已校准数字信号输出的温湿度传感器。精度:湿度±5% RH,温度±2℃。量程:湿度 20%~90% RH,温度 0~50℃。

该模块测量精度较高、硬件电路简单,并能很好地进行显示,可测试不同环境的温度与湿度。另外,和控制电路相连,可以进行加湿电路和除湿电路的控制,使温度与湿度参数控制在预先设定的范围内,不需要人的直接干预。

8.2 材料清单及数据手册

8.2.1 材料清单

本实验用到的材料清单如表 8.1 所示。

表 8.1 材料清单

元器件名称	型号参数规格	数量	参考实物图
Arduino 开发板	Uno R3	1	
面包板	840 孔无焊板	1	
温度与湿度传感器	DHT11	1	
杜邦线	—	3	

8.2.2　DHT11 数据手册

1. DHT11 概述

DHT11 数字温度与湿度传感器是一款含有已校准数字信号输出的温度与湿度复合传感器，其应用专门的数字模块采集技术和温度与湿度传感技术，确保产品具有极高的可靠性与卓越的长期稳定性。该传感器包括一个电阻式感湿元件和一个 NTC 测温元件，并与一个高性能 8 位单片机相连接，具有品质卓越、超快响应、抗干扰能力强、性价比极高等优点。

每个 DHT11 传感器都在极为精确的湿度校验室中进行校准。校准系数以程序的形式存储在 OTP 内存中，以备传感器内部在检测信号的处理过程中调用。单线制串行接口使系统集成变得简易、快捷。超小的体积、极低的功耗以及较远的信号传输距离（可达 20m 以上），使其成为各类应用甚至较为苛刻应用场合的最佳选择。产品为 4 针单排引脚封装，连接方便。特殊封装形式可根据用户需求而提供。

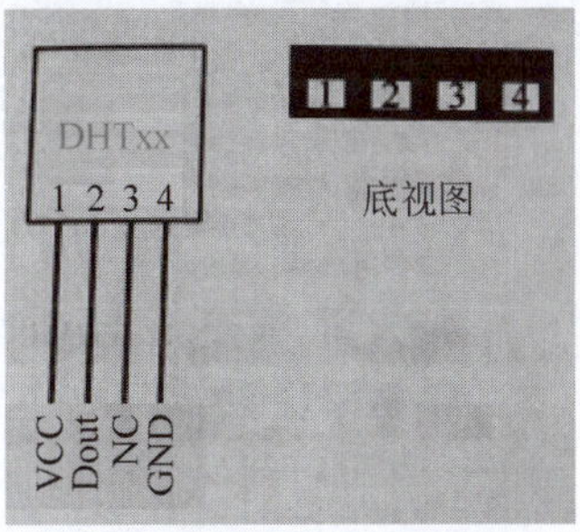

2. 引脚说明

DHT11 温度与湿度传感器引脚排列如图 8.1 所示。

DHT11 温度与湿度传感器引脚说明如表 8.2 所示。

图 8.1　DHT11 温度与湿度传感器引脚排列

表 8.2　DHT11 温度与湿度传感器引脚说明

引　脚　号	引脚名称	类　　型	引脚说明
1	VCC	电源	正电源输入，3～5.5V DC
2	Dout	输出单总线，数据	输入/输出引脚
3	NC	空	空脚，扩展未用
4	GND	地	电源地

3. 电源引脚

DHT11 的供电电压为 3～5.5V。传感器上电后，为越过芯片上电过程中的不稳定状态区，需要等待 1s 的时间，在此期间无须发送任何指令。电源引脚（VDD、GND）之间可增加一个 100nF 的电容，用于去耦滤波。

4. 串行接口（单线双向）

DATA 用于微处理器与 DHT11 之间的通信和同步，采用单总线数据格式，一次通信时间为 4ms 左右，数据分为小数部分和整数部分。

DHT11 一次完整的数据传输为 40 位，高位先出。

具体数据格式：8 位湿度整数数据＋8 位湿度小数数据＋8 位温度整数数据＋8 位温度小数数据＋8 位校验数据。当数据传送正确时，8 位校验等于"8 位湿度整数数据＋8 位湿度小数数据＋8 位温度整数数据＋8 位温度小数数据"所得结果的末 8 位。

用户 MCU 发送一次开始信号后，DHT11 从低功耗模式转换到高速模式，等待主机开始信号结束后，DHT11 发送响应信号，送出 40 位的数据，并触发一次信号采集，用户可选择读取部分数据。从模式下，DHT11 接收到开始信号触发一次温度与湿度采集；如果没有接收到主机发送的开始信号，DHT11 不会主动进行温度与湿度采集，采集数据后自动转换到低速模式。

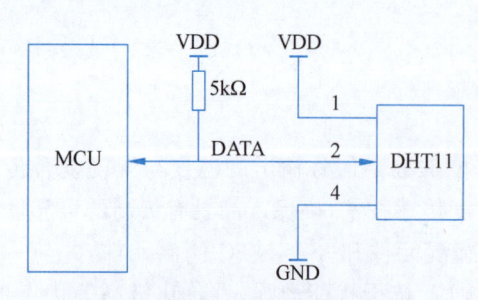

图 8.2 DHT11 的典型应用电路图

5. 典型应用电路

DHT11 的典型应用电路如图 8.2 所示，建议连接线长度短于 20m 时用 5kΩ 上拉电阻，大于 20m 时根据实际情况使用合适的上拉电阻。

6. 性能指标和特性

- 工作电压范围：3.5～5.5V。
- 工作电流：平均 0.5mA。
- 湿度测量范围：20%～90% RH。
- 温度测量范围：0～50℃。
- 湿度分辨率：1% RH，8 位。
- 采样周期：1s。
- 单总线结构。
- 与 TTL 兼容(5V)。

7. 实物模块图

实验中所用到的 DHT11 实物图如图 8.3 所示。

8. 注意事项

(1) 避免结露情况下使用。

(2) 长期保存条件：温度为 10～40℃，湿度在 60% 以下。

(3) 长时间暴露在太阳光下或强烈的紫外线辐射中，会使性能降低。

图 8.3 DHT11 实物图

8.3 硬件连接

温度与湿度监测连接原理图如图 8.4 所示。DHT11 信号引脚(Dout)连接 Arduino 的模拟 0，地(GND)和电源(VCC)分别直接连接 Arduino 的地和电源，图中上端的浅色器件即为温度与湿度传感器模块。电路原理图如图 8.5 所示。

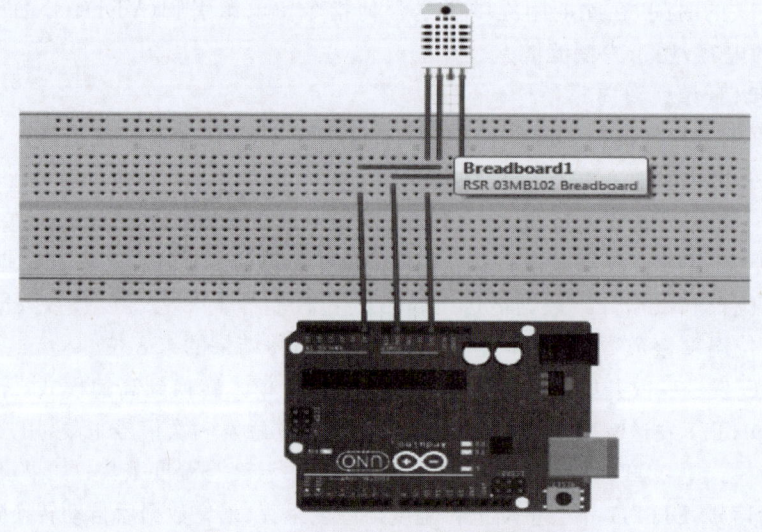

图 8.4 温度与湿度监测连接原理图

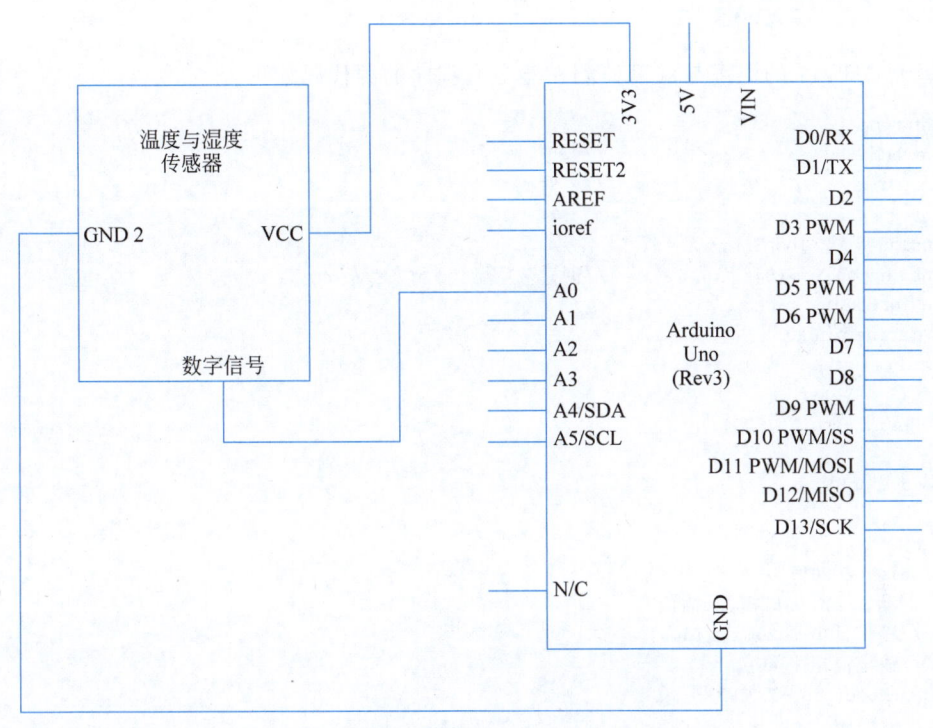

图 8.5　温度与湿度监测连接电路原理图

8.4　程序设计

8.4.1　设计思路及流程图

因为 DHT11 是一种单总线的数字温度与湿度传感器，所以要想实现温度与湿度监测功能十分简单，只需要"初始化、发命令、读温度与湿度"三步即可。DHT11 实现温度与湿度监测的流程图如图 8.6 所示。

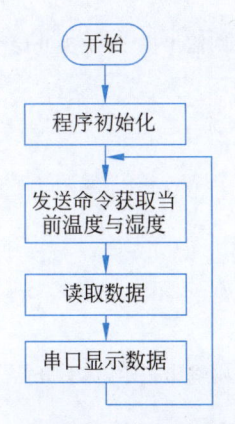

图 8.6　温度与湿度监测的流程图

8.4.2 程序源码

基于DHT11的温度与湿度监测实验参考程序的源代码如下:

```
int temp;                   //温度
int humi;                   //湿度
int tol;                    //校对码
int j;
unsigned int loopCnt;
int chr[40] = {0};          //创建数字数组,用来存放40位
unsigned long time;
#define pin A0
void setup()
{
  Serial.begin(9600);
}
void loop()
{
bgn:
  delay(2000);
  //设置2号接口模式:输出
  //输出低电平20ms(>18ms)
  //输出高电平40μs
  pinMode(pin, OUTPUT);
  digitalWrite(pin, LOW);
  delay(20);
  digitalWrite(pin, HIGH);
  delayMicroseconds(40);
  digitalWrite(pin, LOW);
  //设置2号接口模式:输入
  pinMode(pin, INPUT);
  //高电平响应信号
  loopCnt = 10000;
  while(digitalRead(pin) != HIGH)
  {
    if(loopCnt-- == 0)
    {
      //如果长时间不返回高电平,则输出提示,从头开始
      Serial.println("HIGH");
      goto bgn;
    }
  }
  //低电平响应信号
  loopCnt = 30000;
  while(digitalRead(pin) != LOW)
  {
    if(loopCnt-- == 0)
    {
      //如果长时间不返回低电平,则输出提示,从头开始
      Serial.println("LOW");
      goto bgn;
    }
  }
```

```
//开始读取 1~40 位的数值
for(int i = 0; i < 40; i++)
{
  while(digitalRead(pin) == LOW) {}//当出现高电平时,记下时间"time"
  time = micros();
  while(digitalRead(pin) == HIGH)
  {}
  //当出现低电平,记下时间,再减去刚才存储的 time
  //得出的值若大于 50μs,则为 1,否则为 0
  //存储到数组里去
  if(micros() - time > 50)
  {
    chr[i] = 1;
  } else {
    chr[i] = 0;
  }
}
//湿度,8 位,转换为数值
humi = chr[0] * 128 + chr[1] * 64 + chr[2] * 32 + chr[3] * 16 + chr[4] * 8 + chr[5] * 4 + chr[6] * 2 + chr[7];
//温度,8 位,转换为数值
temp = chr[16] * 128 + chr[17] * 64 + chr[18] * 32 + chr[19] * 16 + chr[20] * 8 + chr[21] * 4 + chr[22] * 2 + chr[23];
//输出:温度、湿度
Serial.print("temp:");
Serial.println(temp);
Serial.print("humi:");
Serial.println(humi);
}
```

8.5 调试及实验现象

温度与湿度监测实验的实物连接图如图 8.7 所示。将编写的程序下载到 Arduino 以后,打开软件的串口界面,调整波特率后可以看到获取的温度与湿度数据在串口界面显示出来,如图 8.8 和图 8.9 所示。

图 8.7 温度与湿度传感器实物连接图

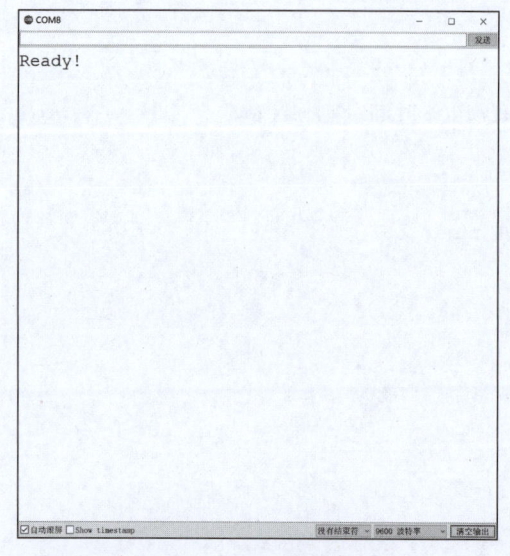

图 8.8　串口准备就绪　　　　　　图 8.9　温度与湿度监测串口界面图

8.6　拓展实验

测得温度与湿度后发现,只能不停地读取数值才能知道是否在合适的范围内,那么现在再给它加上提醒或预警功能,当温度与湿度达到所设定的阈值时发出预警信号。在 Arduino 数字引脚 7、8 上分别接上蜂鸣器和 LED 灯模块,所有模块的地和电源都直接接在 Arduino 上的地和电源。

拓展实验的参考程序源代码如下:

```
int temp;                        //温度
int humi;                        //湿度
int tol;                         //校对码
int j;
int LED = 8;                     //LED 引脚
int Buzzer = 7;                  //蜂鸣器引脚
unsigned int loopCnt;
int chr[40] = {0};               //创建数字数组,用来存放 40 位
unsigned long time;
#define pin A0
void setup()
{
  Serial.begin(9600);
  Serial.println("Ready!");
  pinMode(LED, OUTPUT);
  pinMode(Buzzer, OUTPUT);
  digitalWrite(LED, LOW);
  digitalWrite(Buzzer, LOW);
}
void loop()
{
bgn:
```

```
  delay(2000);
  //设置 2 号接口模式:输出
  //输出低电平 20ms(>18ms)
  //输出高电平 40μs
  pinMode(pin, OUTPUT);
  digitalWrite(pin, LOW);
  delay(20);
  digitalWrite(pin, HIGH);
  delayMicroseconds(40);
  digitalWrite(pin, LOW);
  //设置 2 号接口模式:输入
  pinMode(pin, INPUT);
  //高电平响应信号
  loopCnt = 10000;
  while(digitalRead(pin) != HIGH)
  {
    if(loopCnt-- == 0)
    {
      //如果长时间不返回高电平,则输出提示,从头开始
      Serial.println("HIGH");
      goto bgn;
    }
  }
  //低电平响应信号
  loopCnt = 30000;
  while(digitalRead(pin) != LOW)
  {
    if(loopCnt-- == 0)
    {
      //如果长时间不返回低电平,则输出提示,从头开始
      Serial.println("LOW");
      goto bgn;
    }
  }
  //开始读取 1~40 位的数值
  for(int i = 0; i < 40; i++)
  {
    while(digitalRead(pin) == LOW){}//当出现高电平时,记下时间"time"
    time = micros();
    while(digitalRead(pin) == HIGH)
    {}
    //当出现低电平,记下时间,再减去刚才存储的 time
    //得出的值若大于 50μs,则为 1,否则为 0
    //存储到数组里去
    if(micros() - time > 50)
    {
      chr[i] = 1;
    } else {
      chr[i] = 0;
    }
  }
  //湿度,8 位,转换为数值
```

```
    humi = chr[0] * 128 + chr[1] * 64 + chr[2] * 32 + chr[3] * 16 + chr[4] * 8 + chr[5] * 4 +
chr[6] * 2 + chr[7];
    //温度,8位,转换为数值
    temp = chr[16] * 128 + chr[17] * 64 + chr[18] * 32 + chr[19] * 16 + chr[20] * 8 + chr[21] * 4 +
chr[22] * 2 + chr[23];
    //输出:温度、湿度
    Serial.print("Current temperature = ");
    Serial.print(temp);
    Serial.print("℃ ");
    Serial.print("Current humdity = ");
    Serial.print(humi);
    Serial.println(" %");
    if(humi == 25){
      digitalWrite(LED, HIGH);
      }else{
        digitalWrite(LED, LOW);
        }
    if(temp == 28){
      digitalWrite(Buzzer, HIGH);
      }else{
        digitalWrite(Buzzer, LOW);
        }
}
```

8.7 拓展实验调试及现象

拓展实验程序下载到 Arduino 板后,打开 Arduino 的串口界面,可以看到窗口显示着温度与湿度,且当温度达到 28℃时,蜂鸣器会鸣响报警;当湿度达到 25%时,LED 灯会发光报警。

8.8 技术小贴士

研究表明,温度与湿度有着密不可分的关系,人的体感并不单纯受温度或湿度的影响,而是两者综合作用的结果。因此,在一定的温度条件下,空气的湿度也要保持相对的稳定。也正是如此,温度与湿度一体的说法相应出现。

研究表明,室内最适合的温度应保持在 18℃,相对湿度应保持在 30%~40%,当室温达 25℃时,相对湿度应保持在 40%~50%为宜。

有婴儿的家庭,一般情况下,室内温度以 20℃左右为宜,湿度宜保持在 50%~60%。可根据小儿怕冷、怕热的特点适当调节。

室内湿度不宜过高或过低,室内湿度过高,人体散热会比较困难;室内湿度过低,空气干燥,人的呼吸道会干涩难受。

室内温度也不宜过高或过低。室温过高会使人感到闷热难受,令人精神不振、头昏脑涨、昏昏欲睡。较长时间在温度过高的室内活动,会口干舌燥、眼睛干涩。在北方冬天用火炉烧煤取暖的房间,温度过高时,还容易导致外感风寒。室内温度过低也不好,会使人感到寒冷、缩手缩脚,在温度低的室内,人体散热过快,可导致人体不断地增加产热量,过多消耗人体热能。

  室内的温度、湿度不但对人体健康有影响,而且对物品的存放也有影响。室内温度、湿度过高,会使衣服发霉、虫蛀,各种食品发霉变质。因此,应该使室内保持适宜的温度与湿度。

  调节室内温度与湿度的方法,因四季气候不同而各异。夏季可打开门窗通风降温除湿,并可配合使用电风扇或空调设备;冬天气候寒冷,可用取暖器提高室温,为避免空气干燥,室内可洒水以适当提高湿度,还可在取暖器上加放水壶,蒸发水汽以增加湿度。

  利用硅藻泥装修室内墙面,在不借助任何外力的条件下,就可以有效地自然降低室内的温度,吸收室内多余的湿度,自动地创造一个相对外界温度、湿度较宜人的环境,避免长时间因使用冷气空调调节温度与湿度而消耗大量能源,减少二氧化碳的排放,发挥环保节能的功效。

第 9 章 气体监测

CHAPTER 9

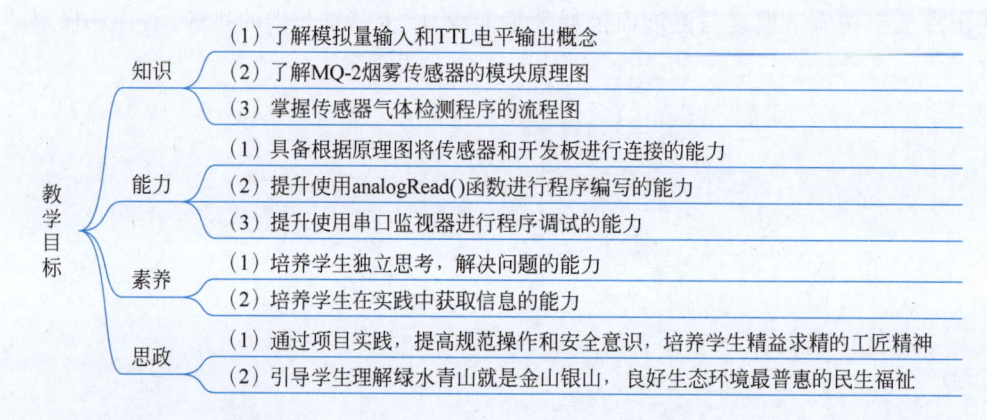

教学目标

- 知识
  - (1) 了解模拟量输入和TTL电平输出概念
  - (2) 了解MQ-2烟雾传感器的模块原理图
  - (3) 掌握传感器气体检测程序的流程图
- 能力
  - (1) 具备根据原理图将传感器和开发板进行连接的能力
  - (2) 提升使用analogRead()函数进行程序编写的能力
  - (3) 提升使用串口监视器进行程序调试的能力
- 素养
  - (1) 培养学生独立思考，解决问题的能力
  - (2) 培养学生在实践中获取信息的能力
- 思政
  - (1) 通过项目实践，提高规范操作和安全意识，培养学生精益求精的工匠精神
  - (2) 引导学生理解绿水青山就是金山银山，良好生态环境最普惠的民生福祉

9.1 实验原理

室内空气质量的好坏直接影响着人类的身体健康，随着国家对环保能源的大力推广，使用天然气、煤气等的家庭日益增多，广大居民对家庭空气质量监测及天然气使用安全监测方面的需求量也与日俱增。

2010 年新推出的 MQ-X 系列气体传感器是适应市场需求而设计的，此款烟雾传感器采用 MQ-2 型气敏元件，可以很灵敏地检测到空气中的烟雾以及甲烷气体。通过 3P 传感器连接线可以直接插接到 Arduino 传感器扩展板上，通过 ATmega168 控制器编程方便使用，结合蜂鸣器模块与继电器模块，可以制作烟雾报警器、甲烷泄漏报警器、自动烟雾排风机等产品，是室内空气监测的理想传感器。

MQ-2 传感器是基于 QM-NG1 探头的气体传感器，QM-NG1 采用目前国际上工艺成熟、生产规模大的 SnO_2 材料作为敏感基体制作的广谱性气体传感器。该产品的最大特点是对各种可燃性气体(如氢气、液化石油气、一氧化碳、烷烃类等气体)以及酒精、乙醚、汽油、烟雾等有毒气体具有高度的敏感性，用于排风扇、儿童玩具和污染场所气体的检验、提醒和预警。

MQ-2 气敏元件是将由微型 Al_2O_3 陶瓷管、SnO_2 敏感层、测量电极和加热器构成的敏感元件固定在塑料或不锈钢制成的腔体内，加热器为气敏元件提供了必要的工作条件。封装好的气敏元件有 6 个针状引脚，其中 4 个用于信号取出，2 个用于提供加热电流。

9.2 材料清单及数据手册

9.2.1 材料清单

本实验所用到的材料清单如表 9.1 所示。

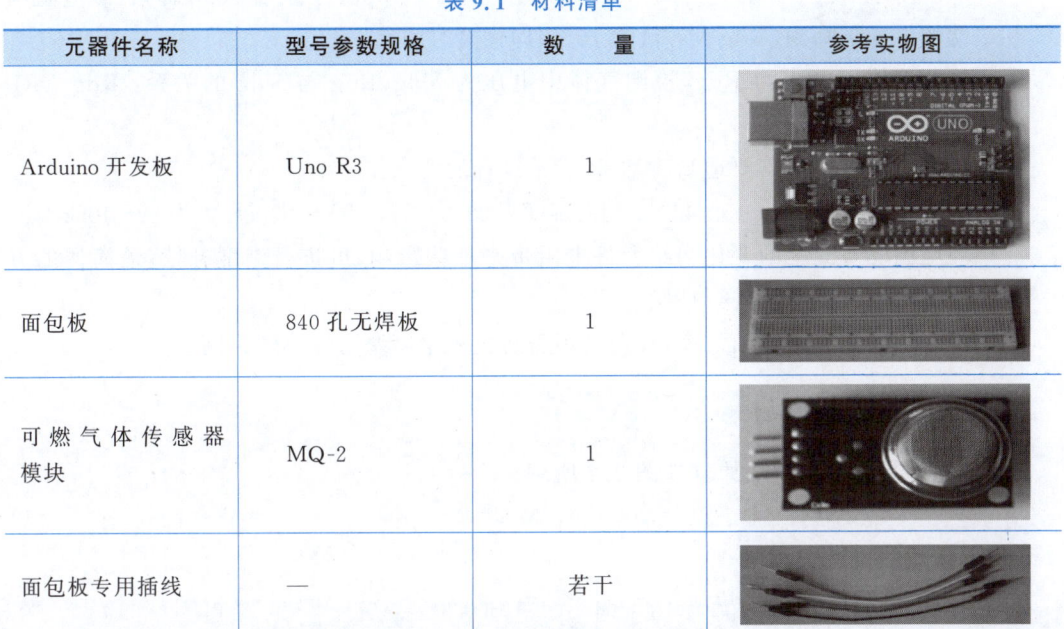

表 9.1 材料清单

元器件名称	型号参数规格	数量	参考实物图
Arduino 开发板	Uno R3	1	
面包板	840 孔无焊板	1	
可燃气体传感器模块	MQ-2	1	
面包板专用插线	—	若干	

9.2.2 MQ-2 数据手册

1. MQ-2 产品特点

- 尺寸(长×宽×高):32mm×22mm×27mm。
- 主芯片:LM393、ZYMQ-2 气体传感器。
- 工作电压:DC 5V。
- 具有信号输出指示。
- 双路信号输出(模拟量输出及 TTL 电平输出),其中,TTL 输出有效信号为低电平(当输出低电平时信号灯亮,可直接接单片机);模拟量输出 0~5V 电压,浓度越高电压越高。
- 对液化气、天然气及城市煤气有较高的灵敏度。
- 使用寿命长,具有较高的可靠性、稳定性。
- 快速响应恢复特性。

2. MQ-2 实物图

MQ-2 实物如图 9.1 所示。

图 9.1 MQ-2 实物

3. MQ-2 使用注意事项

- 元件开始通电工作时,没有接触气体,其电导率急剧增加,约 1min 后达到稳定,这时方可正常使用,这段变化在设计电路时可采用延时处理解决。
- 加热电压的改变会直接影响元件的性能,所以在规定的电压范围内使用为佳。
- 元件在接触标定气体 1000ppm 丁烷后 10s 以内负载电阻两端的电压可达到(Vdg-Va)值的 70%(即响应时间);脱离标定气体 1000ppm 丁烷后 30s 以内负载电阻两端的电压下降到(Vdg-Va)值的 70%(即恢复时间)。
- 检测气体中电阻为 Rdg,检测气体中电压为 Vdg,Rdg 与 Vdg 的关系:Rdg=RL(VC/Vdg-1)。
- 负载电阻可根据需要适当改动,以满足设计的要求。
- 使用条件:温度为 -15~40℃;相对湿度为 20%~85% RH;大气压力为 80~106kPa。
- 环境温度与湿度的变化会给元件电阻带来一些影响,可进行湿度补偿,最简便的方法是采用热敏电阻进行补偿。
- 避免腐蚀性气体及油污染,长期使用需防止灰尘堵塞防爆不锈钢网。

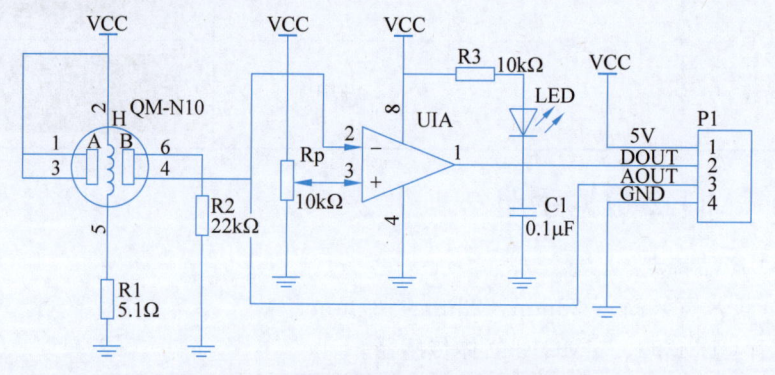

9.2.3 MQ-2 烟雾传感器模块

MQ-2 烟雾传感器模块原理如图 9.2 所示。

图 9.2 MQ-2 烟雾传感器模块原理图

9.3 硬件连接

MQ-2 的接线很简单,就是将 MQ-2 的 VCC、GND 及信号线与 Arduino 进行连接。连接原理图如图 9.3 所示,图中上端的元件为烟雾传感器模块。电路原理图如图 9.4 所示。

MQ-2 的 VCC 和 GND 对应接到 Arduino 上的 VCC 和 GND 即可。不过也有文献指出气体传感器的 VCC 和 GND 外接比较好,以保证系统更稳定和更准确,因此,在对精度没有特殊要求时,可以与 Arduino 共电源和地。

MQ-2 的信号线接 Arduino 的 A0,这样就完成了电路的连接。

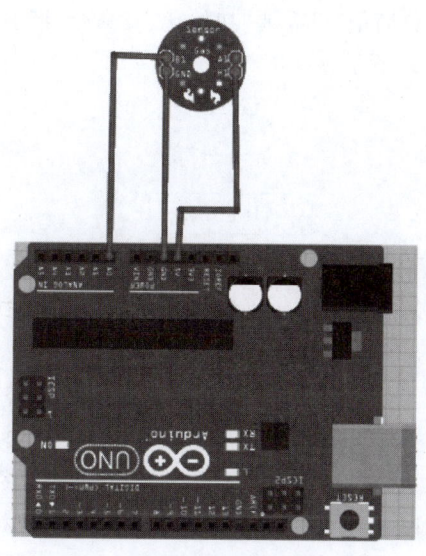

图 9.3　烟雾传感器的连接原理图

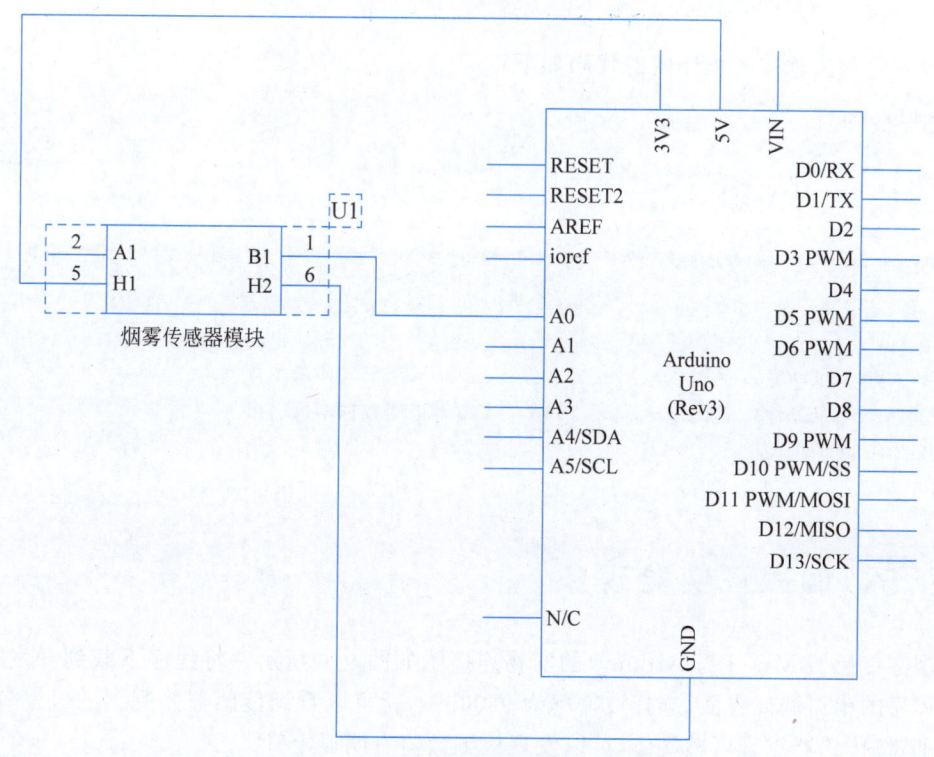

图 9.4　烟雾传感器的连接电路原理图

9.4　程序设计

9.4.1　设计思路及流程图

因为 MQ-2 和 DHT11 一样,是一种单总线的传感器,所以要想实现气体浓度监测功能也和温度与湿度监测一样十分简单,只需要"初始化、发命令、读数据"三步即可。使用 MQ-2 实现气体监测的流程如图 9.5 所示。

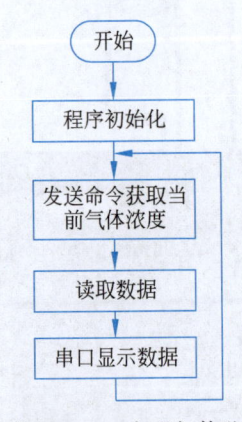

图 9.5 使用 MQ-2 实现气体监测的流程

9.4.2 程序源码

气体监测实验参考程序的源代码如下:

```
void setup()
{
Serial.begin(9600);
}
void loop()
{
int val;
val = analogRead(A0);              //获取当前气体浓度
Serial.println(val,DEC);           //十进制数据串口输出
delay(1000);
}
```

9.5 调试及实验现象

烟雾传感器 MQ-2 与 Arduino 的实物连接图如图 9.6 所示。将程序下载到开发板后,打开程序的串口调试界面,选择波特率为 9600b/s,就可以看到传感器监测到的可燃气体的浓度了,将传感器靠近可燃气体,可以发现检测数值有明显上升。

参考程序的主要功能是通过模拟口 0(A0)采集气体传感器的信号,然后通过串口输出到计算机上,可以使用串口助手来观察实验结果。串口调试界面如图 9.7 所示。传感器上电后需要等待 1min 预热后才能进行测量,预热后能感受到探头有明显的温度上升。首先观察探头暴露在空气中的数据,当探头预热完成后,数据将在 325 左右。如果将气体打火机打开气门靠近 MQ-2 传感器,会观察到数据明显升高。

图 9.6　MQ-2 与 Arduino 的实物连接图

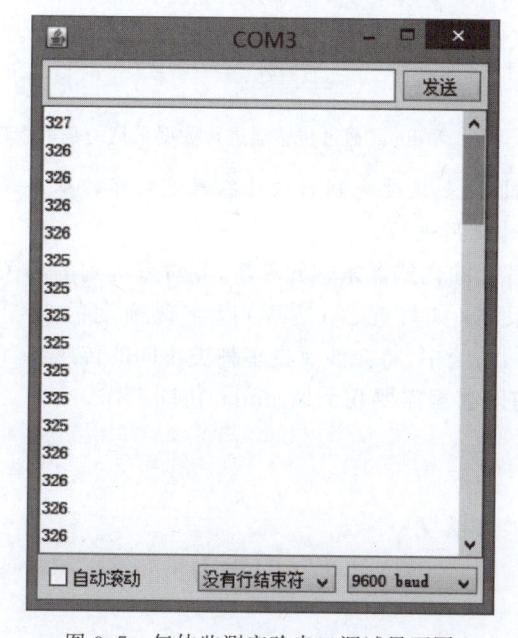

图 9.7　气体监测实验串口调试界面图

9.6　技术小贴士

在一个包含传感器的 Arduino 设计中,传感器作为设计的前端,采集信息并将采集到的信息转换成电信号,而 Arduino 通常是负责处理传感器采集到的数据和控制相关的执行器件。

在一些复杂的系统中可能会涉及很多的传感器和执行设备,其基本的工作原理大致是相同的,只不过在整个 Arduino 设计中要考虑到各传感器以及其他设备之间的协调性,还有整个系统的稳定性问题。

在包含传感器的 Arduino 设计中特别要注意以下几点。

（1）传感器只能起到采集数据、转换信息类型的作用，不能作为执行设备。也就是说，传感器只负责向 Arduino 传送数据，而不能接收 Arduino 发给它的任何命令。

（2）通常一个传感器有两个以上的引脚，一定要事先弄清楚传感器的连接方法，分清楚哪个引脚接正极，哪个引脚接负极，哪个引脚是信号输出。

（3）在 Arduino 与传感器进行连接时，数字传感器就接到 Arduino 的数字口，模拟传感器就接到 Arduino 的模拟口。有时也可以将数字传感器接到 Arduino 的模拟口，但是不建议采用这样连接。常见的数字传感器有磁感应传感器、触摸延时开关、振动、传感器、倾角传感器、按钮模块等；常见的模拟传感器有线性温度传感器、环境光线传感器、GP2D12 红外测距传感器等。

Arduino 通过传感器进行数据采集的基本流程如图 9.8 所示。

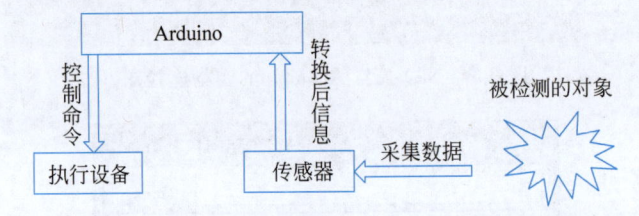

图 9.8 Arduino 通过传感器进行数据采集的基本流程

提示：在使用传感器时，一定要先判断该传感器是数字传感器还是模拟传感器，在使用前可以阅读一下传感器的使用说明。

Arduino 通过各种各样的传感器来感知环境，并对采集到的相关数据进行处理，根据处理的结果来控制执行设备（如灯光、马达等）以实现预期的功能。在一个相对复杂的 Arduino 与传感器互动的系统中，将会涉及更多种类不同的传感器和更多的相关技术（如网络、移动通信技术等），有时甚至需要几个 Arduino 协同工作。

第 10 章　LCD 显示

CHAPTER 10

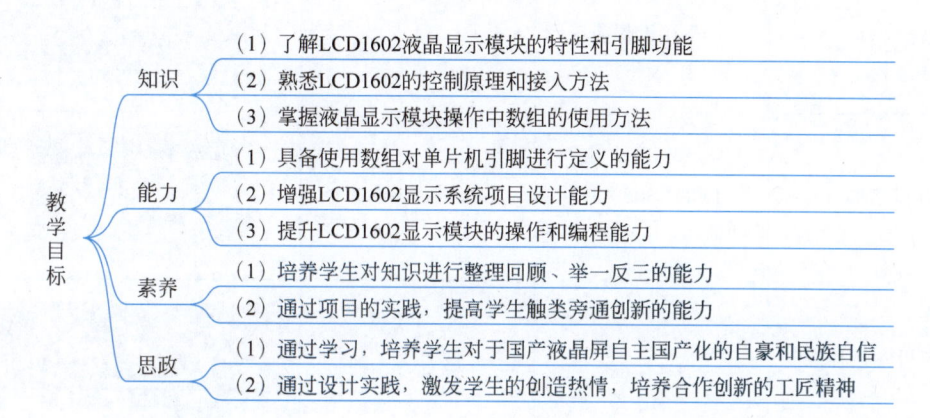

教学目标
- 知识
  - (1) 了解LCD1602液晶显示模块的特性和引脚功能
  - (2) 熟悉LCD1602的控制原理和接入方法
  - (3) 掌握液晶显示模块操作中数组的使用方法
- 能力
  - (1) 具备使用数组对单片机引脚进行定义的能力
  - (2) 增强LCD1602显示系统项目设计能力
  - (3) 提升LCD1602显示模块的操作和编程能力
- 素养
  - (1) 培养学生对知识进行整理回顾、举一反三的能力
  - (2) 通过项目的实践，提高学生触类旁通创新的能力
- 思政
  - (1) 通过学习，培养学生对于国产液晶屏自主国产化的自豪和民族自信
  - (2) 通过设计实践，激发学生的创造热情，培养合作创新的工匠精神

10.1　实验原理

液晶显示器(Liquid Crystal Display, LCD)的构造是在两片平行的玻璃基板当中放置液晶盒，下基板玻璃上设置 TFT(薄膜晶体管)，上基板玻璃上设置彩色滤光片，通过 TFT 上的信号与电压改变来控制液晶分子的转动方向，从而达到控制每个像素点偏振光射出的目的。现在 LCD 已经替代 CRT 成为主流，价格也下降了很多，普及速度相当快。

1602 液晶也叫 1602 字符型液晶，是指显示的内容为 16×2(即可以显示两行)、每行 16 个字符的液晶模块(显示字符和数字)，是一种专门用来显示字母、数字、符号等的点阵型液晶模块。它由若干 5×7 或者 5×11 等点阵字符位组成，每个点阵字符位都可以显示一个字符，每位之间有一个点距的间隔，每行之间也有间隔，起到字符间距和行间距的作用。因此，1602 型液晶不能很好地显示图形(用自定义 CGRAM，显示效果也不好)，但非常适合便携式及低功耗测试设备。

市面上的字符型液晶大多数是基于 HD44780 液晶芯片的，控制原理完全相同，因此，基于 HD44780 编写的控制程序，可以很方便地应用于市面上大部分的字符型液晶。

本实验使用 Arduino 直接驱动 1602 液晶显示文字。

10.2　材料清单及数据手册

10.2.1　材料清单

本实验所用到的材料清单如表 10.1 所示。

表 10.1 材料清单

元器件名称	型号参数规格	数　　量	参考实物图
Arduino 开发板	Uno R3	1	
面包板	840 孔无焊板	1	
LCD 显示屏	LCD 1602	1	
面包板专用插线	—	若干	

10.2.2 1602 LCD 数据手册

1. 1602 LCD 的主要技术参数及功能

- 显示容量为 16×2 个字符。
- 芯片工作电压为 4.5~5.5V,对比度可调。
- 工作电流为 2.0mA(5.0V)。
- 模块最佳工作电压为 5.0V。
- 字符尺寸为 2.95mm×4.35mm(W×H)。
- 内含复位电路。
- 提供各种控制命令,如清屏、字符闪烁、光标闪烁、显示移位等。
- 有 80 字节的显示数据存储器 DDRAM。
- 内建有 192 个 5×7 点阵字型的字符发生器 CGROM。
- 8 个可由用户自定义的 5×7 的字符发生器 CGRAM。

2. 各引脚定义及功能

- VSS 为电源地。
- VCC 接 5V 电源正极。
- VL 为液晶显示器对比度调整端,接正电源时对比度最弱,接地时对比度最强,一般采用变阻器接入,可以用来调节 LCD 的对比度。
- RS 为寄存器选择,高电平 1 时选择数据寄存器,低电平 0 时选择指令寄存器。

- R/W 为读/写信号线,高电平 1 时进行读操作,低电平 0 时进行写操作。
- E(或 EN)端为使能(enable)端,高电平 1 时读取信息,负跳变时执行指令。
- D0～D7 为 8 位双向数据端。
- BLA,BLK：空引脚或背灯电源,15 引脚为背光正极,16 引脚为背光负极。

1602 液晶显示屏各引脚的定义如表 10.2 所示。

表 10.2　1602 液晶显示屏各引脚的定义

编号	符号	引脚说明	编号	符号	引脚说明
1	VSS	电源地	9	DB2	Date I/O
2	VDD	电源正极	10	DB3	Date I/O
3	V0	液晶显示偏压信号	11	DB4	Date I/O
4	RS	数据/命令选择端	12	DB5	Date I/O
5	R/W	读/写选择端	13	DB6	Date I/O
6	E	使能信号	14	DB7	Date I/O
7	DB0	Date I/O	15	LED+	背光源正极
8	DB1	Date I/O	16	LED−	背光源负极

3. LCD 指令集

对 LCD 进行控制的指令集如表 10.3 所示。

表 10.3　对 LCD 进行控制的指令集

指令	指令码 RS	R/W	D7	D6	D5	D4	D3	D2	D1	D0	功能
清除显示	0	0	0	0	0	0	0	0	0	1	将 DDRAM 填满 20H,并且设定 DDRAM 的地址计数器(AC)到 00H
地址归位	0	0	0	0	0	0	0	0	1	X	设定 DDRAM 的地址计数器(AC)到 00H,并且将游标移到开头原点位置;这个指令不改变 DDRAM 的内容
显示状态开/关	0	0	0	0	0	0	1	D	C	B	D=1:整体显示 ON; C=1:游标 ON; B=1:游标位置反白允许
进入点设定	0	0	0	0	0	0	0	1	I/D	S	指定在数据的读取与写入时,设定游标的移动方向及指定显示的移位
游标或显示移位控制	0	0	0	0	0	1	S/C	R/L	X	X	设定游标的移动与显示的移位控制位,这个指令不改变 DDRAM 的内容
功能设定	0	0	0	0	1	DL	X	RE	X	X	DL=0/1:4/8 位数据; RE=0/1:基本指令操作/扩充指令操作
设定 CGRAM 地址	0	0	0	1	AC5	AC4	AC3	AC2	AC1	AC0	设定 CGRAM 地址

续表

指令	指令码									功　能
	RS	R/W	D7	D6	D5	D4	D3	D2	D1	D0	
设定 DDRAM 地址	0	0	1	0	AC5	AC4	AC3	AC2	AC1	AC0	设定 DDRAM 地址(显示位址) 第一行：80H～A7H； 第二行：C0H～E7H
标志和地址	0	1	BF	AC6	AC5	AC4	AC3	AC2	AC1	AC0	读取忙 读取忙标志(BF)可以确认内部动作是否完成,同时可以读出地址计数器(AC)的值
写数据到 RAM	1	0	数据								将数据 D7～D0 写入内部 RAM(DDRAM/CGRAM/IRAM/GRAM)
读出 RAM 的值	0	1	数据								从内部 RAM 读数据 D7～D0(DDRAM/CGRAM/IRAM/GRAM)

10.3　硬件连接

LCD 显示实验的连接原理图如图 10.1 所示。具体连接方法为：LCD 1602 的第 1 引脚连接 Arduino 的 GND；LCD 1602 的第 2 引脚连接 Arduino 的 5V；LCD 1602 的第 3 引脚串联一个电阻后连接 Arduino 的 GND；LCD 1602 的第 4 引脚连接 Arduino 的 12 引脚；LCD 1602 的第 5 引脚连接 Arduino 的 11 引脚；LCD 1602 的第 6 引脚连接 Arduino 的 2 引脚；LCD 1602 的第 7 引脚连接 Arduino 的 3 引脚；LCD 1602 的第 8 引脚连接 Arduino 的 4 引脚；LCD 1602 的第 9 引脚连接 Arduino 的 5 引脚；LCD 1602 的第 10 引脚连接 Arduino 的 6 引脚；LCD 1602 的第 11 引脚连接 Arduino 的 7 引脚；LCD 1602 的第 12 引脚连接 Arduino 的 8 引脚；LCD 1602 的第 13 引脚连接 Arduino 的 9 引脚；LCD 1602 的第 14 引脚连接 Arduino 的 10 引脚；LCD 1602 的第 15 引脚连接 Arduino 的 3.3V；LCD 1602 的第 16 引脚连接 Arduino 的 GND。

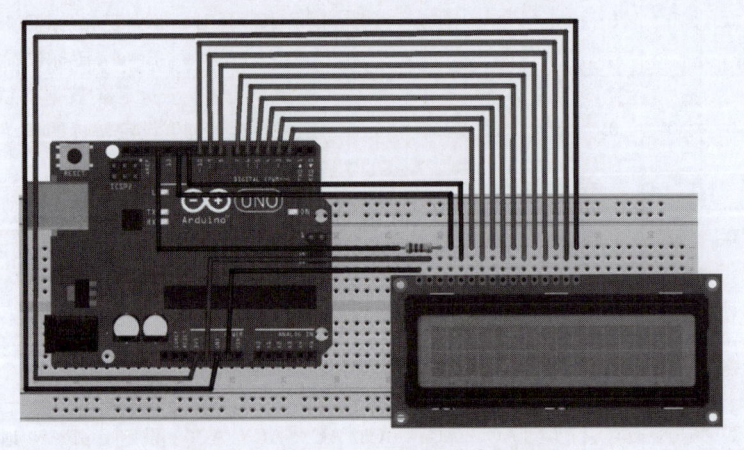

图 10.1　LCD 显示实验的连接原理图

电路原理图如图10.2所示。

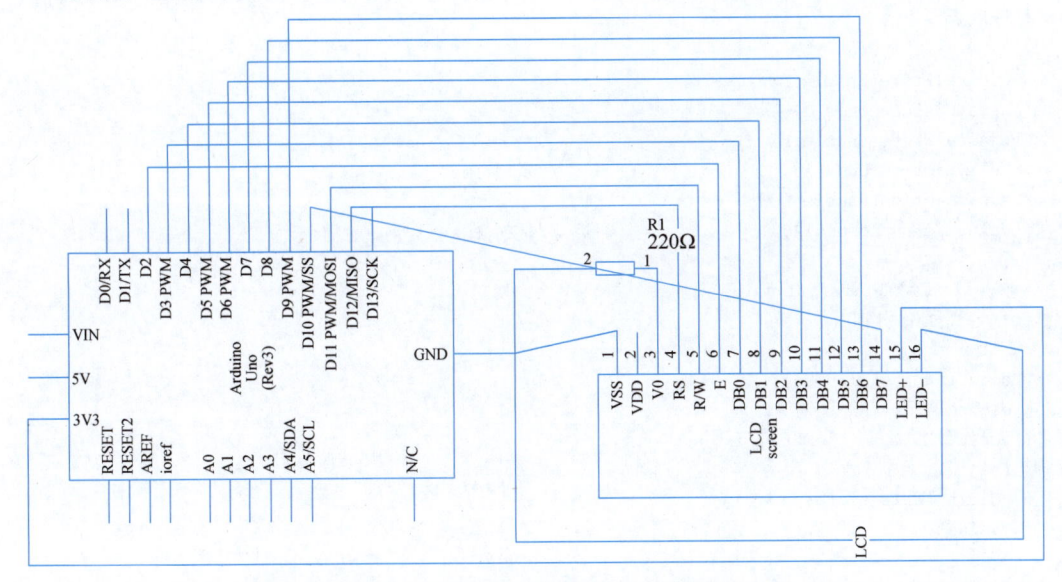

图 10.2　LCD显示实验连接电路原理图

10.4　程序设计

1. 实验流程

LCD显示实验的软件流程图如图10.3所示。

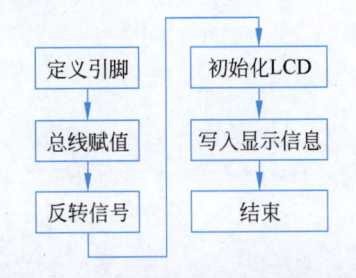

图 10.3　LCD显示实验的软件流程图

2. 实验程序

LCD显示实验的参考程序源代码如下：

```
int DI = 12;
int RW = 11;
int DB[] = {3,4,5,6,7,8,9,10};          //使用数组来定义总线需要的引脚
int Enable = 2;
void LcdCommandWrite(int value) {
//定义所有引脚
int i = 0;
for (i = DB[0];i <= DI;i++)              //总线赋值
{
```

```
  digitalWrite(i,value & 01);     //因1602液晶信号识别是D7～D0(不是D0～D7),这里用来反转信号
  value >> = 1;
}
digitalWrite(Enable,LOW);
delayMicroseconds(1);
digitalWrite(Enable,HIGH);
delayMicroseconds(1);            //延时1ms
digitalWrite(Enable,LOW);
delayMicroseconds(1);            //延时1ms
}
void LcdDataWrite(int value) {
//定义所有引脚
int i = 0;
digitalWrite(DI,HIGH);
digitalWrite(RW,LOW);
for(i = DB[0];i < = DB[7];i++)
{
  digitalWrite(i,value & 01);
  value >> = 1;
}
digitalWrite(Enable,LOW);
delayMicroseconds(1);
digitalWrite(Enable,HIGH);
delayMicroseconds(1);
digitalWrite(Enable,LOW);
delayMicroseconds(1);            //延时1ms
}
void setup (void) {
int i = 0;
for(i = Enable;i < = DI;i++)
{
pinMode(i,OUTPUT);
}
delay(100);
//短暂的停顿后初始化LCD
LcdCommandWrite(0x38);           //设置为8位接口,2行显示,5×7文字大小
delay(64);
LcdCommandWrite(0x38);           //设置为8位接口,2行显示,5×7文字大小
delay(50);
LcdCommandWrite(0x38);           //设置为8位接口,2行显示,5×7文字大小
delay(20);
LcdCommandWrite(0x06);           //输入方式设定
//自动增量,没有显示移位
delay(20);
LcdCommandWrite(0x0E);           //显示设置
//开启显示屏,光标显示,无闪烁
delay(20);
LcdCommandWrite(0x01);           //屏幕清空,光标位置归零
delay(100);
LcdCommandWrite(0x80);           //显示设置
//开启显示屏,光标显示,无闪烁
delay(20);
}
```

```
void loop (void) {
LcdCommandWrite(0x01);                    //屏幕清空,光标位置归零
delay(10);
LcdCommandWrite(0x80 + 4);
delay(10);
//写入欢迎信息
LcdDataWrite('W');
LcdDataWrite('e');
LcdDataWrite('l');
LcdDataWrite('c');
LcdDataWrite('o');
LcdDataWrite('m');
LcdDataWrite('e');
LcdDataWrite('!');
delay(10);
LcdCommandWrite(0xc0);                    //定义光标位置为第2行第1个位置
delay(10);
LcdDataWrite('I');
LcdDataWrite(' ');
LcdDataWrite('L');
LcdDataWrite('o');
LcdDataWrite('v');
LcdDataWrite('e');
LcdDataWrite(' ');
LcdDataWrite('A');
LcdDataWrite('r');
LcdDataWrite('d');
LcdDataWrite('u');
LcdDataWrite('i');
LcdDataWrite('n');
LcdDataWrite('o');
LcdDataWrite('!');
delay(5000);
}
```

10.5 调试及实验现象

LCD 显示实验的实物连接图如图 10.4 所示。将程序下载到开发板之后,就会看到 LCD 上显示出"Welcome! I Love Arduino!"字样。

图 10.4　LCD 显示实验的实物连接图

10.6 技术小贴士

1. LED 液晶显示器与 LCD 液晶显示器误区辨析

按照背光源的不同,LCD 可以分为 CCFL 和 LED 两种。

许多用户认为液晶显示器可以分为 LED 和 LCD,这种认识在某种程度上属于被广告误导了。

目前市面上所说的 LED 显示屏并不是真正意义上的 LED 显示屏,准确地说就是 LED 背光型液晶显示器,液晶面板依然是传统的 LCD 显示屏,从某种意义上来说,这多少含有欺诈的性质。韩国三星公司就曾被英国广告协会组织判定违反了英国的广告法,原因就在于其 LED TV 液晶电视有误导消费者之嫌。对于液晶显示器来说,最重要的是其液晶面板和背光类型,而市面上显示器的液晶面板一般采用 TFT 面板,与 LCD 是一样的,LED 和 LCD 的区别仅仅是它们的背光类型不一样:LED 背光和 CCFL 背光(也就是荧光灯),分别是二极管和冷阴极灯管。

LCD 即 Liquid Crystal Display 的首字母缩写,意为"液态晶体显示器",即液晶显示器。而 LED 是指液晶显示器(LCD)中的一种,即以 LED(发光二极管)为背光光源的液晶显示器(LCD)。可见,LCD 是包括 LED 的。与 LED 相对应的实际上是 CCFL。

CCFL 指用 CCFL(冷阴极荧光灯管)作为背光光源的液晶显示器(LCD)。CCFL 的优势是色彩表现好,不足之处是功耗较高。

LED 指用 LED(发光二极管)作为背光光源的液晶显示器(LCD),通常意义上指 WLED(白光 LED)。LED 的优势是体积小、功耗低,因此用 LED 作为背光源,可以在兼顾轻薄的同时达到较高的亮度;其不足主要是色彩表现比 CCFL 差,因此专业绘图 LCD 大都仍采用传统的 CCFL 作为背光光源。

2. 液晶显示器分类

液晶显示分为段码式显示和点阵式显示。段码是最早最普通的显示方式,如计算器和电子表。从 MP3 播放器开始出现了点阵式,如 MP3 播放器、手机屏、数码相框等。

液晶显示器按照控制方式不同可分为被动矩阵式 LCD 和主动矩阵式 LCD 两种。

(1) 被动矩阵式 LCD。

被动矩阵式 LCD 在亮度及可视角方面受到较大的限制,反应速度也较慢。由于画面质量方面的问题,所以这种显示设备不适合发展为桌面型显示器,但由于成本低廉,市场上仍有部分的显示器采用被动矩阵式 LCD。被动矩阵式 LCD 又可分为 TN-LCD(Twisted Nematic-LCD,扭曲向列 LCD)、HTN-LCD(High Twisted Nematic-LCD,高扭曲向列 LCD)、STN-LCD(Super TN-LCD,超扭曲向列 LCD)和 DSTN-LCD(Double layer STN-LCD,双层超扭曲向列 LCD)。

(2) 主动矩阵式 LCD。

目前应用比较广泛的主动矩阵式 LCD 也称 TFT-LCD(Thin Film Transistor-LCD,薄膜晶体管 LCD)。TFT 液晶显示器是在画面中的每个像素内建晶体管,可使显示更明亮、色彩更丰富及可视面积更宽广。与 CRT 显示器相比,LCD 显示器的平面显示技术体现为较少的零件、占据较少的桌面及较低的耗电量,但 CRT 技术较为稳定成熟。

第 11 章　电　机　控　制

CHAPTER 11

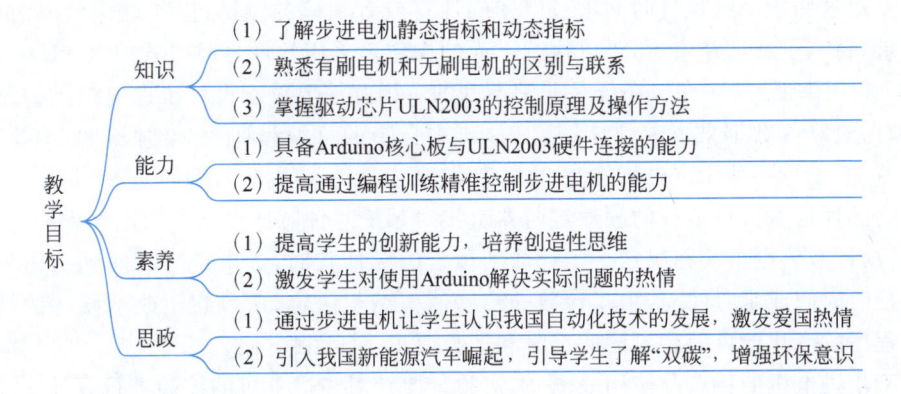

教学目标
- 知识
  - (1) 了解步进电机静态指标和动态指标
  - (2) 熟悉有刷电机和无刷电机的区别与联系
  - (3) 掌握驱动芯片ULN2003的控制原理及操作方法
- 能力
  - (1) 具备Arduino核心板与ULN2003硬件连接的能力
  - (2) 提高通过编程训练精准控制步进电机的能力
- 素养
  - (1) 提高学生的创新能力，培养创造性思维
  - (2) 激发学生对使用Arduino解决实际问题的热情
- 思政
  - (1) 通过步进电机让学生认识我国自动化技术的发展，激发爱国热情
  - (2) 引入我国新能源汽车崛起，引导学生了解"双碳"，增强环保意识

11.1　实验背景

随着数字化技术的发展，数字控制技术得到了广泛而深入的应用，这时出现一种新的电机叫步进电机。步进电机是一种将数字信号直接转换成角位移或线位移的控制驱动元件，具有快速启动和停止的特点。其可以通过人为控制，使步进电机转动一定圈数，并改变电机的转动速度和方向。步进电机不同于标准电机，因为它们的选择是以固定的角度一步步运行的，通过调整电机转动的步数来控制电机的速度和转动精度。步进电机有不同的形式和尺寸，引出线有四、五或六相。

因为步进电机的控制系统结构简单，价格低廉，性能上能满足工业控制的基本要求，所以广泛地应用于手工业自动控制、数控机床、组合机床、机器人、计算机外围设备、照相机、投影仪、数码摄像机、大型望远镜、卫星天线定位系统、医疗器件以及各种可控机械工具等。

直流电机广泛应用于计算机外围设备（如硬盘、软盘和光盘存储器）、家电产品、医疗器械和电动车上。无刷直流电机的转子普遍使用永磁材料组成的磁钢，在航空、航天、汽车、精密电子等行业被广泛应用。在电工设备中的应用，除了直流电磁铁（直流继电器、直流接触器等）外，最重要的就是在直流旋转电机中的应用。在发电厂里，同步发电机的励磁机、蓄电池的充电机等，都是直流发电机；锅炉给粉机的原动机是直流电机。此外，在许多工业应用场合，如大型轧钢设备、大型精密机床、矿井卷扬机、市内电车、电缆设备等严格要求线速度一致的地方，通常都采用直流电机作为原动机来拖动工作机械。直流发电机通常作为直流电源，向负载输出电能；直流电机则作为原动机带动各种生产机械工作，向负载输出机械能。在控制系统中，直流电机还有其他的用途，如测速电机、伺服电机等，它们都是利用电和磁的相互作用来实现向机械能的转换。

步进电机是将电脉冲信号转变为角位移或线位移的开环控制元件。在非超载的情况下，电机的转速、停止的位置只取决于脉冲信号的频率和脉冲数，而不受负载变化的影响，即给电机加一个脉冲信号，电机就转过一个步距角。由于这一线性关系的存在，加上步进电机具有只有周期性的误差而无累积误差等特点，所以步进电机在速度、位置控制等领域应用广泛，使用步进电机后使很多原本复杂的控制变得非常简单。

一般采用软件延时的方法来对步进电机的运行速度、步数及方向进行控制。根据计算机所发出脉冲的频率和数量所需的时间来设计一个子程序，该子程序包含一定的指令，设计者通常要对这些指令的执行时间进行严密的计算或者精确的测试，以便确定延时时间是否符合要求，每当子程序结束后，可以执行下面的操作。采用软件延时方式时，CPU一直被占用，CPU利用率低，这在许多场合是非常不利的。因此需要重新设计步进电机的控制程序，采用PCL-812PG数据采集卡，利用812PG卡中自带的可编程计数/定时器8254及其他逻辑电路器件，设计一种步进电机控制方式，仅需要几条简单的指令就可以产生具有一定频率和数目的脉冲信号。可编程的硬件定时器直接对系统时钟脉冲或某一固定频率的时钟脉冲进行计数，计数值则由编程决定。当计数到预定的脉冲数时，给出定时时间到的信号，得到所需的延时时间或定时间隔，由于计数的初始值由编程决定，所以在不改动硬件的情况下，只通过程序的变化即可满足不同的定时和计数要求，使用很方便。

基于步进电机的特点及使用范围，本实验主要针对步进电机的控制进行设计。

11.2 材料清单及数据手册

11.2.1 材料清单

本实验所用到的材料清单如表11.1所示。

表11.1 材料清单

元器件名称	型号参数规格	数　　量	参考实物图
Arduino 开发板	Uno R3	1	
面包板	840 孔无焊板	1	

续表

元器件名称	型号参数规格	数 量	参考实物图
四相步进电机	工作电压 5V	1	
ULN2003	DIP 封装	1	
电位器	—	1	
面包板专用插线	—	若干	

11.2.2 步进电机数据手册

1. 步进电机的静态指标

相数：产生不同对极 N、S 磁场的激磁线圈对数，常用 m 表示。

拍数：完成一个磁场周期性变化所需脉冲数或导电状态，用 n 表示，或指电机转过一个齿距角所需脉冲数。以四相电机为例，有四相四拍运行方式（即 AB—BC—CD—DA—AB）和四相八拍运行方式（即 A—AB—B—BC—C—CD—D—DA—A）。

步距角：对应一个脉冲信号，电机转子转过的角位移用 θ 表示。$\theta = 360°/$（转子齿数 J×运行拍数），以常规二、四相，转子齿为 50 齿电机为例，四拍运行时步距角为 $\theta = 360°/(50×4) = 1.8°$（俗称整步）；八拍运行时步距角为 $\theta = 360°/(50×8) = 0.9°$（俗称半步）。

定位转矩：在不通电状态下，电机转子自身的锁定力矩（由磁场齿形的谐波以及机械误差造成）。

静转矩：在额定静态电作用下，电机不做旋转运动时，电机转轴的锁定力矩。此力矩是衡量电机体积（几何尺寸）的标准，与驱动电压及驱动电源等无关。

虽然静转矩与电磁激磁安匝数成正比，与定齿转子间的气隙有关，但过分采用减小气隙、增加激磁安匝的方法来提高静力矩是不可取的，这样会造成电机的发热及机械噪声。

2. 步进电机动态指标

步距角精度：步进电机每转过一个步距角的实际值与理论值的误差，用百分比表示：

$$误差/步距角 \times 100\%$$

不同的运行拍数其值不同,四拍运行时应在 5% 之内,八拍运行时应在 15% 以内。

失步:电机运转时运转的步数,不等于理论上的步数。

失调角:转子齿轴线偏移定子齿轴线的角度。电机运转必存在失调角,由失调角产生的误差,采用细分驱动是不能解决的。

最大空载起动频率:电机在某种驱动形式、电压及额定电流下,在不加负载的情况下,能够直接启动的最大频率。

最大空载的运行频率:电机在某种驱动形式、电压及额定电流下,电机不带负载的最高转速频率。

运行矩频特性:电机在某种测试条件下测得的运行中输出力矩与频率关系的曲线称为运行矩频特性,这是电机诸多动态曲线中最重要的一种,也是电机选择的根本依据。矩频关系曲线如图 11.1 所示。电机还有惯频特性、启动频率特性等一些特性。

电机一旦选定,电机的静力矩就被确定,而动态力矩却不然,电机的动态力矩取决于电机运行时的平均电流(而非静态电流),平均电流越大,电机输出力矩越大,即电机的频率特性越硬。

动态力矩与频率关系曲线如图 11.2 所示。其中,曲线 3 电流最大或电压最高;曲线 1 电流最小或电压最低,曲线与负载的交点为负载的最大速度点。要使平均电流大,则尽可能提高驱动电压,采用小电感大电流的电机。

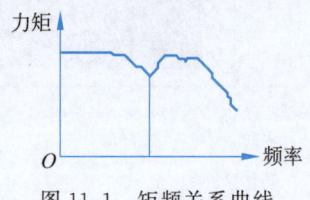

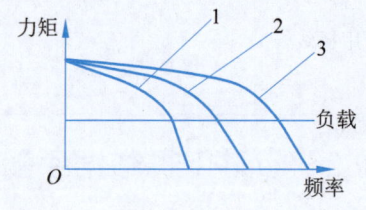

图 11.1 矩频关系曲线　　　　图 11.2 动态力矩与频率关系曲线

3. 步进电机共振点

步进电机均有固定的共振区域,二、四相感应子式步进电机的共振区一般为 180~250pps(步距角 1.8°)或在 400pps 左右(步距角为 0.9°)。电机驱动电压越高,电机电流越大;负载越轻,电机体积越小,则共振区向上偏移,反之亦然。为使电机输出电矩大、不失步和整个系统的噪声降低,一般工作点均应偏移共振区较多。

4. 电机正反转控制

当电机绕组通电时序为 AB—BC—CD—DA 时为正转,通电时序为 DA—CD—BC—AB 时为反转。

5. 步进电机驱动芯片 ULN2003

ULN 是集成高耐压、大电流达林顿管阵列的 IC,由 7 个硅 NPN 达林顿管集成,内部还集成了一个消线圈反电动势的二极管,可用来驱动继电器。它是双列 16 脚封装、NPN 晶体管矩阵,最大驱动电压为 50V,电流为 500mA,输入电压为 5V,适用于 TTL COMS,由达林顿管组成驱动电路。ULN 的饱和压降 VCE 约 1V,耐压 BVCEO 约 36V。

用户输出口的外接负载可根据以上参数估算。采用集电极开路输出,输出电流大,故可直接驱动继电器或固体继电器,也可直接驱动低压灯。通常用单片机驱动 ULN2003 时,接 2kΩ 的上拉电阻较为合适,同时,COM 引脚应该悬空或接电源。ULN2003 是一个非门电路,包含 7 个单元,单独每个单元驱动电流最大可达 350mA。

ULN2003 的每一对达林顿都串联一个 2.7kΩ 的基极电阻,在 5V 的工作电压下能与 TTL 和 CMOS 电路直接相连,可以直接与需要标准逻辑电平的 I/O 相连接。连接时,ULN2003 的 9 引脚可以悬空,1 引脚输入,16 引脚输出,负载接在 VCC 与 16 引脚之间。

ULN2003 是大电流驱动阵列,多用于单片机、智能仪表、PLC、数字量输出卡等控制电路中,其可直接驱动继电器等负载。输入 5V TTL 电平,输出可达 500mA/50V。

步进电机的控制顺序如表 11.2 所示。

表 11.2 步进电机的控制顺序

步	线头 1	线头 2	线头 4	线头 5
1	HIGH	LOW	HIGH	LOW
2	LOW	HIGH	HIGH	LOW
3	LOW	HIGH	LOW	HIGH
4	HIGH	LOW	LOW	HIGH

11.3 硬件连接

步进电机实验连接原理图如图 11.3 所示。具体连接方法为:ULN2003 的引脚 1 连接 Arduino 的端口 8;ULN2003 的引脚 2 连接 Arduino 的端口 9;ULN2003 的引脚 3 连接 Arduino 端口 10;ULN2003 的引脚 4 连接 Arduino 的端口 11;ULN2003 的引脚 8 连接 Arduino 的 GND;ULN2003 的引脚 9 连接 Arduino、电机和电位器的 5V;ULN2003 的引脚 13~16 连接电机的 4 个接线端;电位器的 GND 连接 Arduino 的 GND;电位器的第 3 端连接 Arduino 的 A0。

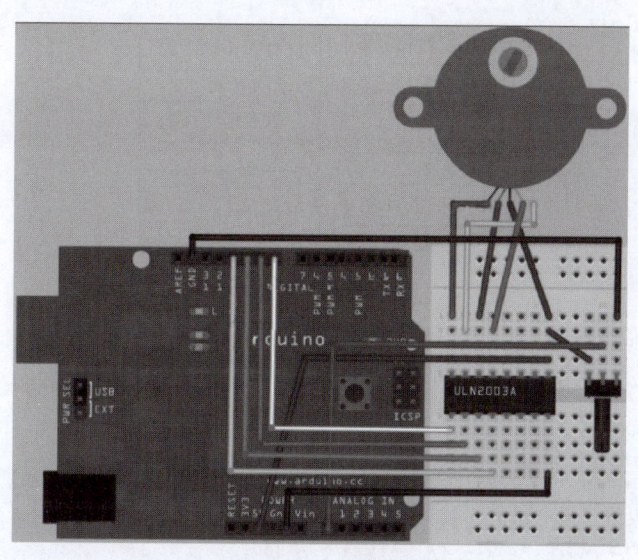

图 11.3 步进电机实验连接原理图

电路原理图如图11.4所示。

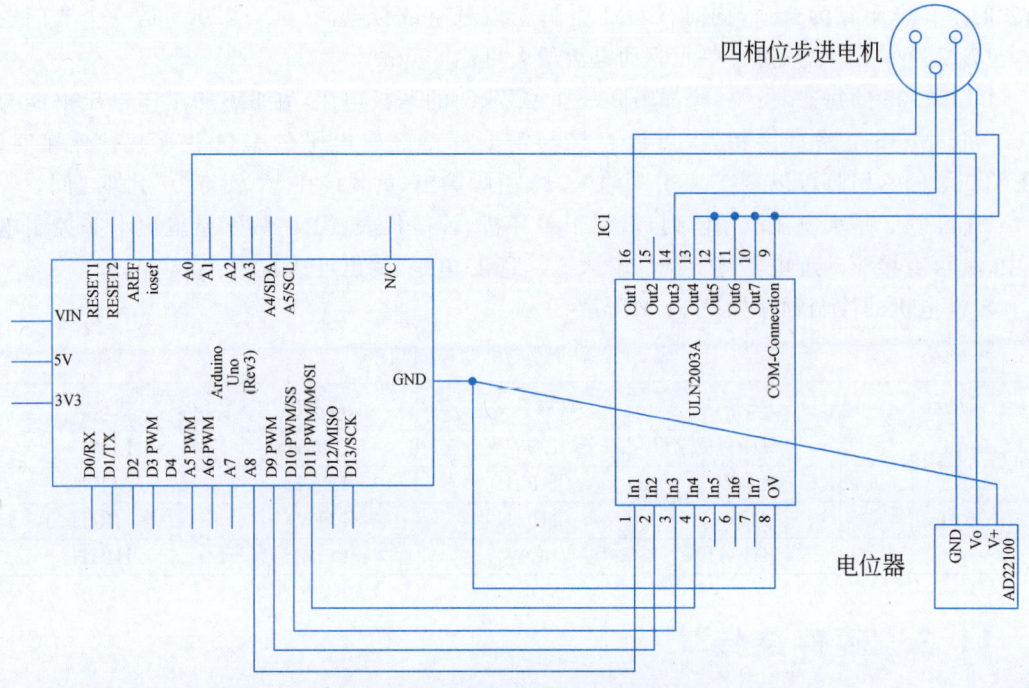

图 11.4　电机控制连接电路原理图

11.4　程序设计

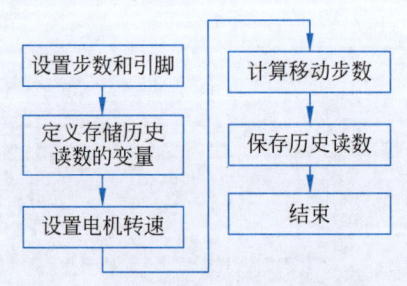

1. 步进电机实验软件流程

步进电机实验软件流程图如图11.5所示。

图 11.5　步进电机实验软件流程图

2. 步进电机实验程序

步进电机实验的参考程序源代码如下：

```
#include <Stepper.h>
//这里设置步进电机旋转一圈是多少步
#define STEPS 100
//attached to 设置步进电机的步数和引脚
stepper stepper(STEPS,8,9,10,11);
//定义变量用来存储历史读数
```

```
int previous = 0;
void setup()
{
//设置电机每分钟的转速为 90 步
stepper.setSpeed(90);
}
void loop()
{
int val = analogRead(0);
//移动步数为当前读数减去历史读数
stepper.step(val - previous);
//保存历史读数
previous = val;
}
```

11.5 调试及实验现象

将实验程序下载到开发板之后可以看到,当转动电位器时步进电机就会转动。

11.6 拓展实验

介绍完步进电机的控制,下面介绍直流电机如何用 Arduino 进行控制。

1. 直流电机的工作原理

直流电机是指能将直流电能转换成机械能的机械设备,因其良好的调速性能而在电力拖动中得到广泛应用。直流电机按励磁方式分为永磁、他励和自励 3 类,其中自励又分为并励、串励和复励 3 种。本节不对直流电机原理进行深入研究,只是大概介绍一下。本实验主要关注直流电机是有刷电机还是无刷电机,因为有刷电机干扰很大,会对 Arduino 以及其他外围芯片造成干扰,甚至会导致芯片复位,所以只从有刷和无刷这两类进行介绍。

(1) 有刷直流电机。

有刷电机的 2 个刷(铜刷或者碳刷)通过绝缘座固定在电机后盖上,直接将电源的正负极引入转子的换相器上,而换相器连通了转子上的线圈,3 个线圈极性不断地交替变换与外壳上固定的 2 块磁铁形成作用力而转动起来。由于换相器与转子固定在一起,而刷与外壳(定子)固定在一起,电机转动时刷与换相器不断地发生摩擦产生大量的阻力与热量。所以,有刷电机效率较低。但是,它具有制造简单、成本低廉的优点。

(2) 无刷直流电机。

无刷直流电机是将普通直流电机的定子与转子进行了互换。其转子为永久磁铁,产生气隙磁通;定子为电枢,由多相绕组组成。在结构上,它与永磁同步电机类似。无刷直流电机定子的结构与普通的同步电机或感应电机相同,在铁芯中嵌入多相绕组(三相、四相、五相不等),绕组可接成星形或三角形,并分别与逆变器的各功率管相连,以便进行合理换相。转子多采用钐钴或钕铁硼等高矫顽力、高剩磁密度的稀土料,由磁极中磁性材料所放位置的不同,可以分为表面式磁极、嵌入式磁极和环形磁极。由于电机本体为永磁电机,所以习惯上把无刷直流电机也称永磁无刷直流电机。

上述分析可知,有刷电机在转动时需要不停地切换线圈,电刷和连接线圈的铜圈不停地摩擦,就会产生电磁干扰和电火花,产生反向电动势,从而导致电压波动。因此,如果电机电源和 Arduino 的驱动电源没有分开,那必然会影响芯片的工作。

2. 驱动芯片

11.3 节中,驱动步进电机用的是 ULN2003。由于只用了 4 个引脚,ULN2003 还有 3 个空闲的驱动引脚。另外,为了使电路简单,就直接用 ULN2003 剩余的一个引脚来驱动。因此,也只能驱动电机朝一个方向转动。

3. 驱动电路

由于使用的是直流电机,干扰较大,驱动电路就要多做一些消除干扰的设计,常见的有在电机两端串联电感、加电容等方法。这里只加了续流二极管和电容,如图 11.6 所示,其中 Arduino 的 12 脚接 ULN2003 的第 7 引脚。

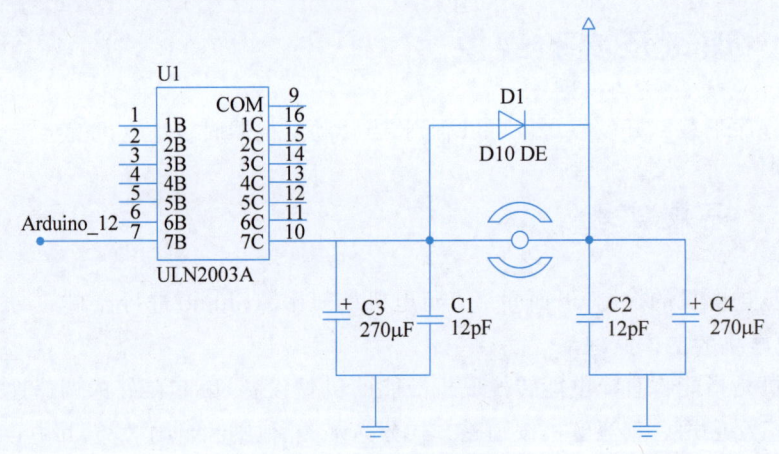

图 11.6 驱动电路原理图

拓展实验的参考程序源代码如下:

```
void setup() {
//初始化数字的引脚为输出
pinMode(13,OUTPUT);
pinMode(12,OUTPUT);
}
void loop() {
digitalWrite(13,HIGH);
digitalWrite(12,HIGH);
delay(50);
digitalWrite(13,LOW);
digitalWrite(12,LOW);
delay(200);
}
```

应该注意的是,实际实验时,Arduino 的 13 引脚用来驱动自带的 LED,这样能看出驱动的频率。当 LED 亮起时,电机转动;当 LED 熄灭时,电机就停转。

11.7 技术小贴士

步进电机分为以下两类。

(1) 单极步进电机。

图 11.7 显示了一个单极步进电机电路简图。可以看到,这里有 4 个线圈(实际有两个,但是中间连线将它们分成两个小线圈)。中间线接到电源,其他两条线接到外部 H 桥驱动 IC 上,第二个线圈的另外两条线接到外部 H 桥上。

(2) 双极步进电机。

图 11.8 显示了一个双极步进电机电路简图。这种电机只有两个线圈没有中间引脚。双极步进电机的步序与单极步进电机相同。

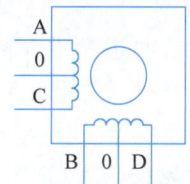

图 11.7 单极步进电机电路简图

图 11.8 双极步进电机电路简图

在生活和工作中,步进电机的身影经常出现,常见应用如下。

1. 电子钟表

石英钟表主要由石英谐振器、集成电路、步进电机(用于指针式)、液晶显示屏(用于数字式)、电池或交流电源组成,此外还包括导电橡胶、微调电容、照明灯、蜂鸣器等元器件。

指针式石英手表中,为了把电信号转变为指针的转动来指示时间,采用了作为换能器的微型步进电机以及齿轮传动系统。

石英钟的石英振荡器多数采用具有较好温度频率特性的 4.19MHz 石英谐振器,也有采用 32 768Hz 石英谐振器的;石英钟内经常附加音乐报时等功能;步进电机具有较大的输出力矩……这些都是为了适应石英钟钟面较大、使用环境复杂等情况而设计的。在指针式石英钟表内,步进电机作为换能器,把秒脉冲信号变成机械轮系的转动,带动指针指示时间。步进电机的特点是功耗低、体积小、转换效率高、结构简单。常用钟表步进电机有双偏心式、单偏心式、双凹坑式和单凹坑式等径向充磁的单相永磁步进电机,另外还有轴向充磁的双定子式步进电机,其中双凹坑式的定子做成一体,结构简单,耗电量低,应用较广。

石英钟使用的步进电机比石英手表的体积稍大,耗电较高,有较大输出力矩。步进电机的转子磁钢采用矫顽力大、剩磁密度大的合金材料(如钐钴合金)等,定子常用坡莫合金,线圈多采用小线径高强度漆包线。

2. 工业机械手

工业机械手是一种模仿人手动作,并按设定的程序、轨迹和要求代替人手抓取、搬运工件或操持工具进行操作的机电一体化自动化装置。

控制系统中用 PLC 来产生控制脉冲,通过 PLC 编程输出一定数量的方波脉冲,控制步进电机的转角进而控制伺服机构的进给量,同时通过编程控制脉冲频率进而控制伺服机构的进给速度。环行脉冲分配器将可编程控制器输出的控制脉冲按步进电机的通电顺序分配到相应的绕组。环行脉冲分配器可分为软件环形分配器和硬件环形分配器。软件环形分配器,即 PLC 利用软件编程轮流输出信号。功率上步进电机要求几十至上百伏特、几安至十几安的驱动能力,因此应该采用驱动器对输出脉冲进行放大。用 PLC 控制三相步进电机的方法简单易行,可靠性高。由于采用了 PLC 控制步进电机技术,所以改变控制参数相当方便,只需改变 PLC 程序中的相应部分即可,而且对任何相数的步进电机都可以使用,在设计方法上简单易行,减少了占用 PLC 的 I/O 口数量,与 PLC 接口时也比较方便,因此不仅减少了控制系统设计的工作量,大大缩短了开发研制周期,节约了开发费用,而且提高了控制系统的柔性和可靠性,具有较高的推广和实用价值。

3. 包装机械

步进电机控制齿轮泵也可以实现精确计量。齿轮泵在输送黏稠体方面得到了广泛的应用,例如糖浆、豆沙、白酒、油料、番茄酱等的输送。

齿轮泵计量是靠一对齿轮啮合转动计量的,物料通过齿与齿的空间被强制从进料口送到出料口。动力来自步进电机,步进电机转动的位置及速度由可编程控制器控制,计量精度高于活塞泵的计量精度。步进电机适于在低速下运行,当速度加快时,步进电机的噪声会明显加大,其他经济指标会显著下降。对于转速比较高的齿轮泵来说,选用升速结构比较好。在黏稠体包装机上开始采用的是步进电机直联齿轮泵的结构,结果噪声难以避免,可靠性下降;后来采用直齿轮升速的办法,降低了步进电机的速度,噪声得到了控制,可靠性也有所提高,计量度得到了保证。

在制袋、充填、封口为一体的包装机中,要求包装用塑料薄膜定位定长供给,无论间歇供给还是连续供给,都可以用步进电机来可靠完成。采用步进电机与拉带滚轮直接连接,不仅结构得到了简化,而且调节极为方便,通过控制面板上的按钮就可以实现;这样既节省了调节时间,又节约了包装材料。在间歇式包装机中,包装材料的供送控制可以采用两种模式:袋长控制模式和色标控制模式。袋长控制模式适用于不带色标的包装膜,通过预先设定步进电机转速的方法实现,占空比的设定通过拨码开关就可以实现;色标模式配备有光电开关来检测色标的位置,当检测到色标时,发出控制开关信号,步进电机接到信号后,停止转动,延时一定时间后,再转动供膜,周而复始,保证按照色标的位置定长供膜。横封轮每转一周的总时间与横封所需要的时间都是恒定的,要满足速度同步的要求,可以将步进电机一周内的转速分成两部分:一部分首先满足速度同步的要求,而另外空载的部分满足一周总时间的要求。为了保证良好的封口质量,还可以通过步进电机对横封轮实现非恒速的控制模式,就是在横封的每一点上都实现速度同步。

4. 矿井提升

基于步进电机独特的优点,将其应用于矿井提升中,可以实现矿井提升系统的自动控制,实现无人值守提升系统。

矿井提升中步进电机的控制过程为:首先提升机减速接近爬行阶段,速度降至 3m/s 左右时,自动控制系统自动接通电磁阀。电磁阀杆在电磁力的作用下克服阀杆下端弹簧的弹力下移,使压缩空气由 A 腔进入 B 腔,通过减速器的空心轴进入气囊离合器,使微拖装置与主机连接起来。当速度继续降至爬行速度时,控制电路切断主电机动力制动电源,提升机改由步进电机拖动,进行平稳的低速爬行。提升容器到达终点,进行卸载时,控制电路使电磁阀断电，步进电机与主机脱离，完成一次爬行过程，接下来进行下一周期的工作。经过改进，大大降低卸载时事故的发生率，提高煤矿生产的安全，并且为后来煤矿进行自动化生产奠定了基础。

5. 汽车测试

许多汽车制动元件的检测，例如液压制动系统中制动主缸助力器总成的检测、气压制动系统中气制动阀的检测，在测试系统中需要用到电机推动滚珠丝杠来模拟实际汽车制动时踩下制动踏板进行制动的过程，滚珠丝杠推动主缸或者制动阀使其达到汽车制动时所需要的各种工作状态，以便测试各种性能。步进电机角位移与输入脉冲严格成正比关系，在其运动过程中没有累计误差，跟随性良好，因此是汽车制动元件测试系统中性能较好的执行元件。测试系统硬件组成有位移传感器、力传感器及步进电机；控制核心采用工控机和数据采集卡。

步进电机通过联轴器驱动滚珠丝杠构成加力装置，力传感器安装在丝杠顶杆前端，用于测量步进电机输出力矩"被测试件输入力"的大小，数据经由 A/D 转换送工控机处理；工控机控制步进电机的启动、前进、后退、停止，并按测试程序控制前进和后退的速度；同时由位移传感器测量出步进电机的位移量，并将力和位移的相应数据通过显示器显示出来，根据相关行业标准来判断气制动阀合格与否。

第 12 章　蓝牙通信

CHAPTER 12

教学目标

- 知识
  - (1) 了解HC-06蓝牙模块的参数和引脚功能
  - (2) 熟悉蓝牙管理软件Amarino的功能和操作
  - (3) 掌握编程常用的判断语句和循环语句
- 能力
  - (1) 增强学生针对蓝牙模块进行程序设计的能力
  - (2) 提高学生使用Amarino软件调试程序的能力
- 素养
  - (1) 通过蓝牙的学习，提高学生学习无线通信的兴趣
  - (2) 通过蓝牙的应用，培养学生的创新思维和实践能力
- 思政
  - (1) 激发学生的好奇心，培养不畏艰难、坚持不懈的探索精神
  - (2) 激励学生积极了解我国5G技术发展，激发学生的爱国热情

视频讲解

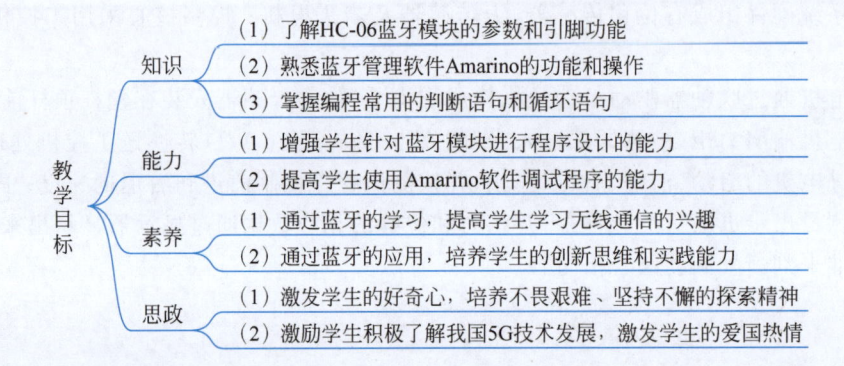

12.1　实验背景

蓝牙(Bluetooth)是一种支持设备短距离(一般 10m 内)通信的无线电技术，能在包括移动电话、PDA、无线耳机、笔记本电脑、相关外设等众多设备之间进行无线信息交换。蓝牙对于手机乃至整个 IT 业而言，已经不仅仅是一项简单的技术，而是一种概念。

为什么要选择蓝牙无线技术呢？蓝牙无线技术是在两个设备间进行无线短距离通信最简单、最便捷的方法。它广泛应用于世界各地，可以无线连接手机、笔记本电脑、汽车、立体声耳机、MP3 播放器等多种设备。由于有了"配置文件"这一独特概念，蓝牙产品不再需要安装驱动程序软件。

蓝牙技术是一项即时技术，它不要求固定的基础设施，且易于安装和设置，不需要电缆即可实现连接。新用户使用亦不费力——只需拥有蓝牙产品，检查可用的配置文件，将其连接至使用同一配置文件的另一个蓝牙设备即可，后续的 PIN 码流程就如同在 ATM 上操作一样简单。

Arduino 同样支持蓝牙通信，只需要安装一个蓝牙串口模块，该模块有 4 个接线引脚，分别是电源 5V、GND 和串口通信收发端 TX、RX。实际上，这个蓝牙模块相当于 Arduino 与其他设备进行通信的桥梁，利用这个蓝牙模块，可以代替 USB 线将 Arduino 连接到计算机上，也可以让 Arduino 连接其他拥有蓝牙功能的设备。

目前智能手机大多具有蓝牙功能，蓝牙是一种传输距离非常短的无线通信方式，一般只有几米，但是由于其建立连接简单，支持全双工传输且传输速率快，一般应用在移动电话、笔记本电脑、无线耳机和 PDA 等设备上。

本次实验通过蓝牙实现 Arduino 与手机之间的简单通信。

12.2 材料清单及数据手册

12.2.1 材料清单

本实验所用到的材料如表 12.1 所示。

表 12.1 材料清单

元器件名称	型号参数规格	数量	参考实物图
Arduino 开发板	Uno R3	1	
蓝牙模块	HC-06	1	
面包板	840 孔无焊板	1	
面包板专用插线	—	若干	

12.2.2 蓝牙模块数据手册

本实验中用到的蓝牙模块为 HC-06 从模块。该模块的 4 个引脚分别为 VCC、GND、TXD 和 RXD。预留 LED 状态输出引脚,单片机可通过该引脚状态判断蓝牙是否已经连接。以下是该模块的其他性能参数。

(1) 用 LED 指示蓝牙连接状态,闪烁表示没有蓝牙连接,常亮表示蓝牙已连接并打开了端口。

(2) 底板 3.3V LDO,输入电压 3.6~6V,未配对时电流约 30mA,配对后约 10mA,输入电压禁止超过 7V。

(3) 接口电平 3.3V,可以直接连接各种单片机(51、AVR、PIC、ARM、MSP430 等),5V 单片机也可直接连接,无须 MAX232,也不能经过 MAX232 进行电平转换。

(4) 空旷地有效距离 10m,超过 10m 也可能传输但必须保证连接质量。

(5) 配对以后可作为全双工串口使用,无须了解任何蓝牙协议,但仅支持"8 位数据位、1 位停止位、无奇偶校验"的通信格式,这是最常用的通信格式,不支持其他格式。

(6) 未建立蓝牙连接时,支持通过 AT 指令设置波特率、名称、配对密码,设置参数掉电保存,蓝牙连接以后自动切换到透传模式。

(7) HC-06 模块为从机模块,从机能与各种带蓝牙功能的计算机、蓝牙主机、大部分带蓝牙的手机、PDA、PSP 等智能终端配对,从机之间不能配对。

(8) TXD 为发送端,一般表示为自己的发送端,正常通信必须接另一个设备的 RXD; RXD 为接收端,一般表示为自己的接收端,正常通信必须接另一个设备的 TXD;正常通信时,本身的 TXD 永远接设备的 RXD。

(9) 自收自发。正常通信时 RXD 接其他设备的 TXD,因此,如果要接收自己发送的数据,则自身的 TXD 直接连接到 RXD,用来测试本身的发送和接收是否正常,是最快最简单的测试方法。当出现问题时首先应测试是否为产品故障,该测试方法也称回环测试。

12.3 硬件连接

Arduino 与蓝牙模块连接原理图如图 12.1 所示,Arduino 与蓝牙模块连接方法如下。

(1) 蓝牙模块的 VCC 连接 Arduino 的 5V。
(2) 蓝牙模块的 GND 连接 Arduino 的 GND。
(3) 蓝牙模块的 TXD 发送端连接 Arduino 的 RX。
(4) 蓝牙模块的 RXD 接收端连接 Arduino 的 TX。

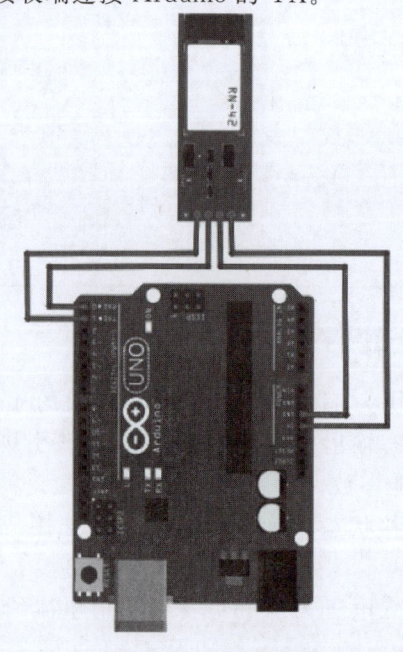

图 12.1 Arduino 与蓝牙模块连接原理图

电路原理图如图 12.2 所示。

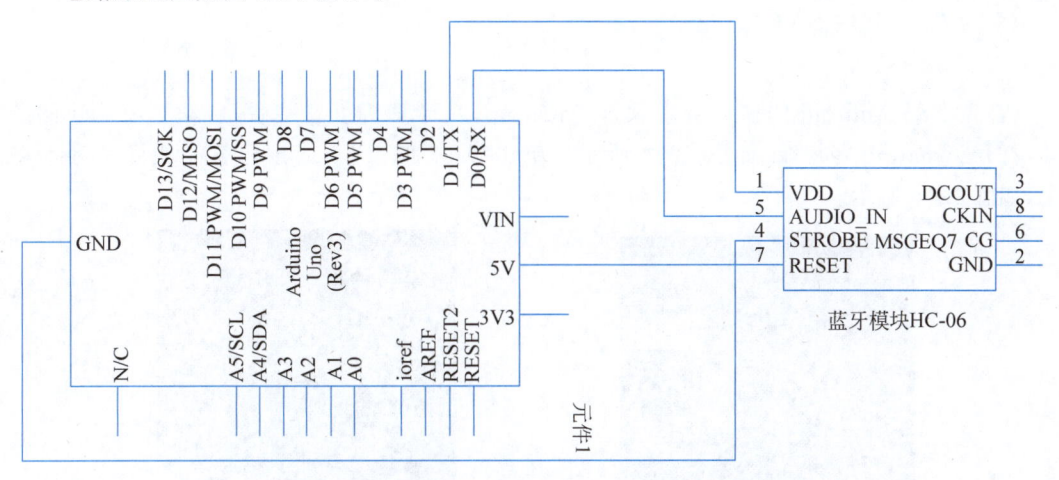

图 12.2　Arduino 与蓝牙模块连接电路原理图

硬件连接好后,将 Arduino 上电,如果蓝牙的指示灯闪烁,则表明没有连接上设备,如图 12.3 所示。如果 LED 常亮,表明 Arduino 上的蓝牙模块已经和 Android 手机实现连接。

图 12.3　Android 手机与 Arduino 上的蓝牙模块正常连接

12.4　程序设计

蓝牙通信实验的参考程序源代码如下:

```
void setup()
{
Serial.begin(9600);
}
void loop()
{
while(Serial.available())
{
char c = Serial.read();
if(c == 'A')
{
Serial.println("Hello I am amarino");
}
}
}
```

12.5　调试及实验现象

首先下载 Android 的蓝牙管理软件 Amarino,在计算机上安装后,启动 Android 的蓝牙,打开 Amarino 客户端,如图 12.4 所示。单击 Add BT Device 按钮就能找到蓝牙的名字,如图 12.5 所示。

图 12.4　Amarino 客户端 　　　　图 12.5　客户端中显示的蓝牙名字

单击 Connect 按钮后,会弹出输入 PIN 的对话框,蓝牙默认 PIN 为 1234,图 12.6 为连接成功后的界面。

单击 Monitoring 按钮可以看到蓝牙的连接信息,如图 12.7 所示。

图 12.6　连接成功后的界面 　　　　图 12.7　蓝牙连接信息

连接成功之后,就要看数据发送是否正常。这里直接单击 Send 按钮就可以实现发送,如图 12.8 所示。

当 Arduino 接收到 A 符号时,就会在 COM 口输出对应内容,表明蓝牙通信正常,实验结果如图 12.9 所示。

图 12.8　发送示意图

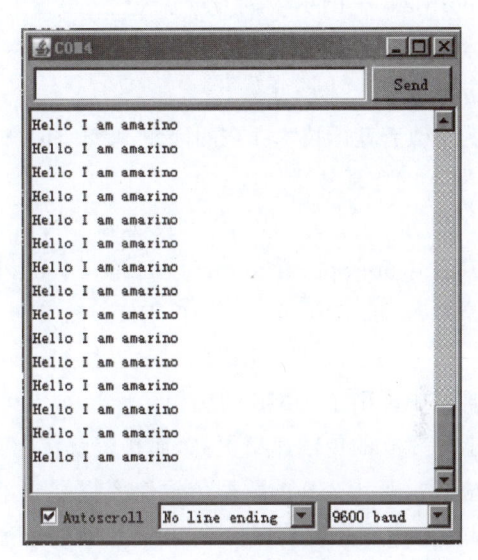

图 12.9　通信正常示意图

12.6　技术小贴士

1. 蓝牙版本

早在 1994 年,爱立信公司就开始研发蓝牙技术了。经过多年的发展,蓝牙由最初的一家公司研究逐渐成为现在拥有全球性的技术联盟和推广组织。蓝牙的低功耗、低成本、安全稳定并易于使用的特性,使得蓝牙在全球范围使用非常广泛,蓝牙标志如图 12.10 所示。

截至 2024 年 3 月,蓝牙共有 13 个版本:V1.1/1.2/2.0/2.1/3.0/4.0/4.1/4.2/5.0/5.1/5.2/5.3/5.4。从通信距离来看,不同版本可再分为 Class A(1)/Class B(2)。

V1.1 为最早期版本,传输速率为 748~810kb/s,早期设计容易受到同频率产品的干扰,从而影响通信质量。

V1.2 的传输速率也为 748~810kb/s,但采用软件方法改善了抗干扰跳频功能。

图 12.10　蓝牙标志

- Class A 用在大功率、远距离的蓝牙产品上,但因成本高、耗电量大,不适合于个人通信产品(手机、蓝牙耳机、蓝牙 Dongle 等),故多用在部分商业特殊用途上,通信距离为 80~100m。
- Class B 是最流行的制式,通信距离为 8~30m,多用于手机、蓝牙耳机、蓝牙 Dongle 等个人通信产品,耗电量小,体积小,方便携带。

V1.1/1.2 版本的蓝牙产品，基本上可以支持 Stereo 音效的传输，但只能工作在单工模式，加上音频响应不够宽，不能算是最好的 Stereo 传输工具。

版本 2.0 是 1.2 的改良提升版，传输速率为 1.8～2.1Mb/s，开始支持双工模式——一方面用于语音通信，另一方面传输档案/高像素图片，2.0 版本当然也支持 Stereo 传输。

应用最为广泛的是 Bluetooth 2.0+EDR 标准，该标准在 2004 年已经推出，支持 Bluetooth 2.0+EDR 标准的产品也于 2006 年大量出现。虽然 Bluetooth 2.0+EDR 标准在技术上作了大量的改进，但从 1.x 标准延续下来的配置流程复杂和设备功耗较高的问题依然存在。

为了改善蓝牙技术存在的问题，蓝牙 SIG(Special Interest Group)推出了 Bluetooth 2.1+EDR 版本的蓝牙技术。

2009 年 4 月 21 日，蓝牙技术联盟(Bluetooth SIG)正式颁布了新一代标准规范 Bluetooth Core Specification Version 3.0 High Speed(蓝牙核心规范 3.0 版)。蓝牙 3.0 的核心是 Generic Alternate MAC/PHY(AMP)，这是一种交替射频技术，允许蓝牙协议栈针对任一任务动态地选择正确的射频。最初被期望用于规范的技术包括 802.11 以及 UMB，但是规范中取消了 UMB 的应用。

蓝牙 3.0 的传输速率更高，而秘密就在 802.11 无线协议上。通过集成 802.11 PAL(协议适应层)，蓝牙 3.0 的数据传输速率提高到了约为 24Mb/s(可在需要的时候调用 802.11 Wi-Fi 用于实现高速数据传输)。在传输速率上，蓝牙 3.0 是蓝牙 2.0 的 12 倍，可以轻松用于录像机至高清电视、计算机至 PMP、UMPC 至打印机之间的资料传输。

在功耗方面，通过蓝牙 3.0 高速传送大量数据自然会消耗更多能量，但由于引入了增强电源控制(EPC)机制，再辅以 802.11，实际空闲功耗会明显降低，蓝牙设备的待机耗电问题已得到初步解决。

此外，该规范还具备通用测试方法(GTM)和单向广播无连接数据(UCD)两项技术，并且包括了一组 HCI 指令以获取密钥长度。

配备了蓝牙 2.1 模块的计算机，理论上通过升级固件也可以支持蓝牙 3.0。

蓝牙 4.0 包括 3 个子规范，即传统蓝牙技术、高速蓝牙技术和蓝牙低功耗技术。蓝牙 4.0 的改进之处主要体现在电池续航时间、节能和设备种类 3 方面，具有低成本、跨厂商互操作性、3ms 低延时、100m 以上超长传输距离、AES-128 加密等诸多特色。

蓝牙 4.0 版本涵盖了 3 种蓝牙技术，继承了蓝牙技术无线连接的所有固有优势，同时增加了低耗能蓝牙和高速蓝牙的特点，尤以低耗能技术为核心，大大拓展了蓝牙技术的市场潜力。低耗能蓝牙技术为以纽扣电池供电的小型无线产品及传感器进一步开拓医疗保健、运动与健身、保安及家庭娱乐等市场提供新的机会。

蓝牙 4.0 已经走向了商用，在 Galaxy S4、iPad 4、MacBook Air、Moto Droid Razr、HTC One X 以及台商 ACER AS3951 系列/Getway NV57 系列、ASUS UX21/31 系列、iPhone 5S 上都已应用了蓝牙 4.0 技术。作为积极参与蓝牙 4.0 规范制定和修改的厂商，woowi 已于 2012 年 6 月率先发布全球第一款蓝牙 4.0 耳机(woowi hero)。

蓝牙 5.0 在低功耗模式下具备更快、更远的传输能力，传输速率是蓝牙 4.2 的 2 倍(速率上限为2Mb/s，有效传输距离是蓝牙4.2的4倍（理论上可达300m），数据包容量是蓝牙4.2的8倍。蓝牙5.0支持室内定位导航功能，结合Wi-Fi可以实现精度小于1m的室内定位。针对物联网（IoT）进行底层优化，力求以更低的功耗和更高的性能为智能家居服务。

蓝牙5.0支持Mesh网络。Mesh网状网络是一项独立研发的网络技术，它能够将蓝牙设备作为信号中继站，将数据覆盖到非常大的物理区域，兼容蓝牙4和5系列的协议。传统的蓝牙连接是通过一台设备到另一台设备的"配对"实现的，建立"一对一"或"一对多"的微型网络关系。而Mesh网络能够使设备实现"多对多"的关系。Mesh网络中每个设备节点都能发送和接收信息，只要有一个设备连上网关，信息就能够在节点之间被中继，从而让消息传输至比无线电波正常传输距离更远的位置。这样，Mesh网络就可以分布在制造工厂、办公楼、购物中心、商业园区以及更广的场景中，为照明设备、工业自动化设备、安防摄像机、烟雾探测器和环境传感器提供更稳定的控制方案。

蓝牙5.1技术规范利用测向功能检测蓝牙信号方向，进而提升位置服务。借助蓝牙测向功能，开发者能够将实现厘米级定位精度的产品推向市场。Bluetooth Local Services用RSSI来测量两个设备的距离，在RTLS（Real Time Location System）和IPS（Intrusion Prevention System）场景中，用三遍测距和测向技术就可以达到厘米级别的定位。

蓝牙5.2在2020年年初面世，其核心目标是提升音频体验。这一版本引入了蓝牙低功耗功率控制，优化了低功耗设备的能耗。同时，低复杂度通信编解码器（LC3）的加入，为用户带来了更高品质的音频体验，改善了音乐和游戏的流媒体效果。这些新特性共同支持了蓝牙Auracast的功能，使得用户可以从单一设备实现多点音频流的传输。蓝牙5.2还推出了增强型属性协议（EATT），解决了以往蓝牙设备在传输状态和功能信息时的低效问题。EATT使得数据交换过程更为简洁和高效，优化了通信渠道。此外，蓝牙5.2还引入了跨传输密钥派生（CTKD），这是一个简化了多设备加密密钥管理的新协议，有效增强了安全性。

蓝牙5.4作为最新的版本，于2023年年初正式亮相。这个版本在增强蓝牙功能方面迈出了新步伐，特别是在低功耗设备之间实现了更高效、双向且安全的通信。以下是蓝牙5.4的一些关键新功能。

（1）带响应的周期性广播（PAwR）：这项技术允许以小数据包的形式广播信息，并在子事件中进行传输，以便与观察者同步并获取反馈。这种方法让观察者可以在特定时刻收到广播数据的响应，有效节省电源。

（2）加密广播数据：这是一种标准化的广播数据加密方法，支持对传输的数据进行部分或完整加密。这样，所有支持蓝牙的设备都能接收到广播数据，但只有拥有相应解密密钥的授权设备才能够访问加密部分的内容。

（3）低功耗GATT安全级别特征：该特性允许设备在尝试访问某些属性之前声明所需的通信安全级别。如果设备未达到这一安全级别，客户端将会被提示升级以获取访问权限。这一机制避免了在应用程序切换过程中的中断，确保了更流畅、更安全的用户体验。

（4）广播码选择：该功能赋予主设备在向控制器传输广播数据时选择使用的编码系

的能力。这一增强功能可以更灵活地平衡数据传输速率和通信范围,从而根据具体的通信需求来优化性能。

蓝牙5.4的这些进步尤其适用于需要高容量、大量设备连接和同步的使用场景,如零售电子货架标签(ESL)应用。同时,这些特性也将广泛应用于消费电子产品,例如耳机等。

2. 蓝牙的应用

1) 居家

通过使用蓝牙技术产品,人们可以免除居家办公电缆缠绕的苦恼。鼠标、键盘、打印机、膝上型计算机、耳机和扬声器等均可以在计算机环境中无线使用,这不但增加了办公区域的美感,还为室内装饰提供了更多创意和自由(如将打印机放在壁橱里)。此外,通过在移动设备和家用计算机之间同步联系人和日历信息,用户可以随时随地存取最新的信息。

蓝牙设备不仅可以使居家办公更加轻松,还能使家庭娱乐更加便利:用户可以在30英尺(约9m)以内无线控制存储在计算机或Apple iPod上的音频文件;还可以用在适配器中,允许人们从相机、手机、便携式计算机向电视发送照片,与朋友共享。

2) 工作

过去的办公室因各种电线(如从为设备供电的电线到连接计算机至键盘、打印机、鼠标和PDA的电缆)纠缠不清,无不导致一个杂乱无序的工作环境。在某些情况下,这会增加办公室的安全隐患,如员工可能会被电线绊倒或被电缆缠绕。通过蓝牙无线技术,办公室里再也看不到凌乱的电线,整个办公室也像一台机器一样有条不紊地高效运作。PDA可与计算机同步以共享日历和联系人列表,外围设备可直接与计算机通信,员工可通过蓝牙耳机在整个办公室区域内行走时接听电话,所有这些都无须电线连接。

蓝牙技术的用途不仅限于解决办公室环境的杂乱问题。启用蓝牙的设备能够创建自己的即时网络,让用户能够共享演示文稿或其他文件,不受兼容性或电子邮件访问的限制。利用蓝牙设备能方便地召开小组会议,通过无线网络与其他办公室进行对话,并将白板上的构思传送到计算机。

越来越多的移动销售设备支持蓝牙功能,销售人员也得以使用手机进行连接并通过GPRS、EDGE或UMTS移动网络传输信息;用户可以使用蓝牙技术将移动打印机连接至膝上型计算机,现场为客户打印收据。不管是在办公室,还是在餐桌上或是在途中,都可以进行文书处理,缩短等待时间,为客户实现无缝事务处理。

蓝牙技术提高物流效率。通过使用蓝牙技术连接,货运巨擘UPS和FedEx已成功减少了需要置换的线缆的使用,并显著提高了工人的效率。

3) 娱乐

玩游戏、听音乐、结交新朋友并与朋友共享照片——越来越多的消费者希望能够方便及时地享受各种娱乐活动,而又不愿再忍受电线的束缚。蓝牙无线技术是一种能够真正实现无线娱乐的技术。内置蓝牙技术的游戏设备,让用户能够在任何地方——地下通道、飞机场或起居室与朋友展开游戏竞技。由于不需要任何电线,玩家能够轻松地发现对方,甚至可以匿名查找,然后开始令人愉快的游戏。

蓝牙无线技术实现了使用无线耳机方便地欣赏MP3播放器里的音乐,抛弃在人们使用跑步机、驾驶汽车或在公园游玩时妨碍的电线。发送照片到打印机或朋友的手机也非常简单。很多商店提供打印站服务，让消费者能够通过蓝牙连接打印手机上的照片。

在下山的斜坡路上无线欣赏音乐，并停下来进行通话。制造商能使用蓝牙技术将 MP3 播放器手机连接到内置了立体声耳机的滑雪头盔和帽子上。

在山上，通过蓝牙将 GPS 设备连接到 PDA 上，就能知道身在何处。地理寻宝和徒步旅行爱好者期待着启用蓝牙设备来帮助他们确定路线和跟踪行程。

不管是在等待公共汽车还是乘坐火车，都可以使用蓝牙技术打发时间。对于装有游戏的设备，可搜索启用类似设置的设备来进行多人游戏。使用在蓝牙电话上运行的软件应用程序，查找身边有相同兴趣的其他人，或只是用于识别那些在日常路线上遇到的蓝牙设备。

第 13 章 Wi-Fi 无线数据传输

CHAPTER 13

教学目标
- 知识
  - (1) 了解Wi-Fi技术的发展历史及其特点，对Wi-Fi无线通信形成基础认知
  - (2) 熟悉TLN13UA60模块的硬件性能指标、软件工作模式与网络协议
  - (3) 掌握Arduino开发板与TLN13UA60的连接方式、无线通信实验的程序编写
- 能力
  - (1) 具备使用TLN13UA60模块完成无线通信项目的能力
  - (2) 具备将TLN13UA60模块扩展至其他项目应用的能力
- 素养
  - (1) 通过本节实验，培养学生对无线通信电子设备设计的浓厚兴趣
  - (2) 通过实际操作与程序编写，培养学生的实践素养
- 思政
  - (1) 了解无线通信技术的原理和应用，思考技术发展对人类生活、社会带来的影响
  - (2) 思考推动科技进步的同时如何保护个人隐私和数据安全，意识到国家安全的重要性

13.1 实验背景

随着互联网越来越深入地走进人们的生活，用户对能够随时随地上网的需求越来越迫切，Wi-Fi 无线通信技术得到了迅速发展。

Wi-Fi(Wireless Fidelity)是无线局域网(WLAN)技术——IEEE 802.11 系列标准的商用名称。IEEE 802.11 系列标准主要包括 IEEE 802.11/a/b/g/n/ac/ax 6 种。Wi-Fi 是由 AP(Access Point)和无线网卡组成的无线网络。AP 一般称为网络桥接器或接入点，被当作传统的有线局域网络与无线局域网络之间的桥梁，因此，任何一台装有无线网卡的计算机均可通过 AP 去分享有线局域网络甚至广域网络的资源。

Wi-Fi 技术的主要优点是无线接入、高速传输以及传输距离较远。其中，802.11ac 可以将 WLAN 的传输速率由 802.11n 提供的 300Mb/s 提升到 1Gb/s。在开放性区域通信距离可达 305m，在封闭性区域通信距离为 76～122m，方便与现有的有线以太网整合，组网的成本较低。在 IEEE 802.11/a/b/g/n 标准下 Wi-Fi 设备使用的频段为 2.4～2.4835GHz 的 ISM 频段，在 IEEE 802.11/ac 标准下 Wi-Fi 设备使用的频段为 5GHz，在频率资源上不存在限制，因此，使用成本低廉也成为 Wi-Fi 技术的又一优势。

有没有遇见这些情况：在上班时想起忘了关自家的电灯；想在回家前半小时打开家里的热水器；想知道自家的室温有多高，湿度是多少。下面这个实验将一一来解决。

13.2 材料清单及数据手册

13.2.1 材料清单

本实验所用到的材料清单如表 13.1 所示。

第13章 Wi-Fi无线数据传输

表 13.1 材料清单

元器件名称	型号参数规格	数　　量	参考实物图
Arduino 开发板	Uno R3	1	
串口 Wi-Fi 模块	TLN13UA60（或 ESP8266）	1	
面包板专用插线	—	若干	

13.2.2　Wi-Fi 模块数据手册

本实验中采用串口 Wi-Fi 模块，型号为 TLN13UA60。该模块体积小，单 3.3V 供电，功耗较低，支持硬件 RTS/CTS 流控，支持快速联网、无线漫游及节能模式，支持自动和命令两种工作模式，详细的技术性能指标如表 13.2 所示。

表 13.2　TLN13UA60 模块技术规格

模块结构	项　　目	参　　数
无线部分	无线标准	IEEE 802.11b/g
	频率范围	2.412～2.484GHz
	接收灵敏度	802.11b：−82dBm @ 11Mb/s（典型值） 802.11g：−68dBm @ 54Mb/s（典型值）
	数据速率	802.11b：1、2、5.5、11Mb/s 802.11g：6、9、12、18、24、36、48、54Mb/s
	调制方式	DSSS、OFDM、DBPSK、DQPSK、CCK、QAM16/64
	输出功率	802.11b：(15±2)dBm（典型值） 802.11g：(10±2)dBm（典型值）
	天线接口	IPX/微带天线
硬件部分	接口类型	UART
	接口速率（波特率）	1200～115 200b/s
	工作电压	(3.3±0.3)V
	功耗	420mW（典型值）
	工作湿度	5%～90%（无凝结）
	存储温度	−55～+125℃
	工作温度	−20～70℃
	外形尺寸	37mm×20mm

续表

模块结构	项　　目	参　　数
软件部分	网络类型	Infra/Ad-hoc
	认证方式	OPEN/WPA-PSK/WPA2-PSK
	加密方式	WEP64/WEP128/TKIP/CCMP（AES）
	工作模式	自动模式/命令模式
	串口命令	AT＋指令集
	网络协议	TCP/UDP/ARP/ICMP/DHCP/DNS/HTTP
	Socket 连接	最大连接数,15
	TCP 连接	最大连接数,16；最大 Client 数,16；最大 Server 数,4；本端 Server 最大接入 Client 数,4
	UDP 连接	最大连接数,4
	数据吞吐率	约 11kb/s（TCP@115 200b/s）

13.3　电路连接及通信初始化

Wi-Fi 无线通信实验的硬件连接如图 13.1 所示。Arduino 板与 TLN13UA60 Wi-Fi 模块通过串口相连接,采用 Android 手机的 Wi-Fi 功能与 TLN13UA60 模块进行 Wi-Fi 通信,以验证 Wi-Fi 无线通信功能。

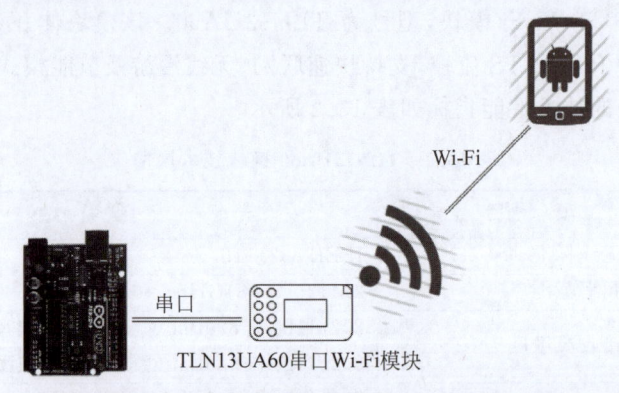

图 13.1　Wi-Fi 无线通信实验的硬件连接

串口 Wi-Fi 模块与 Arduino 的连接原理图如图 13.2 所示,图中左侧器件即为串口 Wi-Fi 模块。具体连接方法：串口 Wi-Fi 模块的 RXD 连接 Arduino 的 TX；串口 Wi-Fi 模块的 TXD 连接 Arduino 的 RX；串口 Wi-Fi 模块的 3V3 连接 Arduino 的 3.3V；串口 Wi-Fi 模块的 GND 连接 Arduino 的 GND。

本实验要测试的是 Wi-Fi 无线通信功能。在硬件电路连接好后,首先要配置无线网络基本参数,完成设备的初始化工作,模块及网络初始化步骤如下。

第一步：给模块供电。模块上电之后,就会出现一个名为 wifi-socket 的网络,用手机可搜索到该网络。单击 wifi-socket 按钮(出厂设置是不需要用户名和密码的),可直接接入。

第二步：打开 Android 平台的网络调试,此处使用"有人网络助手"App 作为手机端。选择 udp client,然后选择"添加"选项,并正确填写相关参数,如图 13.3 所示。

第三步：单击"增加"按钮,完成添加网络连接,网络参数初始化结束。

第13章 Wi-Fi无线数据传输 161

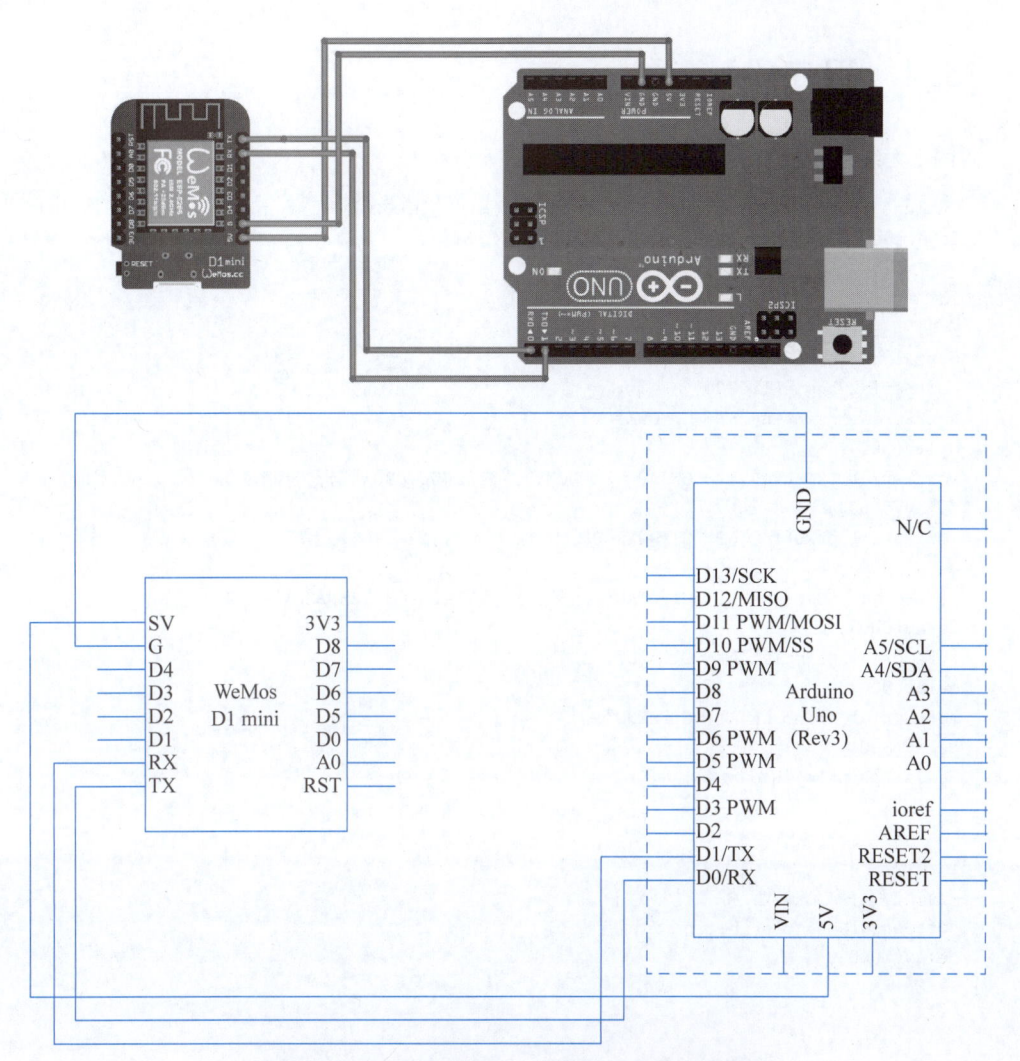

图 13.2 串口 Wi-Fi 模块与 Arduino 的连接原理图

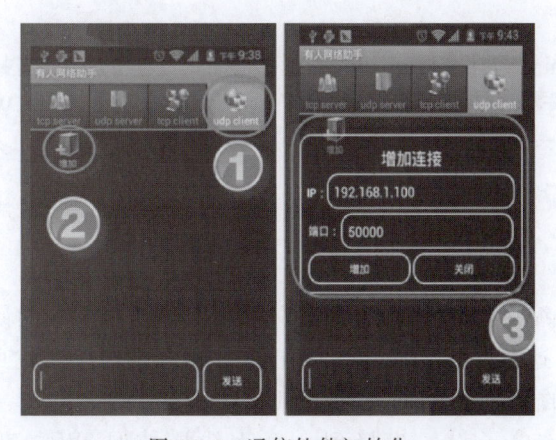

图 13.3 通信软件初始化

13.4　程序设计

Wi-Fi 无线通信实验参考程序的源代码如下：

```
#include <SoftwareSerial.h>          //设置软串口使用的引脚
SoftwareSerial softSerial(7, 8);     //7 为 RX, 8 为 TX

void setup() {
  //将初始化程序放在此处,将会只运行一次
  Serial.begin(9600);
  softSerial.begin(115200);
  softSerial.println("AT+CWMODE=1");
  delay(500);
  softSerial.println("AT+CWJAP=\"PDCN\",\"1234567890\"");
  delay(5000);
  softSerial.println("AT+CIPMUX=0");
  delay(500);
  softSerial.println("AT+CIPSTART=\"TCP\",\"192.168.123.228\",777");
  delay(800);
  softSerial.println("AT+CIPMODE=1");
  delay(800);
  softSerial.println("AT+CIPSEND");
  delay(800);
  Serial.println("Reday!");
}

void loop() {
  //将主程序放在此处,将会循环运行
  softSerial.println("Hello World!");
  delay(1000);
}
```

13.5　程序调试

程序下载至 Arduino 板后,Android 手机已按 13.3 节的操作连接上了 Wi-Fi 模块,此时就可以在 Android 手机看到 Arduino 通过 Wi-Fi 传回来的"Hello World!"字符。

13.6　技术小贴士

1. Wi-Fi 概况

关于"Wi-Fi"这个缩写词的发音,根据英文标准韦伯斯特词典的读音注释,标准发音为 /wai.fai/,因为 Wi-Fi 这个单词是两个单词组成的,所以书写形式也可为 WI-FI,这样也就不存在所谓专家所说的读音问题,同理有 HI-FI(/hai.fai/)。

Wi-Fi 是一种允许电子设备连接到一个无线局域网(WLAN)的技术,通常使用 2.4GHz UHF 或 5GHz SHF ISM 射频频段。连接到无线局域网通常是有密码保护的;但也可以是开放的,这样就允许任何在 WLAN 范围内的设备可以连接上。Wi-Fi 是一个无线

网络通信技术的品牌,由 Wi-Fi 联盟所持有,目的是改善基于 IEEE 802.11 标准的无线网路产品之间的互通性。有人将使用 IEEE 802.11 系列协议的局域网称为无线保真,甚至把 Wi-Fi 等同于无线网际网路(Wi-Fi 是 WLAN 的重要组成部分)。

Wi-Fi 是 IEEE 定义的无线网技术,在 1999 年 IEEE 官方定义 802.11 标准的时候,选择并认定了 CSIRO 发明的无线网技术是世界上最好的无线网技术,因此,CSIRO 的无线网技术标准,就成为 2010 年 Wi-Fi 的核心技术标准。

Wi-Fi 技术由澳大利亚政府的研究机构 CSIRO 在 20 世纪 90 年代发明,并于 1996 年在美国成功申请了无线网技术专利(US Patent Number 5487069)。发明人是悉尼大学工程系毕业生 John O'Sullivan 领导的由毕业生组成的研究小组。IEEE 曾请求澳大利亚政府放弃其 Wi-Fi 专利,让世界免费使用 Wi-Fi 技术,但遭到拒绝。

澳大利亚政府随后在美国通过官司胜诉或庭外和解,收取了世界上几乎所有电器电信公司(包括苹果、英特尔、联想、戴尔、AT&T、索尼、东芝、微软、宏基、华硕等)的专利使用费。2010 年每购买一台含有 Wi-Fi 技术的电子设备,所付的价钱就包含了交给澳大利亚政府的 Wi-Fi 专利使用费。

2010 年全球每天约有 30 亿台电子设备会使用 Wi-Fi 技术,而在 2013 年年底 CSIRO 的无线网专利过期之后,这个数字增加到了 50 亿。

Wi-Fi 被澳大利亚媒体誉为澳大利亚有史以来最重要的科技发明,其发明人 John O'Sullivan 被澳大利亚媒体称为"Wi-Fi 之父",并获得了澳大利亚的国家最高科学奖和全世界的众多赞誉,其中包括欧盟机构、欧洲专利局(European Patent Office,EPO)颁发的 European Inventor Award 2012,即 2012 年欧洲发明者大奖。

2. Wi-Fi 网络组建

一般架设无线网络的基本配备就是无线网卡及一台 AP,如此便能以无线的模式,配合既有的有线架构来分享网络资源,架设费用和复杂程度远远低于传统的有线网络。如果只是几台计算机的对等网,也可不要 AP,只需要每台计算机配备无线网卡。AP 为 Access Point 的简称,一般翻译为"无线访问接入点"或"桥接器",主要在媒体存取控制层 MAC 中扮演无线工作站及有线局域网络的桥梁。有了 AP,就像一般有线网络的 Hub 一般,无线工作站可以快速且容易地与网络相连。特别是对于宽带的使用,Wi-Fi 更具优势。有线宽带网络(ADSL、小区 LAN 等)到户后,连接到一个 AP,然后在计算机中安装一块无线网卡即可。普通的家庭有一个 AP 已经足够,甚至用户从邻居得到授权后,也无须增加端口,就能以共享的方式上网。

3. Wi-Fi 应用

由于 Wi-Fi 的频段在世界范围内是无须任何电信运营执照的,因此 WLAN 无线设备提供了一个世界范围内可以使用的、费用极其低廉且数据带宽极高的无线空中接口。用户可以在 Wi-Fi 覆盖区域内快速浏览网页,随时随地接听拨打电话。而其他一些基于 WLAN 的宽带数据应用,如流媒体、网络游戏等功能更是值得用户期待。有了 Wi-Fi 功能打长途电话(包括国际长途)、浏览网页、收发电子邮件、音乐下载、数码照片传递等,无须再担心速度慢和花费高的问题。Wi-Fi 无线保真技术与蓝牙技术一样,同属于在办公室和家庭中使用的短距离无线技术。

Wi-Fi 在掌上设备上的应用越来越广泛,尤其是在智能手机上的发展。与早前应用于手机上的蓝牙技术不同,Wi-Fi 具有更广的覆盖范围和更高的传输速率,因此 Wi-Fi 手机成为了当前移动通信业界的潮流。

  Wi-Fi 的覆盖范围在国内越来越广泛,高级宾馆、豪华住宅区、飞机场以及咖啡厅等区域都有 Wi-Fi 接口。当人们在旅游、办公时,就可以在这些场所使用自己的掌上设备尽情网上冲浪了。厂商只要在机场、车站、咖啡店、图书馆等人员较密集的地方设置"热点",并通过高速线路将因特网接入上述场所,这样,由于"热点"所发射出的电波可以达到距接入点半径数十米至近百米的区域,用户只要将支持 Wi-Fi 的笔记本计算机、PDA、手机或 iPod Touch 等接入,即可高速接入因特网。在家也可以购买无线路由器设置局域网,然后就可以"痛快"地无线上网了。

第 14 章　ZigBee 无线数据传输

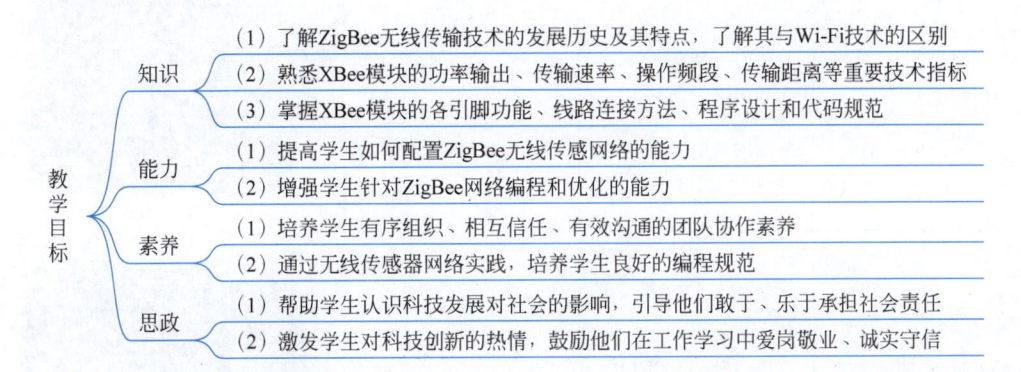

CHAPTER 14

教学目标
- 知识
  - （1）了解ZigBee无线传输技术的发展历史及其特点，了解其与Wi-Fi技术的区别
  - （2）熟悉XBee模块的功率输出、传输速率、操作频段、传输距离等重要技术指标
  - （3）掌握XBee模块的各引脚功能、线路连接方法、程序设计和代码规范
- 能力
  - （1）提高学生如何配置ZigBee无线感网络的能力
  - （2）增强学生针对ZigBee网络编程和优化的能力
- 素养
  - （1）培养学生有序组织、相互信任、有效沟通的团队协作素养
  - （2）通过无线传感器网络实践，培养学生良好的编程规范
- 思政
  - （1）帮助学生认识科技发展对社会的影响，引导他们敢于、乐于承担社会责任
  - （2）激发学生对科技创新的热情，鼓励他们在工作学习中爱岗敬业、诚实守信

14.1　实验背景

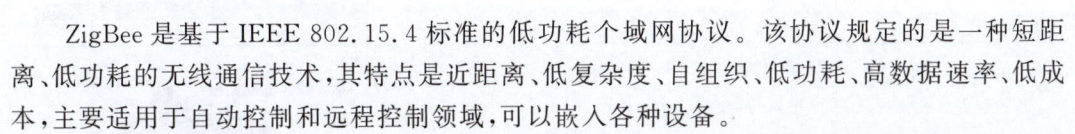

ZigBee 是基于 IEEE 802.15.4 标准的低功耗个域网协议。该协议规定的是一种短距离、低功耗的无线通信技术，其特点是近距离、低复杂度、自组织、低功耗、高数据速率、低成本，主要适用于自动控制和远程控制领域，可以嵌入各种设备。

简而言之，ZigBee 是一种便宜的、低功耗、能够实现自组织网络的近距离无线组网通信技术。

国内物联网产业及物联网技术的普及与推广，也将 ZigBee 无线通信技术推到了前所未有的高度，甚至一谈到物联网，就会先想到 ZigBee 技术。

此外，随着国内经济的高速发展，城市的规模在不断扩大，尤其是各种交通工具的增长更迅速，使城市交通需求与供给的矛盾日益突出，单靠增加道路交通基础设施来缓解矛盾的做法已难以为继。在这种情况下，智能公交系统（Advanced Public Transportation Systems，APTS）应运而生。在智能公交系统所涉及的各种技术中，无线通信技术尤为引人注目。而 ZigBee 作为一种新兴的短距离、低速率无线通信技术，更是得到了越来越广泛的关注和应用。

本次实验选用的 ZigBee 模块为 XBee 扩展板，借助 XBee 扩展板可以很方便地将 XBee 模块连接到 Arduino 上。XBee 模块的工作原理非常简单，它与 Arduino 之间其实就是通过串行接口（即 Tx 和 Rx 引脚）进行通信的。对于简单的点对点通信来讲，只需要通过串行接口向 XBee 模块写数据就可以实现数据的发送；当 XBee 模块通过无线通道接收到数据时，通过读串行接口就可以很方便地获得这些数据。

14.2 材料清单及数据手册

14.2.1 材料清单

本实验所用到的材料清单如表 14.1 所示。

表 14.1 材料清单

元器件名称	型号参数规格	数　　量	参考实物图
Arduino 开发板	Uno R3	2	
ZigBee 模块	XBee/XBee-PRO	2	
Arduino 扩展板	传感器扩展板	2	
面包板专用插线	—	若干	

14.2.2 XBee/XBee-PRO 模块数据手册

XBee/XBee-PRO 模块是一款内置协议栈的 ZigBee 模块,通过串口使用 AT 命令集方式设置模块的参数,并通过串口来实现数据的传输。为了缩短客户的开发期,提供了 X-CTU 配置软件,用它可以方便地配置 XBee 模块的所有参数。

XBee 模块在国外应用非常广泛,包括智能家居、远程控制、无线抄表、传感器、无线检测、资产管理等,同时还有对应的 iDigi 平台,提供各种常用的接入方式,更加方便远程控制。

XBee 和 XBee-PRO OEM RF 模块支持低成本的独特需求及低功耗无线传感器网络。模块只需要很小的功率,就能保证远程设备之间数据传输的可靠性。XBee 和 XBee-PRO OEM RF 模块工作在 ISM 2.4GHz 频段,且引脚对引脚相互兼容。

XBee 及 XBee-PRO 模块的主要特点及技术指标如表 14.2 所示。

表 14.2　XBee 及 XBee-PRO 模块的主要特点及技术指标

功能性能描述	XBee	XBee-PRO
室内和城市的范围	距离 30m	距离 100m
室外的可视范围	距离 100m	距离 1500m
发射功率输出(软件可选)	1mW(0dBm) 60mW(18dBm)	100mW(20dBm)EIRP
射频数据速率	250 000b/s	250 000b/s
串行接口数据速率(软件可选)	1200～115 200b/s(标准的传输速率,也支持非标准)	1200～115 200b/s(标准的传输速率,也支持非标准)
接收器灵敏度	−92dBm(1%的错误包)	−100dBm(1%的错误包)
电源电压	2.8～3.4V	2.8～3V
工作电流(发送)	45mA(@ 3.3V)	PL=0(10dBm):137mA(@3.3V),139mA(@3.0V) PL=1(12dBm):155mA(@3.3V),153mA(@3.0V) PL=2(14dBm):170mA(@3.3V),171mA(@3.0V) PL=3(16dBm):188mA(@3.3V),195mA(@3.0V) PL=4(18dBm):215mA(@3.3V)
工作电流(接收)	50mA(@3.3V)	55mA(@3.3V)
掉电电流	不支持	不支持
操作频段	ISM 2.4GHz	ISM 2.4GHz
尺寸	2.438cm×2.761cm	2.438cm×3.294cm
工作温度	−40～85℃(工业级)	−40～85℃(工业级)
天线选择	集成带,芯片或 U.FL 连接器,支持网络拓扑	集成带,芯片或 U.FL 连接器 点至点,点对多点,对等网络与网孔
通道数量(软件可选)	16 个直接序列通道	16 个直接序列通道
寻址选项	PAN 编号,通道和地址	PAN 编号,通道和地址
美国(FCC15.247 部分)	OUR-XBee	OUR-XBee-PRO
加拿大工业部(IC)	4214A XBee	4214A XBee-PRO
欧盟 ce	ETSI	ETSI(最大 10dBm 传输功率输出),必须被配置为运行在最大发射功率 10dBm;电源输出级别设置使用 PL 命令(PL 参数等于 0(10dBm))

XBee/XBee-PRO 模块的各引脚定义及其功能如表 14.3 所示。

表 14.3　XBee/XBee-PRO 模块的各引脚定义及其功能

引脚	名称	方向	描述
1	VCC	—	电源
2	DOUT	输出	UART 数据输出
3	DIN/CONFIG	输入	UART 数据输入

续表

引　脚	名　　称	方向	描　　述
4	DO8*	输出	数字量输出 8
5	RESET	输入	复位（复位脉冲至少为 200ns）
6	PWM0/RSSI	输出	PWM 输出 0/RX 信号强度指示器
7	保留	—	请勿连接
8	保留	—	请勿连接
9	DTR/SLEEP_RQ*/DI8	输入	睡眠引脚控制线/数字输入 8
10	GND	—	接地
11	AD4*/DIO4*	双向	模拟输入 4/数字 I/O 4
12	CTS/DIO7	双向	明确对发送流量控制/数字 I/O 7
13	ON/SLEEP	输出	模块状态指示灯
14	VREF*	输入	A/D 电压参考
15	Associate/AD5*/DIO5*	双向	相关指标/模拟输入 5/数字 I/O 5
16	RTS*/AD6*/DIO6*	双向	要求控制发送流量/模拟输入 6/数字 I/O 6
17	AD3*/DIO3*	双向	模拟输入 3/数字 I/O 3
18	AD2*/DIO2*	双向	模拟输入 2/数字 I/O 2
19	AD1*/DIO1*	双向	模拟输入 1/数字 I/O 1
20	AD0*/DIO0*	双向	模拟输入 0/数字 I/O 0

注：(1) 模块的最小连接：VCC、GND、DOUT 及 DIN。
(2) 最小连接更新固件：VCC、GND、DIN、DOUT、RTS 及 DTR。
(3) 表中标注的信号方向是相对于模块而言的。
(4) 模块有一个 50kΩ 上拉电阻连接到 RESET。
(5) 未使用的引脚应断开。
(6) 表中"*"号表示该引脚为复用引脚。

ZigBee 节点分为协调器、路由器和终端设备 3 种，3 种节点的基本功能比较如表 14.4 所示。

表 14.4　ZigBee 3 种节点的基本功能比较

节点类型	功 能 描 述
协调器	协调器负责建立一个完整的操作渠道和 PAN 身份证。一旦建立，协调器可以形成一个网络，允许路由器和终端设备加入
路由器	一个节点创建/维护网络信息，并确定最佳路径的数据包使用此信息；一个路由器必须加入网络，才可以允许其他路由器和终端设备加入其中；一个路由器可以参与路由数据包，并打算成为电源供电的节点
终端设备	终端设备没有路由能力；终端设备必须始终与它们的互动父节点（路由器或协调器）连接，以发送或接收数据；终端设备可以是一个源或目的地的数据包；终端设备可以由电池供电，提供低功率运行

ZigBee 是一种无线连接，可工作在 2.4GHz（全球流行）、868MHz（欧洲流行）和 915MHz（美国流行）3 个频段，分别具有最高 250kb/s、20kb/s 和 40kb/s 的传输速率，它的传输距离为 10~75m，但可以继续增加。作为一种无线通信技术，ZigBee 具有如下特点。

(1) 低功耗。ZigBee 的传输速率低，发射功率仅为 1mW，而且采用了休眠模式，功耗低，因此 ZigBee 设备非常省电。据估算，ZigBee 设备依靠两节 5 号电池就可以维持 6 个月到 2 年的使用时间，这是其他无线设备望尘莫及的。

（2）低成本。ZigBee 模块的初始成本在 6 美元左右，该类芯片在国内价格为 8~15 元，并且 ZigBee 协议是免专利费的。低成本对于 ZigBee 也是一个关键的因素。

（3）时延短。通信时延和从休眠状态激活的时延都非常短，典型的搜索设备时延为 30ms，休眠激活的时延为 15ms，活动设备信道接入的时延为 15ms，因此，ZigBee 技术适用于对时延要求苛刻的无线控制（如工业控制场合等）应用。

（4）网络容量大。一个星形结构的 ZigBee 网络最多可以容纳 254 个从设备和一个主设备，一个区域内可以同时存在最多 100 个 ZigBee 网络，而且网络组成灵活。

（5）可靠。采取了碰撞避免策略，同时为需要固定带宽的通信业务预留了专用时隙，避开了发送数据的竞争和冲突。MAC 层采用了完全确认的数据传输模式，每个发送的数据包都必须等待接收方的确认信息。如果传输过程中出现问题可以进行重发。

（6）安全。ZigBee 提供了基于循环冗余校验（CRC）的数据包完整性检查功能，支持鉴权和认证，采用了 AES-128 的加密算法，各应用可以灵活地确定其安全属性。

14.3　硬件连接

XBee 模块与 Arduino 之间其实是通过串行接口（即 Tx 和 Rx 引脚）进行通信的。对于简单的点对点通信来讲，只需要通过串行接口向 XBee 模块写数据就可以实现数据的发送；当 XBee 模块通过无线通道接收到数据时，通过读串行接口就可以很方便地获得这些数据，使用方式和蓝牙模块相同。用 X-CTU 软件一次性配置好参数后，两个插上 XBee 模块的 Arduino 控制器就可以像有线 RS232 串口通信一样相互传送数据，两个 ZigBee 模块通信的硬件电路连接如图 14.1 所示。

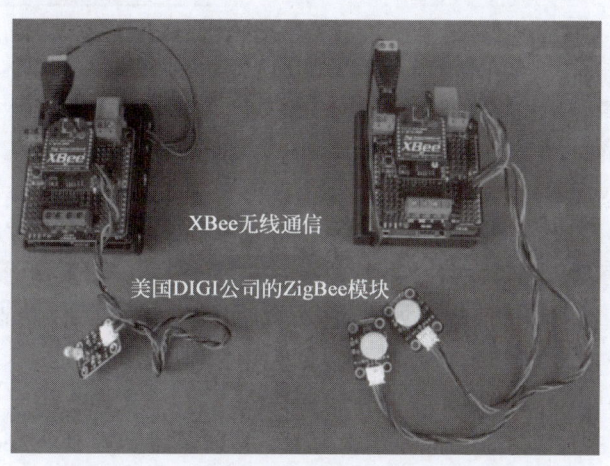

图 14.1　XBee 模块与 Arduino 连接实物图

那么如何配置 XBee 模块参数？

首先，需要安装 X-CTU 软件并更新为最新版。然后，连接 XBee 适配器并安装 FIDI 驱动。

详细操作步骤如下所述。

第一步：下载并更新 X-CTU 软件。通过 DIGI 官方网站下载最新版本 X-CTU 软件。

第二步：FIDI 驱动安装：DFRobot 公司出品的 XBee 适配器驱动就是 Arduino

Duemilanove 控制器的驱动,因为它们都采用了 FIDI USB 驱动,如果已经安装了 Arduino Duemilanove 控制器的驱动,就不用安装了。这里使用的是 Arduino Uno 控制器,可以在安装目录的 drivers 目录下找到这个驱动。

第三步:计算机通过 USB 线直接与 XBee 适配器连接,对 XBee 模块进行配置,把 XBee 模块按照正确方向插到 XBee 适配器上,然后,用 USB 电缆把 XBee 适配器与计算机连接好之后,运行 X-CTU 软件。

第四步:首先在 PC Settings 中选择 XBee 适配器映射出来的串口通信端口(实验中映射出的串口号为 COM4),并设置好波特率(9600b/s)等参数,如图 14.2 所示。XBee 模块出厂时默认的配置:波特率(Baud)为 9600,流控制(Flow Control)为 NONE,数据位(Data Bits)为 8,检验位(Parity)为 NONE,停止位(Stop Bits)为 1。

第五步:单击 Test/Query 按钮,测试 XBee 模块是否能连接上。如果一切正常,将看到如图 14.3 所示的 Com test/Query Modem 对话框,显示模块型号及版本号。

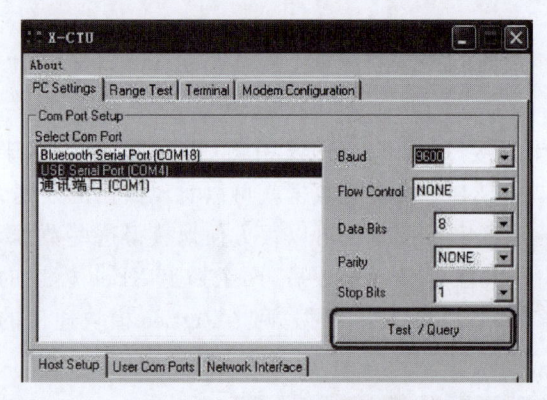

图 14.2 X-CTU 软件设置

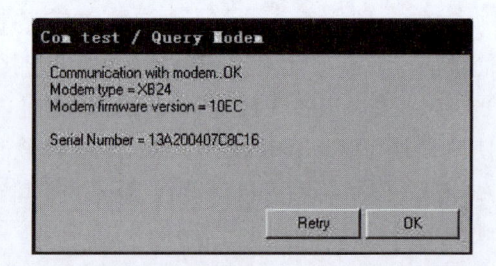

图 14.3 Com test 对话框 1

第六步:测试通过后,转到 Modem Configuration 选项。单击 Download new versions 按钮,升级软件(为保证顺利升级,建议退出所有杀毒软件)。

第七步:单击 Modem Parameters and Firmware 中的 Read 按钮,读出 XBee 模块中的当前参数,接着在读出的 Networking & Security 中将 Channel 设置为 C,PAN ID 设置为 1234,如图 14.4 所示。

第八步:在 Serial Interfacing 的 Interface Data Rate 中,可以修改 XBee 的波特率,XBee 模块默认波特率为 9600b/s,可以不用修改,为验证系统性能,本次实验把波特率从 9600b/s 改为 115 200b/s,如图 14.5 所示。

第九步:上述主要参数设置好后,单击 Write 按钮将参数写到 XBee 模块中,这里只设计一个最简单的点对点网络,所以只需利用 XBee 适配器,把 2 个 XBee 模块的参数设置一致即可。

第十步:这时如果把 Write 到 XBee 模块中的参数再 Read 出来,会出现问题,因为已经把 XBee 模块的波特率设置为 115 200b/s,所以必须在 X-CTU 界面的 PC Settings 选项中把波特率从 9600 改为 115 200,才能读取 XBee 模块参数。

现在可以把两个 XBee 模块从适配器上拔下来,再插到 Arduino 控制板上的 XBee V5 传感器扩展板的专门插槽里,如图 14.6 所示。

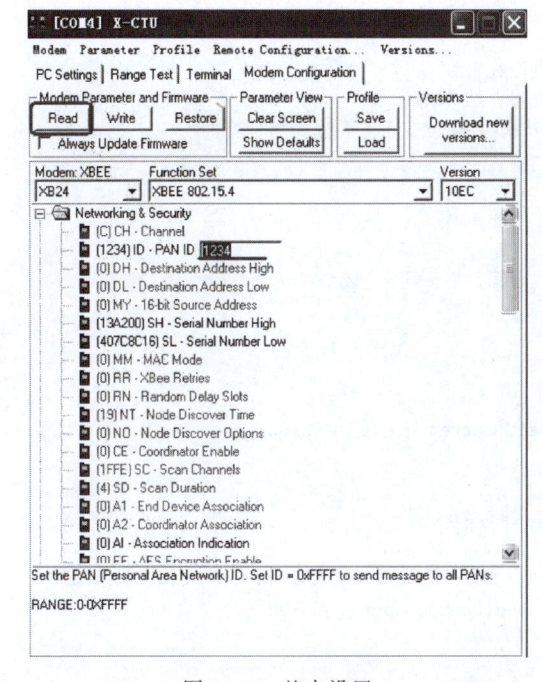

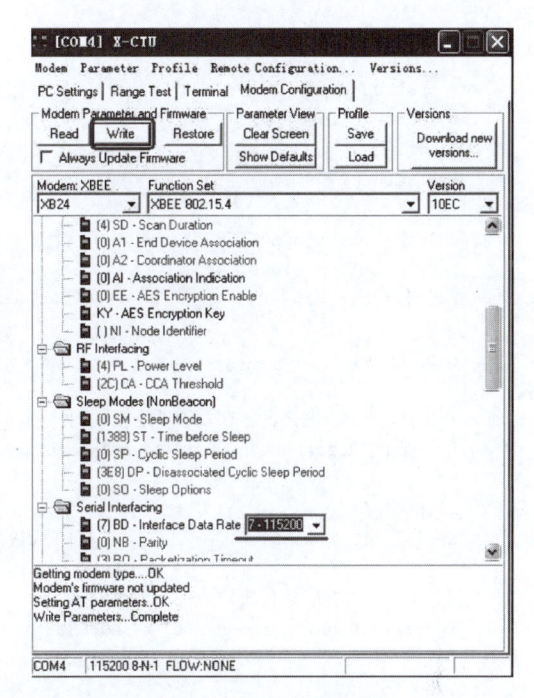

图 14.4　基本设置　　　　　　　　图 14.5　波特率修改

图 14.6　XBee 模块插入扩展板

14.4　程序设计

该 ZigBee 无线通信实验较简单：按下与 Arduino 主机连接的亮灯按钮或者关灯按钮，通过无线通信，控制 Arduino 从机上的 LED 灯亮灭。

注意：下载程序到 Arduino 控制器时，不要把 XBee 模块插在 Arduino 控制器的传感器扩展板 V5 上，要在程序下载完成后再把它插上去。

ZigBee 无线通信实验参考程序源代码分为主机程序和从机程序两部分。

1. 主机程序

```
int button_open = 4;              //开灯按钮连在数字端口 4
int button_close = 5;             //关灯按钮连在数字端口 5
char flag;                        //定义"向从机发送 LED 灯亮灭标志"的变量
void setup()
{
pinMode(button_open,INPUT);       //设置按钮为输入模式
pinMode(button_close,INPUT);
Serial.begin(115200);             //启动串口通信,波特率为 115 200b/s
}
void loop()
{
//如果亮灯按钮按下,同时关灯按钮松开
if(digitalRead(button_open) == LOW&&digitalRead(button_close) == HIGH)
{
 flag = 'a';
 Serial.print(flag);              //向从机发送灯亮标志
}
//如果关灯按钮按下,同时亮灯按钮松开
if(digitalRead(button_close) == LOW&&digitalRead(button_open) == HIGH)
{
flag = 'b';
Serial.print(flag);               //向从机发送灯灭标志
}
delay(20);                        //延时,等待数据发送成功
}
```

2. 从机程序

```
int LEDpin = 9;                   //LED 灯连在数字端口 9
int val;                          //定义"接收主机发来的 LED 灯亮灭标志"的变量
void setup()
{
pinMode(LEDpin,OUTPUT);           //设置 LED 灯为输出模式
digitalWrite(LEDpin,HIGH);        //初始化使 LED 灯熄灭
Serial.begin(115200);             //启动串口通信,波特率为 115 200b/s
}
void loop()
{
if(Serial.available()> 0)         //查询串口有无数据
{
val = Serial.read();              //读取主机发送的数据
if(val == 'a')                    //如果主机发送字符'a',则点亮 LED 灯
{
digitalWrite(LEDpin,LOW);         //LED 灯点亮
}
if(val == 'b')                    //如果主机发送字符'b',则熄灭 LED 灯
{
digitalWrite(LEDpin,HIGH);        //LED 灯熄灭
}
}
}
```

14.5 程序调试

完成程序下载之后,插上 XBee 模块,按下主机上的开灯按钮,就会发现从机的 LED 灯会点亮;按下主机上的关灯按钮,从机的 LED 灯就会熄灭。

14.6 技术小贴士

1. ZigBee 起源及发展

ZigBee 译为"紫蜂",它与蓝牙类似,ZigBee 芯片如图 14.7 所示。它是一种新兴的短距离无线通信技术,用于传感控制应用,由 IEEE 802.15 工作组提出,并由其 TG4 工作组制定规范。

2001 年 8 月,ZigBee Alliance 成立。

2004 年,ZigBee V1.0 诞生,它是 ZigBee 规范的第一个版本,由于推出仓促,存在一些错误。

2006 年,推出 ZigBee 2006,比较完善。

2007 年年底,ZigBee PRO(也称 ZigBee 2007)推出。

2009 年 3 月,ZigBee RF4CE 推出,具备更强的灵活性和远程控制能力。

图 14.7 CC2480 芯片

2009 年开始,ZigBee 采用了 IETF 的 IPv6/6Lowpan 标准作为新一代智能电网 Smart Energy(SEP 2.0)的标准,致力于形成全球统一的易于与互联网集成的网络,实现端到端的网络通信。随着美国及全球智能电网的建设,ZigBee 逐渐被 IPv6/6Lowpan 标准所取代。

ZigBee 的底层技术基于 IEEE 802.15.4,其物理层和媒体访问控制层直接使用了 IEEE 802.15.4 的定义。

2016 年 5 月 12 日,为消费、商业和工业应用领域创建开放的全球物联网标准的非营利性组织 ZigBee 联盟,联合中国成员组在上海举行新闻发布会暨剪彩仪式,面向亚洲市场正式推出 ZigBee 3.0 标准。

ZigBee 3.0 基于 IEEE 802.15.4 标准,工作频率为 2.4GHz(全球通用频率),使用 ZigBee PRO 网络,由 ZigBee 联盟市场领先的无线标准统一而来,是第一个统一、开放和完整的无线物联网产品开发解决方案。

在蓝牙技术的使用过程中,人们发现对工业、家庭自动化控制和工业遥测遥控领域而言,蓝牙技术太复杂,功耗高,距离近,组网规模太小等。而工业自动化对无线数据通信的需求越来越强烈,而且,对于工业现场,这种无线传输必须是高可靠的,并能抵抗工业现场的各种电磁干扰。因此,经过人们长期努力,ZigBee 协议在 2003 年正式问世,解决了上述问题。

长期以来,低价位、低速率、短距离、低功率的无线通信市场一直存在。蓝牙的出现,曾让工业控制、家用自动控制厂家及玩具制造商等雀跃不已,但是蓝牙的售价一直居高不下,严重影响了这些厂商的使用意愿。如今,这些厂商都参加了 IEEE 802.15.4 小组,负责制定 ZigBee 的物理层和媒体介质访问层。IEEE 802.15.4 规范是一种经济、高效、低数据速率(<250kb/s)、工作在 2.4GHz 和 868/915MHz 的无线技术,用于个人区域网和对等网络。它是 ZigBee 应用层和网络层协议的基础。

ZigBee 是一种介于无线标记技术和蓝牙之间的技术提案,主要用于近距离无线连接。它依据 IEEE 802.15.4 标准,在数千个微小的传感器之间相互协调实现通信。这些传感器只需要很少的能量,以接力的方式通过无线电波将数据从一个网络节点传到另一个节点,所以它们的通信效率非常高。

因特网工程任务组(Internet Engineering Task Force,IETF)也看到了无线传感器网络(或者物联网)的广泛应用前景,加入相应的标准化制定中。以前许多标准化组织和研究者认为 IP 技术过于复杂,不适合低功耗、资源受限的无线传感器网络,因此都是采用非 IP 技术,在实际应用中,如 ZigBee 接入互联网时需要复杂的应用层网关,也不能实现端到端的数据传输和控制。与此同时,与 ZigBee 类似的标准还有 z-wave、ANT、Enocean 等,相互之间不兼容,不利于产业化的发展。IETF 和许多研究者发现了这些存在的问题,尤其是 Cisco 的工程师基于开源的 uIP 协议实现了轻量级的 IPv6 协议,证明了 IPv6 不仅可以运行在低功耗、资源受限的设备上,而且比 ZigBee 更加简单,彻底改变了大家的偏见,之后,基于 IPv6 的无线传感器网络技术得到了迅速发展。

IETF 已经完成了核心的标准规范,包括 IPv6 数据报文和帧头压缩规范 6Lowpan,面向低功耗、低速率、链路动态变化的无线网络路由协议 RPL,以及面向无线传感器网络应用的应用层标准 CoAP,相关的标准规范已经发布。IETF 成立了 IPSO 联盟,推动该标准的应用,并发布了一系列白皮书。IPv6/6Lowpan 已经成为许多其他标准的核心,包括智能电网 ZigBee SEP 2.0、工业控制标准 ISA 100.11a、有源 RFID ISO 1800-7.4(DASH)等。

IPv6/6Lowpan 具有诸多优势:可以运行在多种介质上,如低功耗无线、电力线载波、Wi-Fi 和以太网,有利于实现统一通信;IPv6 可以实现端到端的通信,不需要网关,降低成本;6Lowpan 中采用 RPL 路由协议,路由器可以休眠,也可以采用电池供电,应用范围广,而 ZigBee 技术路由器不能休眠,应用领域受到限制。6Lowpan 标准已经得到大量开源软件支持,最著名的是 Contiki、TinyOS 系统,已经实现完整的协议栈,全部开源,完全免费,已经在许多产品中得到应用。随着无线传感器网络以及物联网的发展,IPv6/6Lowpan 协议广泛应用于该领域。

2. ZigBee 特性

(1) 低功耗。在低耗电待机模式下,2 节 5 号干电池可支持 1 个节点工作 6~24 个月,甚至更长,这是 ZigBee 的突出优势。TI 公司和德国的 Micropelt 公司共同推出新能源的 ZigBee 节点,该节点采用 Micropelt 公司的热电发电机给 TI 公司的 ZigBee 提供电源。

(2) 低成本。通过大幅简化协议(不到蓝牙的 1/10),降低了对通信控制器的要求,按预测分析,以 8051 单片机的 8 位微控制器测算,全功能的主节点需要 32KB 代码,子功能节点少至 4KB 代码,而且 ZigBee 免协议专利费。每块芯片的价格大约为 2 美元。

(3) 低速率。ZigBee 工作速率为 20~250kb/s,分别提供 250kb/s(2.4GHz)、40kb/s(915MHz)和 20kb/s(868MHz)的原始数据吞吐率,满足低速率传输数据的应用需求。

(4) 近距离。传输范围一般为 10~100m,在增加发射功率后,可增加到 1~3km。这里指的是相邻节点间的距离。如果通过路由和节点间通信的接力,传输距离将可以更远。

(5) 短时延。ZigBee 的响应速度较快,一般从睡眠转入工作状态只需 15ms,节点连接进入网络只需 30ms,进一步节省了电能。

(6) 高容量。ZigBee 可采用星形、片状和网状网络结构,由一个主节点管理若干子节点,最多一个主节点可管理 254 个子节点;同时主节点还可由上一层网络节点管理,最多可组成 65 000 个节点的大网。

(7) 高安全。ZigBee 提供了三级安全模式,包括无安全设定、使用访问控制清单(Access Control List,ACL)防止非法获取数据以及采用高级加密标准(AES 128)的对称密码。

(8) 免执照频段。使用工业科学医疗(ISM)频段:915MHz(美国)、868MHz(欧洲)、2.4GHz(全球)。此 3 个频段物理层不相同,其各自信道带宽也不同,分别为 0.6MHz、2MHz 和 5MHz,分别有 1 个、10 个和 16 个信道。这 3 个频段的扩频和调制方式亦有区别,扩频都使用直接序列扩频(DSSS),但从比特到码片的变换差别较大;调制方式都用了调相技术,但 868MHz 和 915MHz 频段采用的是 BPSK,而 2.4GHz 频段采用的是 OQPSK。

在发射功率为 0dBm 的情况下,蓝牙的作用范围通常为 10m,而 ZigBee 的作用范围在室内通常为 30~50m,在室外空旷地带甚至可以达到 400m(TI CC2530 不加功率放大)。因此,ZigBee 可称为低速率、低功耗的短距离无线通信技术。

3. ZigBee 与移动通信网比较

与移动通信的 CDMA 网或 GSM 网不同的是,ZigBee 网络主要是为工业现场自动化控制数据传输而建立的,因此,它必须具有简单、使用方便、工作可靠、价格低的特点,而移动通信网主要是为语音通信而建立的,每个基站价值一般都在百万元人民币以上,而每个 ZigBee "基站"却不到 1000 元人民币。每个 ZigBee 网络节点不仅本身可以作为监控对象,例如其所连接的传感器可以直接进行数据采集和监控,还可以自动中转别的网络节点传过来的数据资料。除此之外,每一个 ZigBee 网络节点(FFD)还可在自己信号覆盖的范围内,和多个不承担网络信息中转任务的孤立的子节点(RFD)无线连接。

4. ZigBee 应用前景

ZigBee 网络协议已经经历了 20 多年的发展,在这期间,ZigBee 联盟基于 ZigBee 网络层针对不同的应用开发了众多的应用层,但到了 ZigBee 3.0 时代,这些应用层又归为一体,化繁为简,而这也是整个无线通信协议领域未来的发展趋势。全球激活的物联网设备数量预计在 2030 年将达到 241 亿个,而 ZigBee 设备的市场规模预计将在 2024—2029 年实现 6.01% 的复合增长率。对于物联网设备厂商而言,各种无线通信协议纷繁复杂,令他们无从选择。不同无线通信协议之间的融合对于智能家居行业的发展是十分必要的,如今 ZigBee 通信协议已经在市场需求和技术可行性的基础上具有相当的优势。目前基于 ZigBee 方案的物联网设备已经在以下场景中大范围应用。

(1) 家庭和楼宇网络:空调系统的温度控制、照明、窗帘的自动控制、煤气计量控制、家用电器的远程控制等。

(2) 工业控制:各种监控器、传感器的自动化监测与控制。

(3) 商业:智慧型标签等。

(4) 公共场所:烟雾探测器等。

(5) 农业控制:收集各种土壤信息和气候信息。

(6) 医疗:老人与行动不便者的紧急呼叫器和医疗传感器等。

第 3 部分
ARTICLE

电路设计基础

第 15 章　电路设计基础

第 15 章　电路设计基础

CHAPTER 15

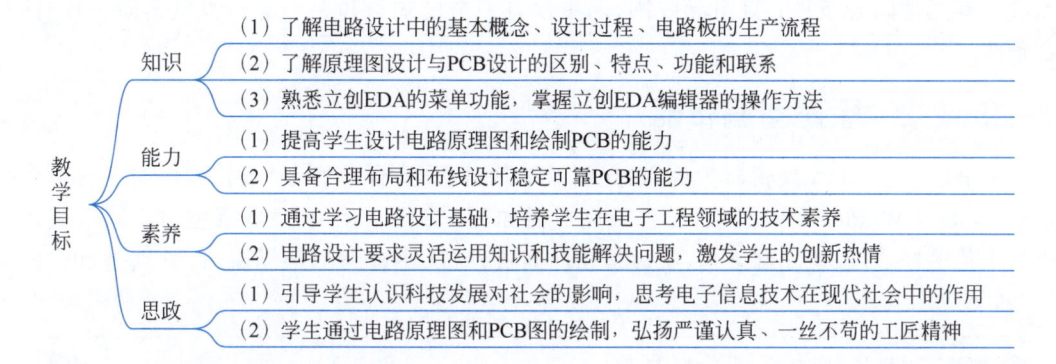

教学目标
- 知识
  - (1) 了解电路设计中的基本概念、设计过程、电路板的生产流程
  - (2) 了解原理图设计与PCB设计的区别、特点、功能和联系
  - (3) 熟悉立创EDA的菜单功能，掌握立创EDA编辑器的操作方法
- 能力
  - (1) 提高学生设计电路原理图和绘制PCB的能力
  - (2) 具备合理布局和布线设计稳定可靠PCB的能力
- 素养
  - (1) 通过学习电路设计基础，培养学生在电子工程领域的技术素养
  - (2) 电路设计要求灵活运用知识和技能解决问题，激发学生的创新热情
- 思政
  - (1) 引导学生认识科技发展对社会的影响，思考电子信息技术在现代社会中的作用
  - (2) 学生通过电路原理图和PCB图的绘制，弘扬严谨认真、一丝不苟的工匠精神

15.1 原理图的设计

15.1.1 原理图简介

原理图，就是使用电子元器件的电气图形符号以及绘制原理图所需的导线、总线等示意性绘图工具，描述电路系统中各元器件之间的电气连接关系的一种符号化、图形化的语言。它是用来表示电路原理的，但也不仅仅表示原理，在原理图中的每个元器件和每条导线都对应 PCB 中的实物元器件和实物导线，也就是 PCB 布线，当然这种布线是基于原理图做成的，通过对原理图的分析以及电路板其他条件的限制，设计者得以确定器件的位置以及电路板的层数等。

在原理图中，会有电阻、电容以及电路所需的各种电子元器件的电气符号。这些电子元器件符号可以通过导线直接连接，也可以通过网络标号、总线等方式间接连接。导线工具是最基本的连接电子元器件引脚的工具，如果不方便使用导线连接，则可借助其他的连接方式。但是，无论采用什么样的连接方式，最终在 PCB 文件中都会变成导线，这些导线都不是多余的。

需要注意的是，在画原理图之前，应根据需求来规划好电路板，如需要用到哪些元器件，这些元器件该如何连接。因此可以简单地理解为，原理图中只包含"元器件符号"和"导线"。

1. 元器件符号

控制线路图是用来描述控制线路和控制过程的语言，元器件符号是这种语言的"字母"。

元器件符号一般由引脚和边框组成，大多数情况下，引脚与实物是相对应的，但引脚的排列方式和顺序可能与实物不太相同。

2. 导线

导线负责元器件符号之间的电气连接。实物导线一般由铜或铝制成,也有用银线所制(导电、热性好),用来疏导电流或导热。由一系列导线元素可构成:导线点,是导线上的已知点和待定点;导线边,是连接导线点的折线边;导线角,指导线边之间所夹的水平角。与已知方向相连接的导线角称为连接角(亦称定向角)。导线角按其位于导线前进方向的左侧或右侧分别称为左角或右角,并规定左角为正、右角为负。单一导线与导线网的区别在于前者无节点,而后者具有节点。单一导线可布设成:附合导线,起始于一个已知点而终止于另一个已知点;闭合导线,起闭于同一个已知点;支导线,从一个已知点出发,既不附合于另一个已知点,也不闭合于同一个已知点。导线网可布设为:附合导线网,具有一个以上已知点或具有其他附合条件;自由导线网,网中仅有一个已知点和一个起始方位角而不具有附合条件。

15.1.2 原理图编辑器

本书以立创 EDA 编辑器为例,在立创 EDA 官网选择合适的客户端下载、安装、运行并登录(本书以 Windows 10 为例)。登录完成后如图 15.1 所示,中间是原理图绘制区域,上边是主菜单栏,左边是导航菜单,右边是属性面板,默认还有两个悬浮窗口,分别是"电气工具"和"绘图工具"。

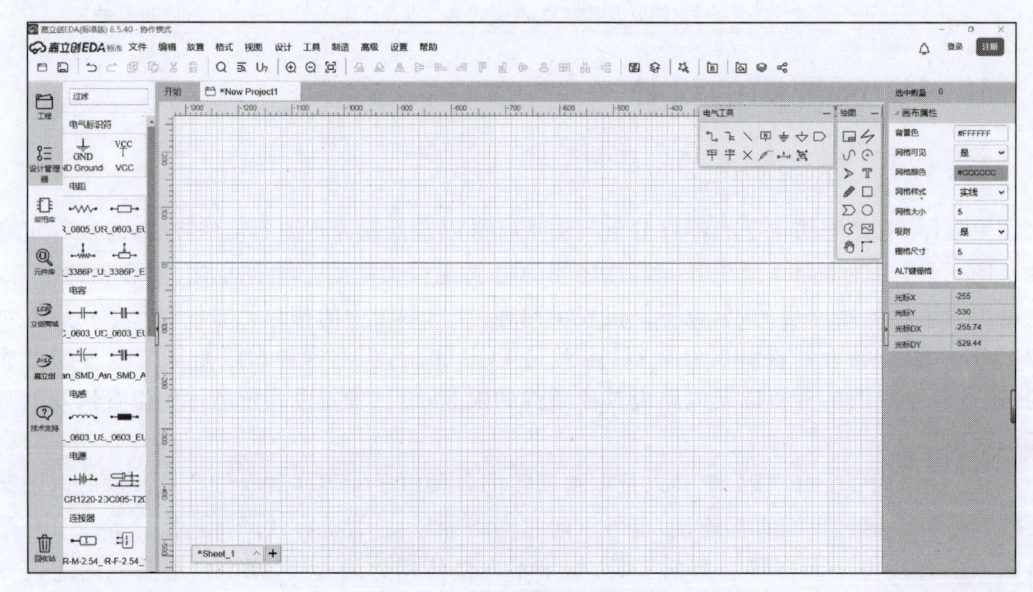

图 15.1 原理图编辑器界面

下面介绍原理图编辑器界面的主要组成部分。

1. 编辑器

原理图编辑器界面主菜单栏如图 15.2 所示。在原理图中,与主菜单栏会有些许差别。原理图中编辑的操作都可以使用主菜单栏的菜单命令来完成。

图 15.2 原理图编辑器界面主菜单栏

1)"文件"菜单

"文件"菜单:包括新建打开、保存、另存为、另存为模块、导入、打印、导出、导出 BOM、导出网表、文件源码。

"新建"命令:可以创建工程,新建原理图、PCB、原理图库、PCB 库等文件,还可以新建 Spice 符号、Spice 子电路、原理图模块和 PCB 模块。其中,Spice 符号和 Spice 子电路属于仿真文件。

"打开"命令:可以打开保存到本地计算机的立创 EDA 文件,还可以打开 Altium Designer、Eagle、KiCad 等第三方软件的文件。

"保存"和"另存为"命令:可以把文件保存到云端,在保存时,可以选择文件保存到哪个工程,可以写入标题和描述。最重要的是,可以把你的文件设置为私有或是公开。设置为私有文件,只能够自己看到;如果想把自己的工程开源给大家,则可设置为公开。另外,私有和公开可以随时切换,保存为私有的工程可以随时设置为公开,设置为公开的文件也可以随时设置为私有。设置为公开的文件,别人可以观看和复制该工程并可以修改,但不会改变分享的源文件,所以不必担心公开的文件会被修改。

"另存为模块"命令:这个命令非常有用,下面介绍如何利用这个功能高效地进行电子设计。当做过很多电路板之后,就会发现总有一些电路,几乎在每块电路板上都会出现。有些电路可能在行业应用非常广泛,例如 RS232 电路,这时就可以把 RS232 芯片加电容的外围电路单独保存为一个模块,这样,当下次做电路板用到这个功能时,就可以在元器件库中把这个模块直接放到原理图中,就像使用一个单独的元器件一样。如果熟悉 C 语言编程,则可以把这个"模块"理解为一个被封装的函数,写程序时,不必每次都重新写这个函数,可以直接复制粘贴。这样做,不仅大大提高了效率,而且还不容易出错。

"导入"命令:可以给原理图导入 AutoCAD 做的 DXF 文件及图片。利用得好,可以美化原理图。

"打印"命令:可以调用计算机上的打印机,也可以调用 PDF 打印机,从而把原理图打印成 PDF 文件。但是,这里推荐使用下面讲到的"导出"命令来导出 PDF 文件,这样导出的原理图更加美观,无须费力调整尺寸。

"导出"命令:可以把原理图导出为 PDF 文件、PNG 图片、SVG 图片、Altium Designer 格式原理图文件 SVG 源码。如果工程是由多张原理图构成的,还可以把多张原理图导出为一个 PDF 文件,非常方便。

"导出 BOM"命令:可以导出元器件 BOM(物料清单)表,导出格式为 CSV,可以用 Excel、WPS 等软件打开。这个功能在主菜单中也有单独的图标。

"导出网表"命令:可以导出 LTspice、Protel/Altium、PADS、FreePCB 等第三方软件的网络表。

"文件源码"命令:可以把原理图保存为 EDA 的源码文件到本地计算机,利用前面提到的"打开"命令,可以将保存在计算机上的 EDA 文件源码打开。如果担心 EDA 服务器不稳定,可以用这个命令把所做的原理图保存到本地。发生断网时,也可以用这个命令保存文件。

2)"撤销"和"重做"菜单

关于这两个图标的功能,在 Word 等软件中经常会用到,用于更正当前以及之前的操作。

3)"编辑"菜单

"编辑"菜单中有常用的复制、粘贴、剪切、删除、拖曳等命令,用于处理原理图中的元器件,这个比较简单,大家很容易理解。

"标注编号"命令:用来给原理图中的元器件进行批量标注编号、修改编号。

"编号位置"命令:如果没有选择任何元器件,这个命令是灰色的。只有单击选择一个元器件,这个命令才会变成黑色并可执行。该命令用来改变元器件编号的位置,实际上这个命令可能用得不太多,因为要想改变编号的位置,直接单击编号就可以拖动编号的位置了。

"全局删除"命令:这个命令可以批量删除原理图中的元器件、网络标签和标识符、文本、导线等内容。如果不小心使用了这个命令,可以使用刚才提到的"撤销"命令恢复。

"清空画布"命令:把前面"全局删除"命令窗口中的内容都选中删除,会使原理图窗口中只剩下一张文档表格,而"清空画布"这个命令,会把文档表格也删除,可以说是删除得非常彻底。

"解锁全部"命令:原理图画好以后,为了防止意外移动元器件的位置,可以选中元器件后在元器件属性中把元器件锁定,锁定后的元器件就不能再移动它的位置。在一张很大的原理图中,如果锁定了很多元器件,可以不用一个一个地解锁,使用"解锁全部"命令,就可以一次性批量解锁。

"更新全部"命令:当把画好的元器件放到原理图后,发现元器件某些地方需要修改一下,可以打开元器件库进行修改。修改以后,有两种方法更新原理图中的元器件:第一种方法比较简单,直接删除原理图中的元器件再从元器件库把修改好的选中放进来;第二种方法是在这个元器件上右击,在弹出的快捷菜单中选择"更新"命令即可。如果修改的元器件在原理图中使用了很多,通常需要在每个元器件上右击更新。但是有了这个"更新全部"命令,即可一次性批量更新,非常方便。

4)"放置"菜单

"放置"菜单,主要包含放置元器件、导线、总线、网络标签等命令。这些放置命令同样位于画布中悬浮的"电气工具"和"绘图工具"窗口中,在绘制原理图时,可以在菜单中选择"放置"工具命令,也可以在悬浮窗口中选择"放置"命令。

5)"对齐"菜单

"对齐"菜单,一般用来对相同的若干元器件进行对齐排版操作,使得原理图更加美观。在没有选中任何元器件时,这个菜单图标是灰色不可操作状态,只有选中1个以上元器件时,才会变成黑色可执行状态。

6)"旋转与镜像"菜单

"旋转与镜像"菜单包含逆时针旋转90°、顺时针旋转90°、水平翻转、垂直翻转、移到顶层、移到底层命令。旋转命令用来改变元器件的方向,翻转命令用来对元器件进行镜像操作。当两个元器件重叠在一起时,可以看到两个元器件一个在上面,另一个在下面。通过移到顶层和移到底层命令,可以改变上下层的重叠关系。在没有选中任何元器件的时候,这个菜单图标是灰色不可操作状态,只有选中1个以上的元器件,才会变成黑色可执行状态。

7)"查看"菜单

"查看"菜单可以用来关闭和开启网格和光标显示,可以用来打开和关闭"绘图工具""电气工具"悬浮窗口,可以用来打开和关闭"左侧栏""右侧栏",可以用来打开和关闭"预览窗口",还可以用来查找元器件和相似对象。

使用"查找"命令,可以很容易地在一张复杂的原理图中迅速找到需要的目标内容,还可以查找编号、名称封装、网络标签等内容。

使用"查找相似对象"命令,可以批量修改某些元素,如批量修改封装、批量修改文字大小等。

8)"缩放"菜单

"缩放"菜单命令用来控制画布显示区域的缩放。除了这个命令,还可以使用鼠标的滚轮进行缩放。

9)"原理图库向导"菜单

使用"原理图库向导"菜单命令可以快速地制作一些常用的元器件原理图库,如 DIP-A、DIP-B、QFP、SIP。

10)"转换"菜单

"转换"菜单下面有两个子菜单:"原理图转 PCB"和"更新 PCB"。当画好原理图后,就可以通过"原理图转 PCB"生成一个 PCB 文件,PCB 中会有所有原理图中的元器件,以及与原理图中一样的电气连接。当根据需求修改了原理图的某些内容后,就可以通过"更新 PCB"来同步修改 PCB 文件。

11)"工具"菜单

"交叉选择"命令:在原理图中选择一个元器件,使用"交叉选择"命令,就可以迅速切换到 PCB 中此元器件的位置并设置为高亮。同样,在 PCB 中也可以使用"交叉选择"命令迅速切换到原理图中该元器件的位置。

"布局传递"命令:如果想让 PCB 中的元器件摆放位置与原理图中的元器件摆放位置大致相同,可以在原理图中选中所要控制的若干元器件,然后使用"布局传递"命令,就可使 PCB 中的元器件布局依照原理图中的布局摆放,从而大大提高 PCB 布局的速度。

"封装管理器"命令:可以给原理图中的所有元器件设置对应的 PCB 封装。同时,还可以检测原理图元器件引脚和 PCB 封装引脚的对应关系,极大地方便了开发。

12)"仿真"菜单

该菜单可以对电路进行仿真分析。

13)"扩展"菜单

该菜单可以用于扩展一些 JS 代码。

14)"导出 BOM"菜单

该菜单用于生成元器件的 BOM 表,与前面提到的"文件"菜单中的"导出 BOM"命令是同一个命令。

15)"主题"菜单

对"主题"菜单下的前 4 个主题:原始主题、黑底白图、白底黑图和自定义主题,可以单击进行切换,而这些主题的风格是由最后一个"主题设置"窗口来定义的。在这个"主题设置"窗口,可以给自己做一个非常个性化的专属主题。

16)"分享"按钮

单击"分享"按钮可以生成一个链接,任何人通过这个分享链接都可以查看该文件。

17)"文档恢复"按钮

"文档恢复"相当于一个回收站,最近删除的文件都在里面,选择一个想要恢复的文件,单击该按钮即可。提示:要恢复的文档是保存在本地的,不受服务器的影响。

18)"配置"菜单

在"配置"菜单下,可以配置快捷键、按钮、个人偏好、语言。

19)"帮助"菜单

在"帮助"菜单下是一些相关功能。在"关于"菜单可以查看 EDA 的当前版本。"快捷键"可以查看当前设置好的快捷键。其他菜单可自行了解。

2. 电气工具

"电气工具"悬浮窗口如图 15.3 所示,在原理图设计中使用频繁。

1)导线

导线负责连接原理图中的元器件引脚,在实物中是具有电气特性的导线,在原理图绘制中有多种表达电气连接的工具。单击"导线"工具光标会变成一个十字,如图 15.4 所示。

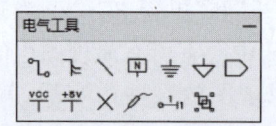

图 15.3 "电气工具"悬浮窗口   图 15.4 十字光标

当"导线"命令附着在光标上后,即可通过单击来放置导线,导线可以从元器件的引脚上开始放置,也可以在原理图中的任何一个空白处开始放置。单击后拖动,就会看到一条导线跟随在光标上,找到需要连接的目标引脚后,在引脚的电气连接点上单击,一根导线就绘制完成了。如果刚才没有在引脚上单击,而是在空白处单击,代表这根导线在此处拐弯,导线还没有绘制完成,所以还会有导线跟随,直到导线放置到一个引脚上;另外右击,一根导线也算绘制完成。如果想要取消"导线"命令,就再次右击,可看到十字光标没有了,恢复为常用光标。

单击绘制好的导线,在界面的右侧会出现"导线"属性面板,如图 15.5 所示。在这个属性面板上可以修改导线的颜色、线宽、样式、ID、填充颜色以及是否需要锁定。

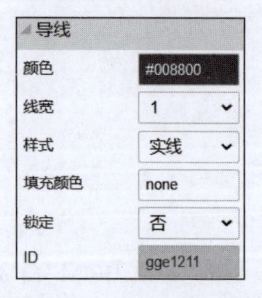

图 15.5 "导线"属性面板

2)总线

总线比导线粗,它不具备电气特性,只是用来美化原理图的连线,使人更容易"阅读"原理图。在数字电路中,经常会有各种数据总线、地址总线等,如果只用导线连接,有时会显得杂乱无章,使用总线后,就会变得非常有条理。实际操作中,只要是美化原理图的连线,就可以使用总线。总线的操作方法及其属性面板与导线类似。

3)总线分支

"总线分支"命令总是与"总线"命令同时使用。单击"总线分支"命令,会有一个总线分支附着在鼠标上。总线分支总是倾斜 45°角放置,当命令附着在鼠标上以后,可以通过按空格键来改变总线分支倾斜的方向。

使用"总线"和"总线分支"命令绘制的原理图如图 15.6 所示。

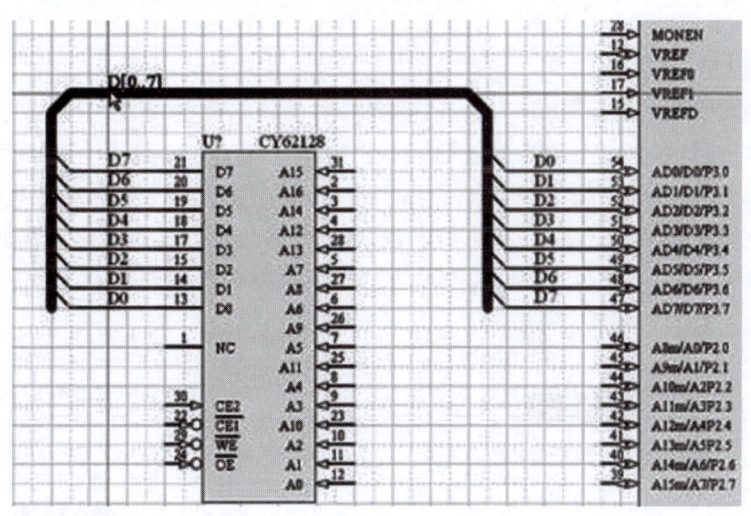

图 15.6　使用"总线"和"总线分支"命令绘制的原理图

4）网络标签

网络标签与导线具有同样的电气特性,如果两个引脚都放置了同样名称的网络标签,代表这两个引脚是电气连接的,与使用导线的功能是一模一样的。网络标签用于不方便使用导线连接的地方。在某些情况下,如果两个芯片之间的连接都使用导线,可能会非常杂乱,但如果用"导线＋网络标签"连接方式,原理图看起来就会非常有条理。

单击"电气工具"悬浮窗口中的"网络标签"命令,就会有一个网络标签附着在鼠标上。把网络标签的十字光标放到芯片引脚的电气连接点或者导线上,网络标签才会起作用。单击已经放置好的网络标签,网络标签会由默认的蓝色变为红色,同时在右侧出现"网络标签"属性面板,如图 15.7 所示。在这个属性面板中可以修改网络标签的名称、颜色、字体、字体大小以及是否需要锁定。

图 15.7　"网络标签"属性面板

若修改了网络标签的名称,编辑器会记住上次使用的网络标签名称,并在下一次继续使用该名称。若修改的网络名称以数字结尾,那么下次放置时网络标签的名称将自动加 1。如放置了 R1,那么下一个为 R2。

5）标识符 GND

在"电气工具"悬浮窗口中有两种 GND 的表示方法:一种是几条横线堆叠在一起组成的 GND;另一种是三角形组成的 GND。在实际使用中,可以用这两种不同的符号来分别表示模拟"地"和数字"地"。一般情况下,横线组成的 GND 用来表示模拟地,三角形组成的 GND 表示数字地,但是这并不是强制的。如果原理图中使用了这两种不同的符号,一定要修改它们的名称,如修改为 AGND 或者 DGND;如果没有修改,则它们都是电气连接的,达不到区分数字"地"和模拟"地"的效果。

单击放置好的 GND 符号,右侧出现"文本属性"属性面板,如图 15.8 所示。在这个属性面板中,可以修改它的名称、颜色、字体、样式、文本锚点、ID、字体大小以及是否需要锁定等。

6)网络端口

网络端口类似于网络标号,具有电气连接特性,相同名称的网络端口,或者网络标签与网络端口名称相同,在电气上也是连通的。不同的是,网络端口一般用于多页原理图绘制的场合。

单击已经放置好的网络端口,在右侧出现属性面板,如图 15.9 所示。在属性面板中可以修改网络端口的名称、颜色、字体、字体大小、ID 以及是否需要被锁定。

图 15.8 "文本属性"属性面板

图 15.9 "网络端口"属性面板

7)VCC 标识符和+5V 标识符

这两个都是电源的标识符,只是名称不同。如果放置 VCC 标识符以后,把标识符名称修改为+5V,与直接放置+5V 是一模一样的。之所以在电气工具中设置两个图标,是因为+5V 使用相对比较频繁,为使用方便,就设置了两个电源正图标。

VCC 标识符和 GND 标识符,本质上与网络标签是一样的,只要名称相同,在电气上就是连接的。

8)非连接标志

原理图中的芯片经常会有在电路中不需要连接的引脚,我们可以在这些空闲的引脚上放置非连接标志。如果不放,则在设计管理器中会出现网络连接错误,但是这并不会影响最终的 PCB 设计。

在原理图中单击已经放置好的"非连接标志",在右侧出现属性面板,如图 15.10 所示。在属性面板中可以修改非连接标志的颜色、ID 以及是否需要锁定。

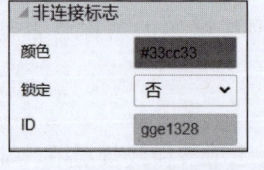

图 15.10 "非连接标志"属性面板

注意:非连接标志只能用在引脚上,不能放到导线上。

9)电压探针

电压探针可以放到原理图中的某个元器件引脚或导线上,用来测量导线上的电压,这个功能在仿真时可以用。仿真时出现的波形就是根据这个电压采样生成的。

10）引脚

这里的"引脚"工具与原理图库中的引脚工具一样,都可以给元器件放置引脚。引脚负责元器件的电气连接,如果没有引脚,元器件就不能用导线连接起来。在原理图设计中很少使用这个功能,这个功能多用于原理图库设计时。在原理图中放置引脚,可以与其他图形结合成一个原理图库,详细操作请参见"组合解散"工具的讲解。

11）组合解散

这个命令可以让我们在原理图编辑器界面绘制和修改原理图库文件。在原理图界面选中某个元器件,如图 15.11 所示,这个元器件变为红色。

在"电气工具"悬浮窗口中单击"组合解散"命令,这个元器件就被打散了,这时,即可单独修改这个原理图元器件的引脚名称、矩形形状等。当修改好后,把鼠标放到元器件左上角按住左键一直拉到元器件的右下角,选中整个元器件,然后再次单击电气工具中的"组合解散"命令,弹出一个对话框,如图 15.12 所示,如果不修改元器件的编号名称,单击"确定"按钮,这时元器件就又变成一个整体了。

图 15.11　选中元器件

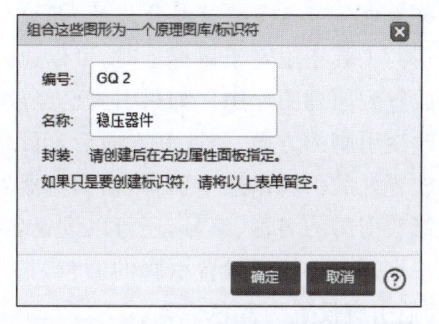

图 15.12　再次单击"组合解散"弹出的对话框

3. 绘图工具

"绘图工具"悬浮窗口位于原理图编辑器界面和原理图库编辑器界面。在这两个编辑器界面的绘图工具中,只有第一个工具命令不同,其他的绘图工具都相同,如图 15.13 和图 15.14 所示。

图 15.13　原理图编辑器界面中的绘图工具

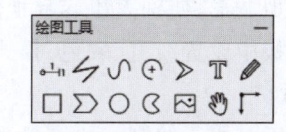

图 15.14　原理图库编辑器界面中的绘图工具

1）图纸设置

在"绘图工具"悬浮窗口中单击"图纸设置"命令,弹出一个对话框,如图 15.15 所示,在"图纸设置"对话框中可以设置原理图的尺寸和方向,单击"放置"按钮,将新建一个原理图画布,新的画布会附着在鼠标上,单击新的原理图画布就可以放到界面中。需要注意的是,旧的原理图画布还会存在。

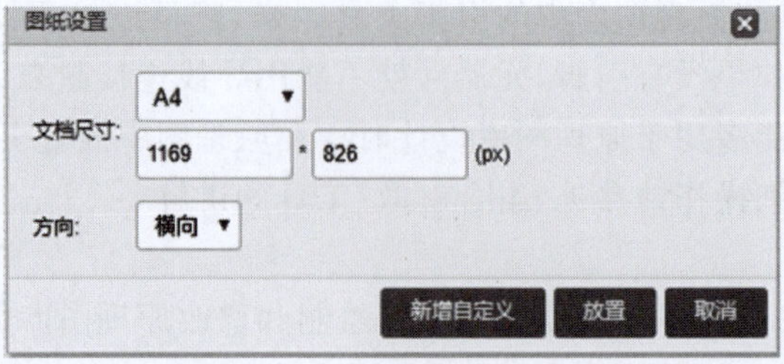

图 15.15 "图纸设置"对话框

2)引脚

"引脚"工具用于在原理图库编辑器界面放置引脚。单击"引脚"工具后,会有一个引脚附着在鼠标上,在原理图库编辑器界面中选择合适的位置单击,引脚即被放上去。

注意:相对于边框来说,引脚的电气连接节点要朝外,电气连接节点就是引脚上的那个小圆圈。将来电气节点是要连接导线的,朝外放置便于连线。

当"引脚"工具还附着于鼠标上时,可以通过按空格键改变引脚方向,等到方向合适时,再把引脚放置到原理图库中。如果引脚已经放置到原理图库中,可以单击引脚选中,然后再按空格键改变引脚的方向,修改好方向后,可以单击引脚拖动到合适的位置。

单击放置好的引脚以选中引脚,在编辑器界面的右侧会出现"引脚属性"面板,可以在属性面板中修改引脚的名称、编号,还可以设置名称和编号是否显示。可以把自己做的原理图库个性化一点,例如,通过设置引脚的颜色,把 VCC 引脚设置为红色,把 GND 引脚设置为黑色,把其他引脚设置为蓝色。

3)线条

在编辑器界面放置线条,这个"线条"工具不同于电气工具中的"导线"工具,这个"线条"工具是没有电气连接特性的,一般用于绘制原理图库的边框或者原理图中的模块分隔线。

单击已经放置好的线条,在编辑器右侧的属性面板中可以修改线条的线宽、颜色、样式等参数。

4)贝塞尔曲线

"线条"工具只能绘制直线,"贝塞尔曲线"工具可以绘制曲线,合理利用,就可以绘制出既实用又漂亮的原理图。比如,这里有一个小信号放大滤波的电路,就可以在其中的某些关键点加上虚拟波形,使别人更容易地阅读原理图,"贝塞尔曲线"工具和"线条"工具一样,可以在属性面板中设置线宽、颜色、样式等参数。

5)圆弧

"圆弧"工具用于绘制一段圆弧,圆弧是圆形或者椭圆的一部分,具有半径和中心属性。画好圆弧以后,如果不满意,可以通过右侧属性面板中的半径和中心等参数来设置。

6)箭头

"箭头"工具用于在编辑器界面放置一个箭头,选中整个命令后,在界面中单击,一个箭头就放置下去了。单击箭头后,在界面右侧属性面板中修改大小、类型,也可以修改箭头的填充颜色。

当箭头附着在鼠标上以后,可以通过按空格键改变箭头的方向。如果箭头已经放置到编辑器界面中,则可以单击选中箭头,再按空格键修改它的方向,也可以在界面右侧属性面板中修改箭头的方向。

7) 文本

"文本"工具用于在编辑器界面中放置文字,可以放置英文和中文,还可以设置文字的字体、大小、颜色等参数。这个工具一般用于在原理图中添加文字说明。

8) 自由绘制

其他的绘图命令都是遵循一定原则和规律的,而"自由绘制"工具则不同,使用"自由绘制"工具,就像使用一支笔一样,可以随意地不受约束地在界面中绘制。绘制好以后,可以修改它的线宽、颜色、样式等参数。

9) 矩形

"矩形"工具用于放置矩形。"矩形"工具会被经常用到,因为在绘制原理图库时,大部分的芯片都使用矩形框作为边框。

单击"矩形"工具后,第一次在编辑器界面单击放置的是矩形的左上角,第二次在编辑器界面单击放置的是矩形的右下角。

单击放置好的矩形,可以在右侧属性面板中修改矩形的线宽、颜色、样式。属性面板中还有一个非常好的功能,就是矩形的圆角半径设置功能,给矩形设置圆角半径后,元器件会显得非常优美。

设置矩形填充颜色也可以极大地使原理图库个性化。如图 15.16 所示,就是将矩形填充颜色设置为黑色的原理图库,看起来就像是一个真实的芯片。

10) 多边形

"多边形"工具用于绘制多边形,每单击一次,就会多一条边,最终是一个封闭的多边形。单击绘制好的多边形,在界面右侧属性面板中可以修改线宽、颜色、样式、填充颜色等参数。

图 15.16 更加真实的原理图库

11) 椭圆

"椭圆"工具用于绘制椭圆或圆形。选择"椭圆"命令后,第一次单击,放置的是椭圆边线的其中一个点,拖动直到椭圆的形状满意后,再次单击,一个椭圆就放置好了。

单击放置好的椭圆,在界面右侧属性面板中可以修改椭圆的线宽、颜色、样式、半径、中心等参数。

12) 饼形

"饼形"工具用于绘制饼形,也可以叫作扇形。饼形,其实是椭圆的一部分。选择"饼形"工具后,第一次在界面中单击,放置的是椭圆的中心;接着拖动鼠标,第二次单击,就固定好了椭圆的形状,以虚线显示;第三次单击,放置饼形的一条直边,拖动直到饼形的形状满意;第四次单击,饼形就画好了。

单击绘制好的饼形,在界面右侧属性面板中可以修改饼形的线宽、颜色、样式、半径、中心等参数。

13）图片

"图片"工具用于在编辑器界面中放置图片,如图 15.17 所示。可以放置网络上的图片,也可以放置本地计算机中的图片。在原理图编辑器界面使用"图片"工具,可以在原理图中放置 LOGO。在原理图库编辑器界面,可以用元器件的实物图片加引脚工具,绘制出更加真实的原理图库。

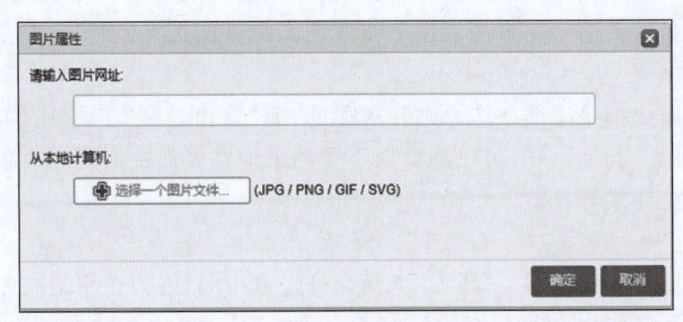

图 15.17　放置图片

14）拖曳

单击"拖曳"工具,光标变为手掌形状,然后用手掌单击一个元器件,这个元器件就会随着鼠标移动。如果不用这个工具拖曳,需用鼠标一直点着这个元器件才会移动。

15）画布原点

使用"画布原点"工具,用户可重新设置原理图画布或者原理图库画布的原点。

15.1.3　原理图的绘制

1. 原理图的新建与保存

1）先新建工程再新建原理图

执行主菜单"文件"→"新建"→"工程"命令,如图 15.18 所示。执行完此命令,会弹出"新建工程"对话框,如图 15.19 所示。

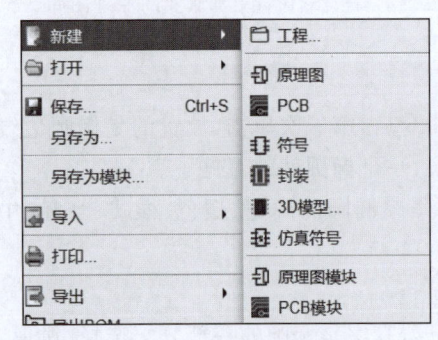

图 15.18　新建工程命令

在"新建工程"对话框中,"文件夹"即为登录名,将工程名称输入"标题"文本框中,在"路径"文本框中会自动修改为你的工程名称。如果工程名称是中文,这里会自动生成拼音;如果工程名称中有空格,会自动添加连字符"-"。在"描述"文本框中,可以写一些关于工程的介绍。

在"标题"文本框中根据用户的需要输入标题,这里以耦合共射为例,单击"保存"按钮,工程就建好了,接着会在"导航"菜单工程的展开窗口中出现工程名称,同时会自动新建一张原理图,这张原理图的名称前面会有一个"*",表示还没有保存,如图 15.20 所示。

这时执行主菜单"文件"→"保存"命令,原理图名称前面的"*"就没有了,因为原理图已被保存。

单击工程名称前面的倒三角形按钮,会列出当前工程下的所有文件,这时就可以看到有

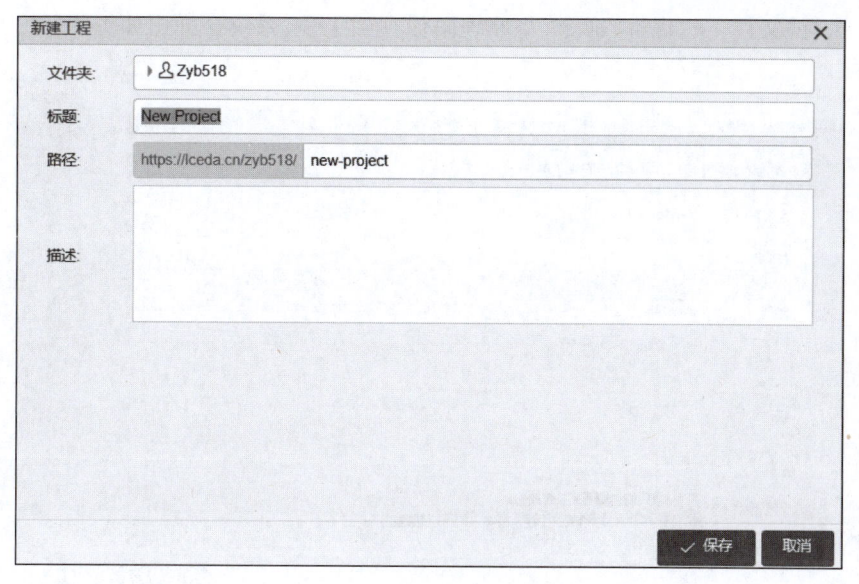

图 15.19 "新建工程"对话框

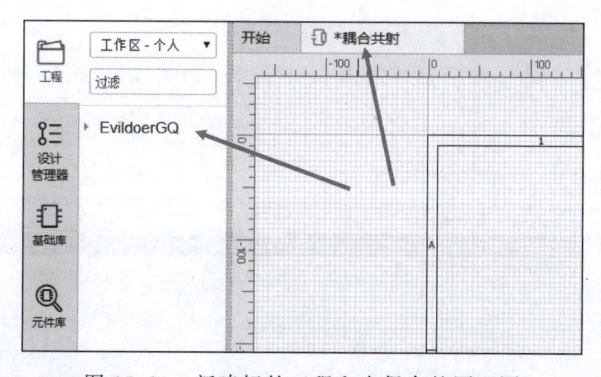

图 15.20 新建好的工程和未保存的原理图

一张原理图在耦合共射里面了。如果想要修改原理图的名称,可以在默认的工程名称 Sheet-1 上右击,在快捷菜单中选择"修改",在弹出的对话框中输入标题名称即可。

2) 先新建原理图再保存到工程

执行主菜单"文件"→"新建"→"原理图"命令,会打开一个新的标签栏,如图 15.21 所示,新建的原理图默认名称为 New Project,处于未保存到任何一个工程中的状态。

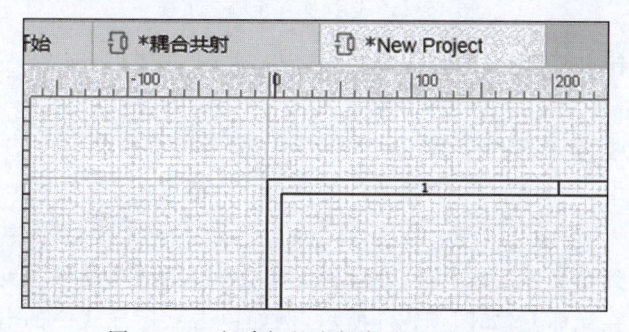

图 15.21 新建好的未保存的原理图文件

然后执行"文件"→"保存"命令,将原理图保存到工程,系统会弹出如图15.22所示的对话框。

图15.22 "保存为原理图"对话框

选择"保存至已有工程",然后选择存在的工程名,如图15.23所示。

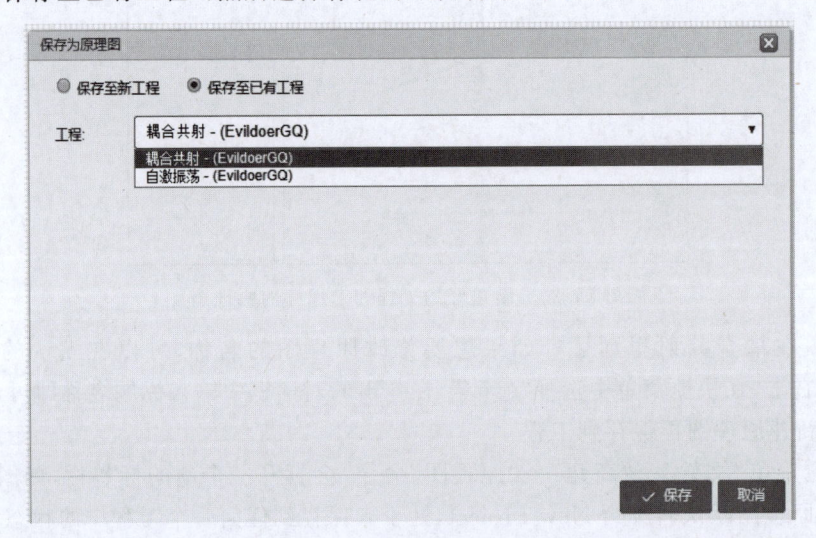

图15.23 选择保存至哪个工程

单击"保存"按钮,即可完成原理图保存到工程,如图15.24所示。

2. 放置元器件

1) 从基础库中放置元器件

在"导航"菜单中,单击"基础库"元器件图标会在右侧展开,基础库中的一部分元器件如图15.25所示。

在基础库中找到要放置的元器件,在图标上单击,然后把光标移动到原理图中,就可以看到元器件被附着在光标上,如图15.26所示,例如单击欧标样式中的电阻符号以后,电阻元器件被附着到了光标上。

图 15.24　新建好的原理图文件和工程

图 15.25　基础库

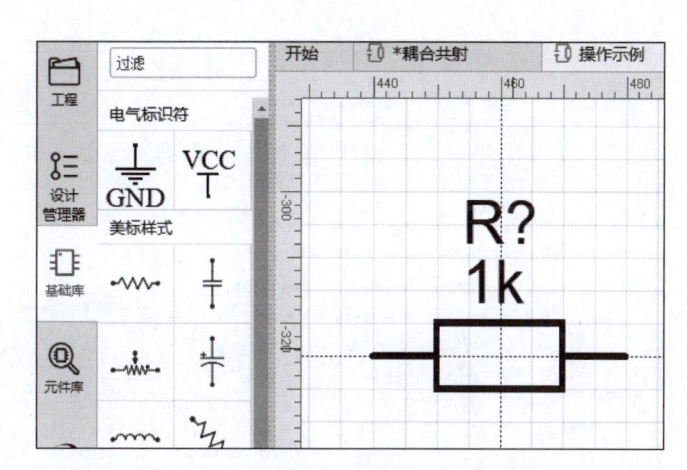

图 15.26　从基础库中放置电阻到原理图

在原理图中合适的位置单击,电阻就被放到了原理图中,此时光标上还会附着元器件,继续在原理图中单击,可以放置第二个元器件,如果不需要了,即右击取消放置命令。在原理图中滚动鼠标的滑轮可以放大和缩小原理图画布。

2) 从元器件库中放置元器件

单击"导航"菜单中的"元件库"图标,会弹出"元件库"对话框,如图 15.27 所示,因为需要在原理图上放置元器件,所以需要选择"类型"为"符号",然后在"搜索"文本框输入想要的元器件名称,然后单击"搜索"。选择合适的"库别"后,在元器件上面单击,就会在窗口的右侧出现该元器件的原理图库、PCB 库、实物图的预览图,也有可能出现这 3 个预览图的其中一个或者两个。

如图 15.28 所示,以立创 EDA 为例,搜索 PIC12F635 以后,在"库别"为"立创商城"下选择 PIC12F635-I/SN,可以在窗口的右侧看到这个元器件的原理图库、PCB 库、实物图的预览图。

确定好要放的元器件以后,单击"放置"按钮,元器件就会附着在光标上,这时找到合适的位置,放下去即可。同样,元器件放置好以后,右击可以取消命令。单击"元件库"对话框的右上角按钮可以切换至精简模式,这样进行搜索的同时不影响画图。

3. 电气连接

1) 导线连接

"导线"工具在"电气工具"悬浮窗口中的图标如图 15.29 所示。单击"导线"工具,在元

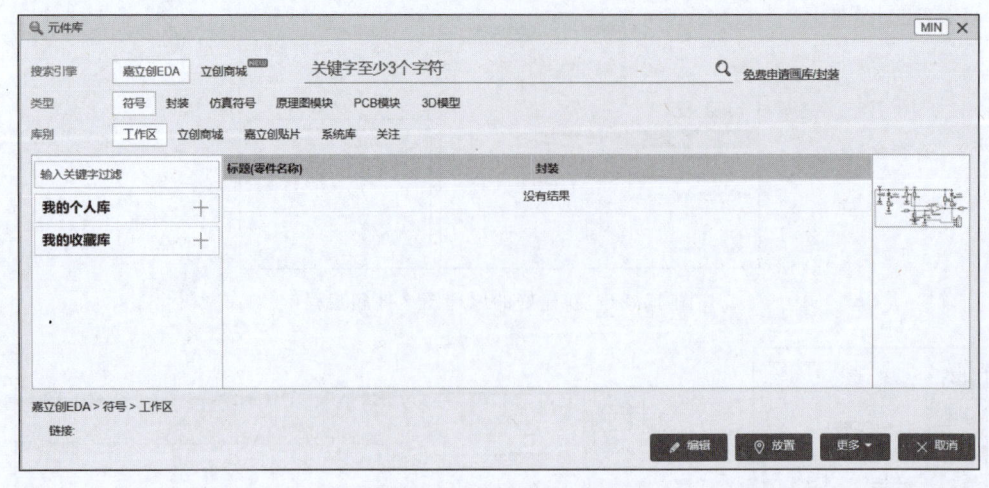

图 15.27 "元件库"对话框

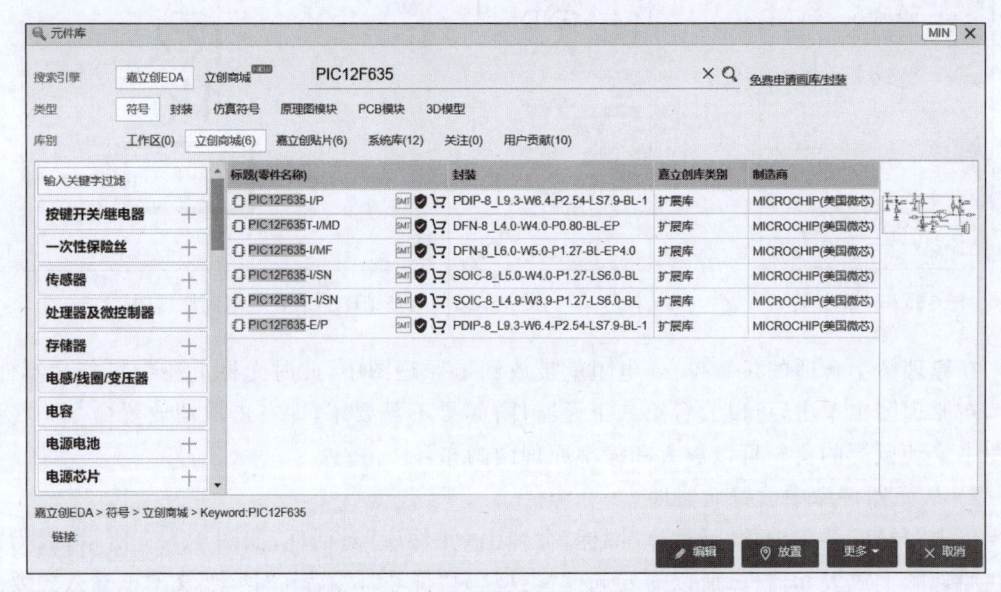

图 15.28 搜索 PIC12F635-I/SN 元器件

器件引脚的电气连接点上单击,就可以开始绘制导线,在需要连接的另外一个电气连接点上单击,就会完成一条导线的绘制。如果不再需要使用"导线"命令,右击则取消命令。如图 15.30 所示,使用"导线"工具连接电阻和发光二极管。

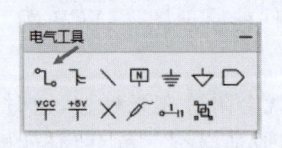

图 15.29 "导线"工具　　　图 15.30 使用连接元器件引脚"导线"工具

执行主菜单"转换"→"原理图转 PCB"命令看一下连接效果。注意,要保存原理图后才可以执行这个命令。在 PCB 中,可以看到电阻的一端已经和发光二极管有连接提示,如图 15.31 所示。

2）网络标签

"网络标签"工具在"电气工具"悬浮窗口中的图标如图 15.32 所示。

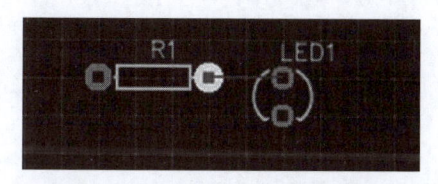

图 15.31　PCB 中的引脚连接提示

图 15.32　"网络标签"工具

单击"网络标签"工具，在需要连接的两个电气连接点上分别放置一个网络标签，然后分别把网络标签修改为同一个名称，这两个电气连接点就相当于用导线连接起来了。初学者使用网络标签很容易犯的一个错误就是，没有把网络标签放到电气连接点上，从而导致网络标签没有起作用。为了避免这个错误，建议画一条导线到网络标签的下面。

图 15.33 中，在电阻和发光二极管的一端均放置了名称为 netLabel1 的网络标签，就代表这两个电气连接点已经连接了。下面执行主菜单"转换"→"原理图转 PCB"命令来看一下 PCB 中的效果。如果已经生成过一次 PCB 文件而且 PCB 文件已经保存，可以执行主菜单"转换"→"更新 PCB"命令。同样可以看到这两个电气连接点已经连接，和使用"导线"工具的效果一模一样，如图 15.34 所示。

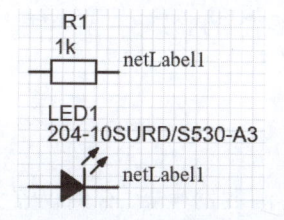

图 15.33　使用"网络标签"工具连接元器件

图 15.34　使用"网络标签"工具使得两个引脚连接在 PCB 中的效果

3）网络端口连接

"网络端口"工具在"电气工具"悬浮窗口中的图标如图 15.35 所示。"网络端口"和"网络标签"工具的使用一模一样，只是在表现形式上不同，这里不再赘述。

4）总线连接

"总线"和"总线分支"工具在"电气工具"悬浮窗口中的图标如图 15.36 所示。"总线"这个概念，在数字电路中表示具有一组相同特性的并行信号线。使用"总线"工具连接之后，会显得电路图非常清晰。

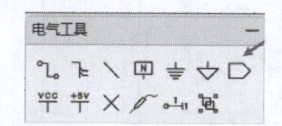

图 15.35　"网络端口"工具

图 15.36　"总线"和"总线分支"工具

"总线"和"总线分支"工具都不具有电气特性，这两个工具还需要配合导线、网络标签、网络端口这些工具来完成设计。如图 15.37 所示，使用"总线"和"总线分支"工具绘制原理图。

5）电气节点

在图 15.38 中，竖着的导线和两条横着的导线交叉在一起了，竖着的导线和上面横着的导线在交叉的地方有一个圆点，这里面的圆点就是电气节点。电气节点放置到导线交叉的地方，表示两条导线连接。

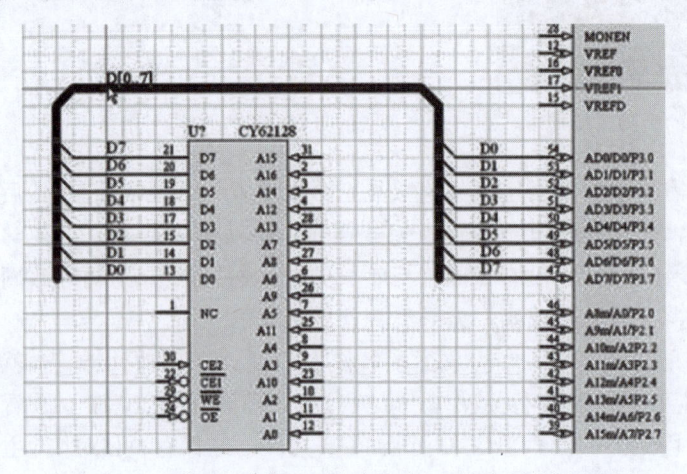

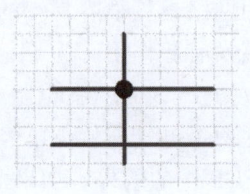

图 15.37　使用"总线"和"总线分支"工具绘制的原理图

图 15.38　电气节点

连接：一条导线经过另外一条导线时，在经过的导线上单击，再继续绘制，就会自动放置一个电气节点。不连接：一条导线经过另外一条导线时，不需要到另外一条导线上单击，而是直接经过。

15.1.4　原理图绘制实例

如图 15.39 所示的负反馈放大电路原理图，左侧仪器为函数发生器，右侧仪器为示波器，中间部分为两个分压式偏置共发射极放大电路通过电容 C2 耦合在一起的放大电路，并且 RF 起到了反馈作用。

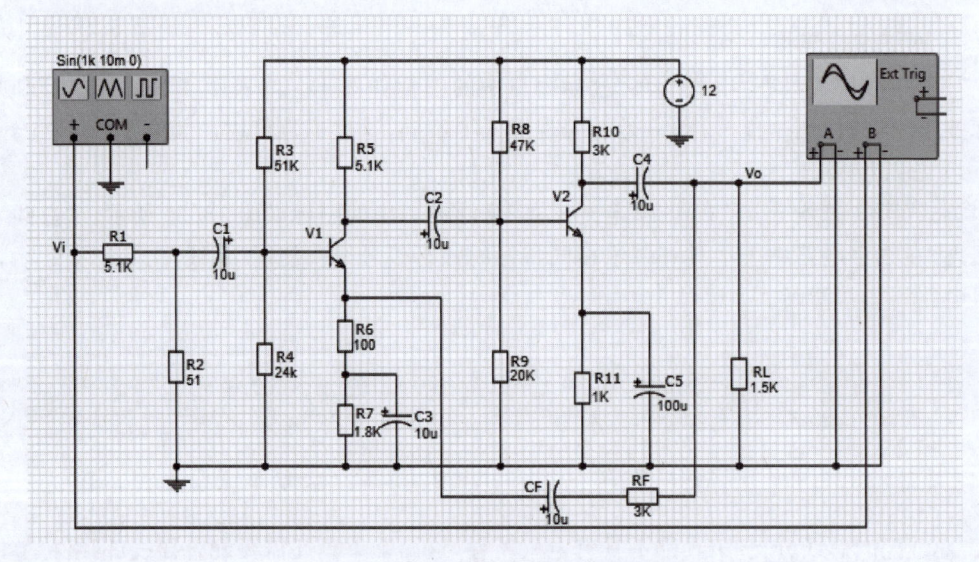

图 15.39　负反馈放大电路原理图

注：此图为软件电路仿真截图，电气符号与软件保持一致。

15.2 PCB 的设计

印制电路板(Printed Circuit Board,PCB)设计是以电路原理图为参考,实现电路设计者所需要的功能。印制电路板的设计主要指版图设计,需要考虑外部连接的布局、内部电子元器件的优化布局、金属连线和通孔的优化布局、电磁保护、热耗散等各种因素。优秀的版图设计可以节约生产成本,达到良好的电路性能和散热性能。简单的版图设计可以用手工实现,复杂的版图设计需要借助计算机辅助设计(CAD)实现。

15.2.1 PCB 简介

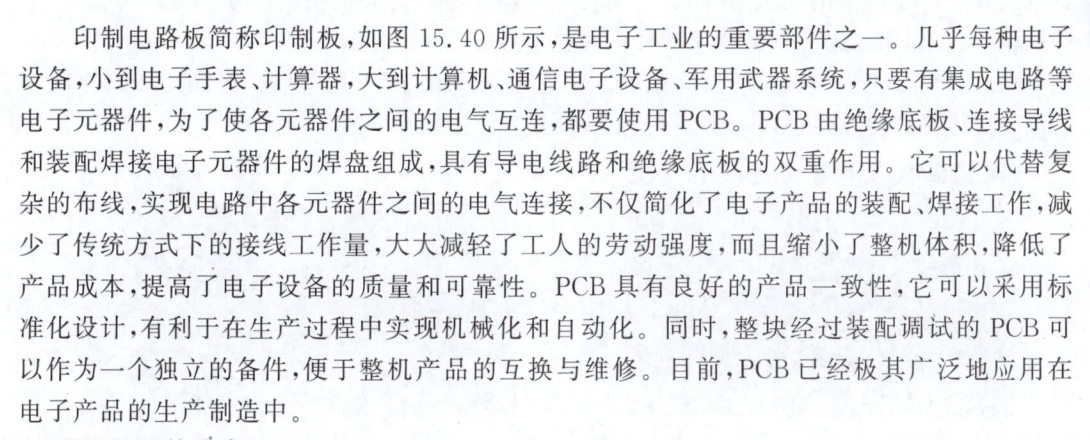

印制电路板简称印制板,如图 15.40 所示,是电子工业的重要部件之一。几乎每种电子设备,小到电子手表、计算器,大到计算机、通信电子设备、军用武器系统,只要有集成电路等电子元器件,为了使各元器件之间的电气互连,都要使用 PCB。PCB 由绝缘底板、连接导线和装配焊接电子元器件的焊盘组成,具有导电线路和绝缘底板的双重作用。它可以代替复杂的布线,实现电路中各元器件之间的电气连接,不仅简化了电子产品的装配、焊接工作,减少了传统方式下的接线工作量,大大减轻了工人的劳动强度,而且缩小了整机体积,降低了产品成本,提高了电子设备的质量和可靠性。PCB 具有良好的产品一致性,它可以采用标准化设计,有利于在生产过程中实现机械化和自动化。同时,整块经过装配调试的 PCB 可以作为一个独立的备件,便于整机产品的互换与维修。目前,PCB 已经极其广泛地应用在电子产品的生产制造中。

1. PCB 的分类

PCB 可以从 4 个角度进行分类:结构、硬度性能、孔的导通状态、表面制作工艺。

1) 以结构分类

(1) 单面板。

单面板是一种一面有覆铜、另一面没有覆铜的电路板,用户只可以在覆铜的一面布线并放置元器件,如图 15.41 所示。

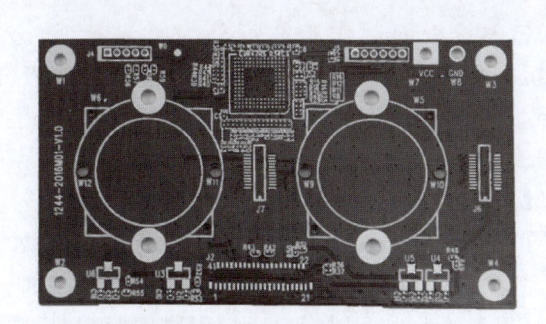

图 15.40 PCB(印制电路板)

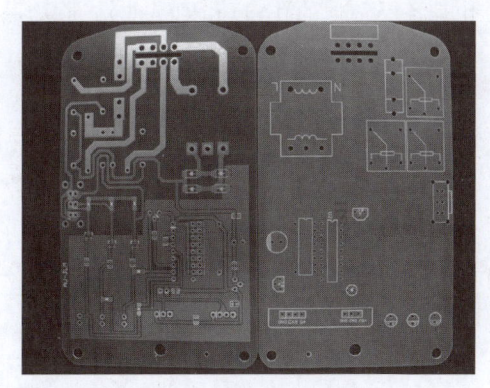

图 15.41 单面板

(2) 双面板。

双面板包括顶层和底层两层。顶层一般为元器件面,底层一般为焊锡层面。双面板的双面都可以覆铜,也可以布线,并且可以通过过孔来导通两层之间的线路,使之形成所需要的网络连接。

（3）多层板。

多层板包含多个工作层或电源层，一般指三层以上的电路板。除顶层和底层之外，还包括中间层、内部电源或接地层等。多层板是电子信息技术向高速度、多功能、大容量、小体积、薄型化、轻量化方向发展的产物。

2）以硬度性能分类

PCB按照硬度性能可分为硬板、软板、软硬结合板。顾名思义，硬板，不能弯曲、绕折，也就是传统的电路印制板。软板，即FPC(Flexible Printed Circuit)，如图15.42所示，用"聚酯薄膜"或"聚酰亚胺"作基材，是柔性材料，可以任意弯折、绕曲。FPC一般用在需要重复绕曲及一些小部件的连接，同时它也是连成立体线路结构的重要设计方式，搭配其他电子产品设计，可以构建出各种各样不同的应用。软硬结合板，如图15.43所示，就是柔性线路板和硬性线路板经过压合等工序，按相关工艺要求组合在一起，形成的具有FPC特性和PCB（硬板）特性的线路板。

图15.42　FPC

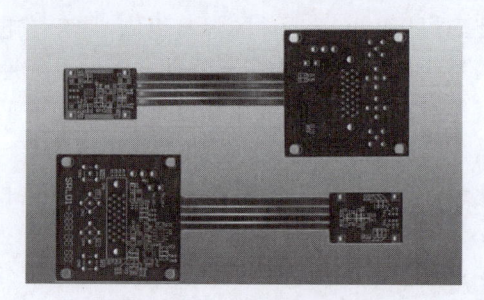

图15.43　软硬结合板

3）以孔的导通状态分类

PCB按照孔的导通状态可以分为盲埋孔板、通孔板。盲埋孔板也称为HDI板，多用于手机、GPS导航等高端产品。盲埋孔板是盲孔和埋孔工艺相结合的板子，其中，埋孔即为内层间的通孔，上下两面都在板子的内部层，经过压合后是无法看到的。盲孔与通孔相对应，通孔是各层钻通的孔，盲孔则是非钻通孔，盲孔可以看到一面而另一面在板子里无法看到。

4）以表面制作工艺分类

PCB按表面制作工艺可分为喷锡板、镀金板、沉金板、ENTEK板（也称OSP板）、碳油板、金手指板、沉锡、沉银等。图15.44所示为金手指板。

图15.44　金手指板

2. PCB元器件封装

PCB元器件封装就是把实际的电子元器件、芯片等的各种参数，如元器件的大小、长宽、直插、贴片、焊盘的大小、引脚的长宽、引脚间距等，用图形方式表现出来，以便在绘制PCB图时进行调用。不同的元器件可以共用同一零件封装，同种元器件也可以有不同的零件封装。

PCB元器件封装主要分为直插式封装技术（THT）、表面贴片技术（SMT）两大类，常见的有 BGA(球栅阵列封装)、DIP(双列直插式封装)、LCC(无引脚芯片载体)、SOP/SOIC(小外形封装)、PQFP(塑封四角扁平封装)等。图 15.45 为部分常见封装类型。

BGA　　　　　DIP　　　　　LCC

图 15.45　部分常见封装类型

命名原则：元器件类型＋焊盘距离(焊盘数)＋元器件外形尺寸。例如，电容类封装可以分为有极性电容类(RB5-6.5～RB7.6-15)和非极性电容类(RAD-0.1～RAD-0.4)，电阻类封装可以分为电阻类(AXIAL-0.3～AXIAL-1.0)和可变电阻类(VR1～VR5)，晶体三极管(BCY-W3)，二极管类(DIODE-0.5～DIODE-0.7)，集成电路(DIP-xxx 封装、SIL-xxx 封装)。

1) 导线和飞线

导线是在 PCB 上布置的铜质线路，也称铜膜导线。导线从一个焊点走向另一个焊点，其宽度、走线路径等对整个电路板性能起着直接作用。PCB 设计主要包括两部分：一是元器件的布局；二是导线的布置，布线是电路板设计的核心。

飞线，也称为预拉线，其作用是指示 PCB 中各节点的电气逻辑连接关系，而并非物理上的连接。在引入网络表后，PCB 中各元器件之间都是采用飞线指示连接关系，直到两节点间布置了铜膜导线。

2) 助焊膜和阻焊膜

助焊膜是涂于焊盘上、提高可焊性的一层膜，也就是在绿色板子上比焊盘略大的各浅色圆斑。阻焊膜则正好相反，为使制成的板子适应波峰焊等焊接形式，要求板子上非焊盘处的铜箔不能粘锡，因此焊盘以外的部分都要涂覆一层涂料，用于阻止这些部位上锡。

3) 层

PCB 的层不是虚拟的，而是 PCB 材料本身真实存在的铜箔层。由于电子线路的元器件密集安装、防干扰和布线等特殊要求，一些较新的电子产品中所用的印制板不仅有上下两面供走线，在板的中间还设有能被特殊加工的夹层铜箔。以四层板为例，包括的板层有丝印层、阻焊层、锡膏层、顶层(元件层)、底层(焊接层)、钻孔层、禁止布线层(用于设置 PCB 边缘)、机械层、穿透层、中间电源层、中间地层。

4) 焊盘和过孔

焊盘(pad)用来放置焊锡、连接导线和元器件引脚，有圆形、方形、椭圆形、矩形等形状。焊盘自行编辑的原则如下。

(1) 形状上长短不一致时，要考虑连线宽度与焊盘特定边长的大小差异不能过大。

(2) 需要在元器件引脚之间走线时，选用长短不对称的焊盘往往事半功倍。

(3) 各元器件焊盘孔的大小要按元器件引脚的粗细分别编辑确定，原则上是孔的尺寸比引脚的直径大 0.2～0.4mm。

为连通各层之间的线路，在各层需要连通的导线交汇处钻一个公共孔，这就是过孔(via)。区别于焊盘，过孔边上没有助焊层。过孔分为 3 种：从顶层贯穿到底层的通孔；从顶层通到内层或从内层通到底层的盲孔；内层间的埋孔。

过孔有两个尺寸,即通孔直径和过孔直径,如图 15.46 所示。通孔和过孔之间的孔壁用于连接不同层的导线。

过孔处理原则如下。

(1) 尽量少用过孔,一旦选用过孔,务必处理好它与周边各实体的间隙,特别是容易被忽视的中间各层与过孔不相连的线与过孔的间隙。

(2) 需要的载流量越大,所需的过孔尺寸越大。

5) 丝印层

为方便电路的安装和维修,在 PCB 的上下表面印刷上所需要的标志图案和文字代号等,例如元器件标号和标称值、元器件外廓形状、商家标志、生产日期等。丝印层字符布置原则:不出歧义,见缝插针,美观大方。

图 15.46 过孔尺寸

6) 安全距离

安全距离是铜箔线与铜箔线(track to track)、过孔与铜箔线(via to track)、过孔与过孔(via to via)、铜箔线与焊盘(track to pad)、焊盘与焊盘(pad to pad)、过孔与焊盘(via to pad)等之间的最小距离。

3. PCB 的优点

(1) 可高密度化:多年来,PCB 的高密度一直能够随着集成电路集成度的提高和安装技术的进步而相应发展。

(2) 高可靠性:通过一系列检查、测试和老化试验等技术手段,可以保证 PCB 长期(使用期一般为 20 年)而可靠地工作。

(3) 可设计性:对 PCB 的各种性能(电气、物理、化学、机械等)的要求,可以通过设计标准化、规范化等来实现,这样设计时间短、效率高。

(4) 可生产性:PCB 采用现代化管理,可实现标准化、规模(量)化、自动化生产,从而保证产品质量的一致性。

(5) 可测试性:建立了比较完整的测试方法、测试标准,可以通过各种测试设备与仪器等来检测并鉴定 PCB 产品的合格性和使用寿命。

(6) 可组装性:PCB 产品既便于各种元器件进行标准化组装,又可以进行自动化、规模化的批量生产。另外,将 PCB 与其他各种元器件进行整体组装,还可形成更大的部件、系统,直至整机。

(7) 可维护性:由于 PCB 产品与各种元器件整体组装的部件是标准化设计与规模化生产的,因而,这些部件也是标准化的。所以,一旦系统发生故障,可以快速、方便、灵活地进行更换,迅速恢复系统的工作。

(8) PCB 还有一些其他优点,如使系统小型化、轻量化,信号传输高速化等。

4. PCB 在电子设备中的功能

(1) 提供集成电路等各种电子元器件固定、装配的机械支承,实现集成电路等各种电子元器件之间的布线和电气连接或电绝缘,提供所要求的电气特性。

(2) 为自动焊接提供阻焊图形,为元器件插装、检查、维修提供识别字符和图形。

(3) 电子设备采用 PCB 后,由于同类 PCB 的一致性,避免了人工接线的差错,并可实现电子元器件自动插装或贴装、自动焊锡、自动检测，保证了电子产品的质量，提高了劳动生产率，降低了成本，并便于维修。

（4）在高速或高频电路中为电路提供所需的电气特性、特性阻抗和电磁兼容特性。

（5）内部嵌入无源元器件的PCB，提供了一定的电气功能，简化了电子安装程序，提高了产品的可靠性。

（6）在大规模和超大规模的电子封装元器件中，为电子元器件小型化的芯片封装提供了有效的芯片载体。

15.2.2　PCB编辑器

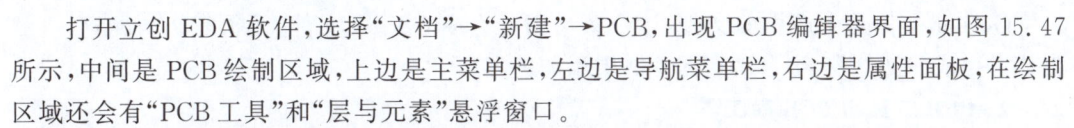

打开立创EDA软件，选择"文档"→"新建"→PCB，出现PCB编辑器界面，如图15.47所示，中间是PCB绘制区域，上边是主菜单栏，左边是导航菜单栏，右边是属性面板，在绘制区域还会有"PCB工具"和"层与元素"悬浮窗口。

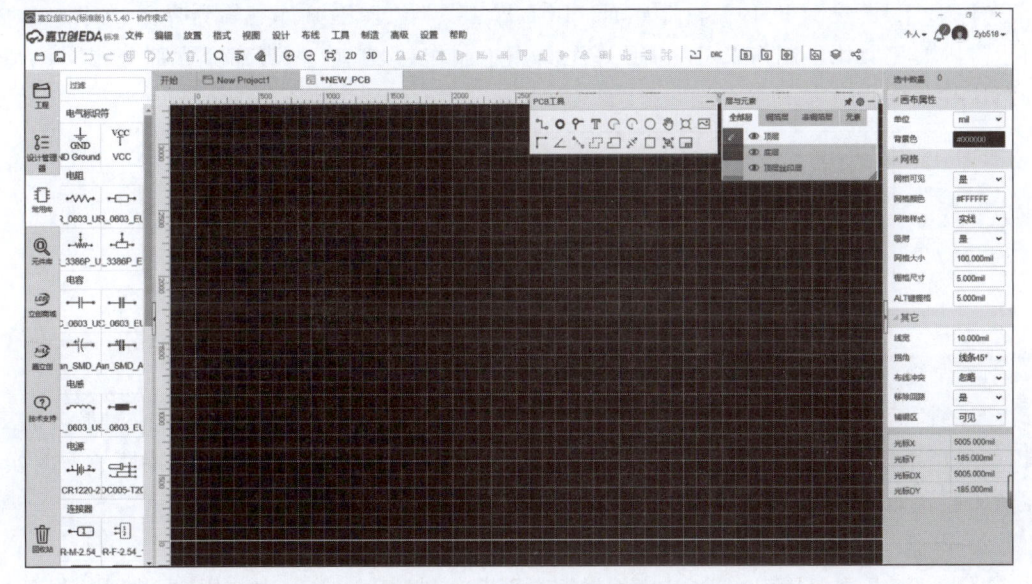

图15.47　PCB编辑器界面

1. 主菜单栏

PCB编辑器的主菜单栏如图15.48所示，大部分菜单命令已经在介绍原理图编辑器主菜单栏时讲解过了。现在来看一下PCB编辑器界面主菜单栏中的其他菜单命令。

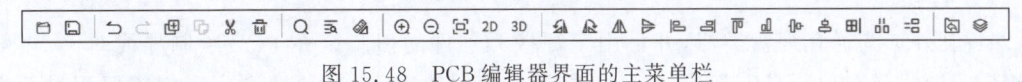

图15.48　PCB编辑器界面的主菜单栏

1)"导入修改信息"菜单

在绘制PCB的过程中，有时会发现原理图中存在某些问题，如导线连接错误，这时需要修改原理图，在修改了原理图之后，可使用这个命令把原理图中修改的内容同步到PCB中。

2)"预览"菜单

"预览"菜单下面有两个子菜单，分别是"照片预览"和"3D预览"。这个菜单的作用是把绘制好的PCB虚拟成实物并对其进行观察。其中，"照片预览"是2D效果，可以虚拟出电路板的正面和背面的效果;"3D预览"不仅可以看到虚拟实物的正面和背面,还可以从三维的角度来观察虚拟实物电路板。

3)"布线"菜单

"布线"菜单下面有3个子菜单,分别是"自动布线""差分对布线""线长调整"。把PCB的元器件摆放好后,就可以布线了。布线分为手动布线和自动布线两种情况。手动布线就是用"导线"工具手动连接元器件之间的引脚;自动布线是由软件利用一定的算法对PCB元器件引脚进行连接。自动布线的速度要比手动布线快很多,可以根据需求自行选择或者结合起来使用。

4)"生成制造文件"菜单

Gerber 文件是生产用的文件,这个菜单用于生成 Gerber 文件,无须复杂的配置,一键生成。生成的文件中,会自动把用到的层添加进去。

2. PCB 工具和 PCB 库工具

"PCB 工具"位于 PCB 编辑器界面,"PCB 库工具"位于 PCB 库编辑器界面,如图 15.49 所示。PCB 工具用于制作 PCB,PCB 库工具用于制作封装库。两者命令大部分相同,下面介绍这些命令的用途。

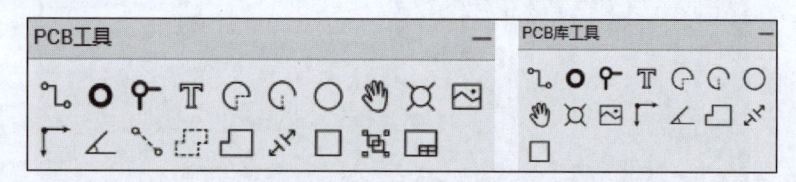

图 15.49　PCB 工具与 PCB 库工具

1)导线

"导线"工具一般用于连接元器件之间的引脚,在 PCB 设计界面,导线是使用最多的工具,一般用于顶层和底层的绘制。如果在其他层,"导线"工具就不具备电气特性了。例如,在丝印层,"导线"工具用于绘制丝印;在边框层,"导线"工具用于绘制边框。

2)焊盘

"焊盘"工具主要用于在 PCB 库编辑器界面制作封装库。第一次使用时,放置的焊盘为直插通孔型。如果想要修改为贴片焊盘,则需要修改焊盘的属性。在需要的焊盘上单击,界面右侧会出现"焊盘"属性面板。在"焊盘"属性面板上,可以修改焊盘的层、编号、形状、尺寸等参数。

3)过孔

过孔外形与通孔焊盘类似,并可用于焊接元器件的引脚。在 PCB 绘制导线时,大多数情况下,导线只在顶层是走不通的,所以需要从底层绕着走,从顶层到底层就需要用过孔来连接。过孔还用于散热、抗干扰。在一个发热比较严重的焊盘上面,多增加一些过孔,可以增加散热效果。

单击放置好的过孔,在界面右侧出现的"过孔"属性面板中,可以修改过孔的外径、内径等参数。过孔内径一般不要小于 0.4mm,外径与内径的差不要小于 0.2mm。

4)文本

文本一般放到丝印层,用于放置电路板的名称、版本号等内容。文本也可以放到铜箔层

(顶层或底层)，进行开窗处理，最后变成银色(喷锡工艺)或金黄色(沉金工艺)文字。

5) 通孔

"通孔"工具用于在 PCB 中放置安装孔。单击放置好的通孔，可以在界面右侧出现的属性面板中修改孔的直径。通孔图形的 4 个伸出的小线段仅作定位参考使用，不影响通孔的形状。

6) 图片

"图片"工具与"文字"工具一样，可以放置到丝印层，也可以放置到铜箔层再开窗。支持 JPG、PNG、GIF、BMP、SVG 格式的图片，可以设置颜色容差、简化水平、是否反转、图片尺寸等参数。导入 PCB 文件后，还可以随意拖动文件的尺寸。

7) 量角器

选择"量角器"工具后，在编辑器界面单击，就可以用鼠标拉出一条直线，这条直线就是角的一条边，然后再拖动，就可以看到角的第二条边在围绕角移动，在合适的位置单击，就可显示角度。

8) 连接焊盘

"连接焊盘"工具是 PCB 编辑器界面的工具。在画一些比较简单的电路板时，可以直接画 PCB。但是，因为只有两个网络名称相同的焊盘才能够连接在一起，而直接摆放的焊盘是没有网络名称的，所以直接画 PCB 无法用"导线"工具连接两个焊盘，这时，就需要使用这个"连接焊盘"工具连接两个焊盘。连接好线后，就会发现两个焊盘的网络名称一样了，然后可以使用"导线"工具连接两个焊盘。

9) 覆铜

"覆铜"工具是 PCB 编辑器界面的工具。覆铜是绘制 PCB 最常用的操作，一般用于导线连接好后，给整个电路板没有导线的地方放置 GND 块。用鼠标在电路板上放置好多边形以后，右击取消命令，就会自动形成一个网络为 GND 的覆铜区域。单击覆铜线框，可以在右侧出现的属性面板中修改覆铜的参数。

10) 实心填充

"实心填充"工具与"覆铜"工具的操作方法类似。但"实心填充"可以放到任何层，而"覆铜"只能放到顶层和底层。"实心填充"有 3 种类型：全填充、无填充、槽孔。这 3 种类型可以通过右侧的"实心填充"属性面板来修改。一般用这个工具给 PCB 开矩形孔以及不规则孔。

11) 尺寸

"尺寸"工具用于给 PCB 标注尺寸，如 PCB 边框尺寸标注、安装孔尺寸标注、元器件距离尺寸标注等。

12) 组合/解散

"组合解散"工具是一个非常实用的工具，在原理图编辑器界面和 PCB 编辑器界面都有，且使用方法都一样。下面介绍"组合解散"工具在 PCB 设计界面的使用方法。

总的来说，"组合解散"工具是为了方便在 PCB 编辑器界面修改封装库，也可以用这个工具在 PCB 界面制作封装库。

在 PCB 编辑器界面单击封装内部，等到该元器件的整体颜色变成白色，选中这个元器件,如图 15.50 所示。

在"电气工具"悬浮窗口中,单击"组合解散"命令,这个元器件就被打散了,这时,即可单独修改这个元器件库的焊盘和边框等元素,与在 PCB 封装库编辑器界面一样操作。当修改好后,把鼠标放到元器件左上角按住左键一直拉到元器件的右下角,选中整个元器件,然后再次单击"电气工具"中的"组合解散"命令,弹出一个对话框,如图 15.51 所示,写入编号和名称,单击"确定"按钮,这时元器件就又变成一个整体了。

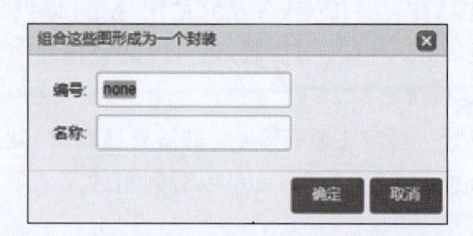

图 15.50　选中元器件　　　图 15.51　再次单击"组合解散"命令弹出的对话框

也可以在 PCB 编辑器中使用 PCB 工具中的"焊盘""矩形""圆形""圆弧"等工具,直接在 PCB 编辑器界面做一个 PCB 封装库,做好后选中全部,单击"组合解散"按钮,输入名称和编号,一个 PCB 封装库就做好了。

15.2.3　PCB 的绘制

PCB 的绘制有两种方式:一种是在完成原理图的绘制后,由原理图生成 PCB;另一种是不画原理图直接画 PCB。常用的单面电路板和简单的双面电路板,一般可以直接画 PCB;复杂的两层板或者多层板,一般都是先画原理图,再由原理图生成 PCB 文件。

1. PCB 文件的新建与保存

立创 EDA 提供了两种不同的 PCB 文件创建方式:在原理图编辑器界面,执行主菜单"转换"→"原理图转 PCB"命令生成 PCB 文件;执行主菜单"文件"→"新建"→"PCB"命令新建 PCB 文件。

1) 原理图转 PCB 文件

立创 EDA 提供一键生成 PCB 的菜单命令。在画好原理图文件之后,执行主菜单"转换"→"原理图转 PCB"命令就可以一键生成 PCB 文件,同时,原理图中的所有元器件都会导入 PCB 文件中,相当于同时完成了"新建 PCB"→"生成网络表"→"导入网络表"等这些操作命令。这时,我们就可以直接进入元器件布局的环节了。

2) 用"新建"菜单建立 PCB 文件

执行主菜单"文件"→"新建"→"PCB"命令,可以新建一个 PCB 文件。新建好 PCB 文件以后,可直接在 PCB 文件中绘制电路板,也可以从绘制好的原理图中导入元器件。在原理图编辑器界面,执行主菜单"转换"→"更新 PCB"命令,可以把原理图中的元器件导入 PCB 文件中。

3) PCB 文件的保存

执行主菜单"文件"→"保存"命令,可以保存 PCB 文件到云端。如果是第一次保存 PCB 文件,会弹出一个对话框,在弹出的对话框中,可以选择把 PCB 文件保存到已有的工程中,也可以选择保存到新的工程中。如果选择保存到新的工程中,就是在新建 PCB 文件的同时完成了新建工程。

2. PCB 布局

元器件导入 PCB 文件后,就可以开始元器件的布局。元器件布局,其实就是把元器件放到电路板中合适的位置。元器件的布局并没有特殊的强制性要求,同样功能的一块电路板,由不同的人做就会有不同的布局结果,但是仍有一些小小的规律可循,这些都来自设计者的设计经验。

1) 电路板边框绘制

一般情况下,在元器件布局之前需要先绘制好电路板的边框。电路板的边框一般是由电路板的产品外壳决定的。做产品时可以先做好外壳,再做电路板;也可以先做好电路板,再做外壳。在元器件布局时,可以先给元器件布局,再绘制边框;也可以先绘制边框,再做元器件的布局。具体的先后顺序由具体的需求决定,并不是一成不变的。产品的多样性,使得电路板的外形也是多种多样的。我们在"工具"菜单中进行边框设计。

在第一次执行"原理图转 PCB"命令之后,伴随着元器件的导入,还会有一个自动生成的边框。绘制边框之前,需要先在"层与元素"悬浮窗口中单击边框层前面的颜色窗口,将层修改为"边框层"。

使用"PCB 工具"悬浮窗口中的"圆形"工具,可以快速地绘制一个圆形电路板边框,绘制完之后,还可以通过界面右侧的属性面板来修改图形的大小和形状。

使用"PCB 工具"悬浮窗口中的"导线"工具,可以绘制矩形、多边形等电路板边框,绘制完之后,还可以通过界面右侧的属性面板来修改图形的大小和形状。

如果想画一个带圆角的矩形边框,可以使用"导线"工具,结合"圆弧"或"中心圆弧"工具,画出好看的圆角矩形。

2) 添加安装孔

绘制好电路板的边框,一般就需要给电路板添加安装孔了。安装孔的位置一般由外壳的要求来确定,如果需要先做电路板再做外壳,那就找合适的位置来放置安装孔。

安装孔一般是圆形的,特殊情况下也会有其他形状。

使用"PCB 工具"悬浮窗口中的"通孔""焊盘""过孔"工具,都可以绘制出安装孔。"通孔"工具专门用来绘制安装孔,在 PCB 上放置"孔"以后,可以在界面右侧属性面板中修改孔的参数,如直径和坐标。这种孔被称为机械孔。

"焊盘"工具制作的安装孔,其实就是一个直插焊盘。修改焊盘的内径,以符合安装孔的要求。这种孔属于电气孔。"过孔"工具制作的安装孔,和"焊盘"工具制作安装孔的原理一样,都是要求内径符合安装孔的要求。但"过孔"工具制作的安装孔和"焊盘""通孔"工具制作的安装孔样式有所不同。

3) 手动布局

手动布局,需要用鼠标把元器件分别放置合适位置。一般情况下,按照原理图中元器件相对位置摆放元器件。原则如下。

(1) 需要插接导线或者其他线缆的接口元器件,一般放到电路板外侧,并且接线的一面朝外。位于电路板边缘的零件,离电路板边缘一般不小于 2mm。

(2) 元器件就近原则。元器件就近放置,可以缩短 PCB 导线的距离,如果是去耦电容或者滤波电容,越靠近元器件,效果越好。

(3) 整齐排列。一个 IC 芯片的辅助电容电阻电路,围绕此 IC 整齐地排列电阻、电容,可以更美观。

(4) 按照电路的流程安排各功能电路单元的位置,使布局便于信号流通,并使信号尽可能保持一致的方向。

(5) 在高频信号下工作的电路,要考虑零件之间的分布参数。

(6) 时钟发生器、晶振、CPU 的时钟输入端应尽量相互靠近且远离其他低频器件。

(7) 电流值变化大的电路尽量远离逻辑电路。

4) 布局传递

布局传递是一个非常实用的功能。在手动布局的时候,其实大部分情况下,都会按照原理图各单元电路的摆放位置在 PCB 中放置元器件。"布局传递"命令,就可以实现一键把原理图中的布局传递到 PCB 中,使得单元电路的元器件都按照原理图中的相对位置摆放,不用分别寻找和拖动元器件,大大提高了布局效率。

在原理图中,选中所有需要布局传递的元器件,然后执行主菜单"工具"→"布局传递"命令,此时,界面自动切换到 PCB 编辑器界面,刚刚被选中的元器件,已经按照原理图中的位置附着在了光标上,单击,就可以把元器件放到 PCB 中。

3. PCB 布线

元器件布局好以后,就可以开始布线了。布线,就是元器件之间的导线连接。在布线的过程中,可能需要调整元器件的布局,大部分情况下布局微调就可以。

布线的方式有两种:自动布线和手动布线。因为自动布线的算法可能无法满足要求,所以,当自动布线无法满足要求时,就需要手动布线。

1) 自动布线

设计比较简单的电路板时,自动布线往往可以提高布线效率,自动布线完成之后,还可以通过修改个别布线来满足要求。立创 EDA 提供了一个强大的自动布线功能,通过设置一些参数,就可以满足基本布线需求。在 PCB 设计界面,执行"布线"→"自动布线"命令,会弹出"自动布线设置"对话框。接下来介绍如何设置这些选项。

(1) 通用选项。

在"通用选项"选项卡下,可以设置(或默认)布线线宽、间距、孔外径、孔内径,是否实时显示,布线服务器选择本地还是云端。选择云端作为布线服务器的话,如果同时使用人数过多,会产生排队等待现象,还可能会布线失败,建议使用本地布线服务器。单击"本地(不可用)"旁边的字"安装本地自动布线",可以按照新打开页面中的安装步骤,把布线服务器安装到本地。

(2) 布线层。

在"布线层"选项卡下可以设置布线层数。如果只需要在"顶层"布线,把"顶层"前面的复选框选中,其他层前面的复选框都取消。总之,被选中的层将会进行自动布线。如果是多层板,还会出现"内层"选项。同样,可以选择是否在内层自动布线。

(3) 特殊网络。

一般情况下,可以使用这个功能对电源网络进行加粗操作。单击"操作"下面的加号,可以继续添加需要单独设置线宽和间距的网络。合理地利用这个功能,将使自动布线更加符合要求。

(4) 忽略网络。

在"忽略网络"选项卡下可以设置忽略的网络。被忽略的网络、手动布线好的网络,不会对其进行布线操作。"忽略已布线的网络"是已经手动布线好的网络。"忽略网络"可以选择不希望自动布线的网络,还可以单击"操作"下面的加号添加更多需要忽略的网络。

内容全部设置好后,单击"运行"按钮,就开始自动布线了。

2) 手动布线

当自动布线满足不了要求,就需要手动布线。使用"PCB工具"悬浮窗口中的"导线"工具,就可以开始手动布线。

手动布线之前,可以设置好默认的线宽和拐角。在 PCB 画布空白处单击,在界面右侧的属性面板"其他"中可以修改线宽和拐角。设置好线宽后,以后每次放置的线宽,都会是这里设置的宽度值。"拐角"有 4 个选项,分别是 45°、90°、自由拐角、圆弧,可以根据需求来设置,一般设置为 45°拐角。

布线需要遵循一定的原则,否则做出来的电路板可能会工作不正常。布线的规则有很多,例如:

(1) 输入/输出端用的导线应尽量避免相邻平行;

(2) 导线间的最小宽度主要是由导线与绝缘基板间的黏附强度和流过它们的电流值决定的;

(3) 功率线和交流线尽量布置在和信号线不同的板上,否则应和信号线分开走线;

(4) 尽可能采用 45°的折线布线,不可使用 90°折线,以减小高频信号的辐射。

也可以单击放置好的导线,选中以后,在界面右侧的属性面板中修改导线的宽度值,或者按 Delete 键删除。在"层与元素"悬浮窗口中,可以选择顶层或者底层布线。

3) 放置过孔

顶层连接导线的过程中,会有一些导线的路不通,这时,就需要把导线绕到底层进行连接。例如,在顶层走线的过程中,挖个孔穿到底层,继续在底层走线,走到合适的地方后,再挖个孔把导线穿上来,继续在顶层走线,最终完成两个引脚的连接。这里提到的"孔"就是"过孔"。

在"PCB工具"悬浮窗口中单击"过孔"工具,就可以在 PCB 中放置过孔了。如果过孔放置到导线上,过孔的网络就是导线的网络;如果过孔放置在空白处,过孔默认没有网络,如果想让某条导线连接到过孔上,需要先把过孔的网络设置成导线的网络。

4) 覆铜

在 PCB 布线完成之后,往往还需要给 PCB 覆铜。覆铜,就是在 PCB 上闲置的地方铺铜,一般情况下,习惯把铜接地线。覆铜接地可以减小地线阻抗,提高抗干扰能力。不过,要想达到效果,还需要掌握一定的原则和技巧。

(1) 覆铜分为实心覆铜和网格覆铜两种形式。这两种形式各有优缺点,建议在高频电路中使用网格覆铜,这样抗干扰能力更强;在低频需要大电流的场合,使用实心覆铜。大面积覆铜,一定要用网格覆铜,如果用实心覆铜,在过波峰焊以后,电路板就会翘起来。

(2) 模拟地和数字地要分开覆铜,并采用单点连接的形式。

(3) 晶振是高频发射源,晶振周围需要环绕覆铜。

(4) 天线千万不能被覆铜包围,否则,就发射不出去信号,也接收不到信号了。

5) 放置图片 LOGO

在 PCB 板上,往往需要放一些 LOGO。而 LOGO 往往都是图片格式的。接下来介绍如何在 PCB 编辑器中放置图片 LOGO。

在电路板上的 LOGO 一般有两种显示效果:一种是丝印层显示的白色 LOGO;另一种是开窗的 LOGO。如果是镀锡工艺的 PCB,效果就是银色的;如果是沉金工艺的 PCB,效果就是金黄色的。不管是哪种方式的 LOGO,最好使用一张黑白色的图片。

下面介绍制作图片 LOGO 的方法。

(1) 在 PCB 编辑器界面,单击"PCB 工具"悬浮窗口中的"图片"工具,弹出"插入图片到 PCB"对话框。

(2) 在对话框中,单击"选择一个图片"按钮,把要添加的图片打开,图 15.52 所示的是打开 LOGO 图片以后的界面。图中,左边是原图,右边是转化好以后的 LOGO,白色的部分已经变透明。支持打开多种图片格式的文件,如 JPG、PNG、GIF、BMP、SVG 等。

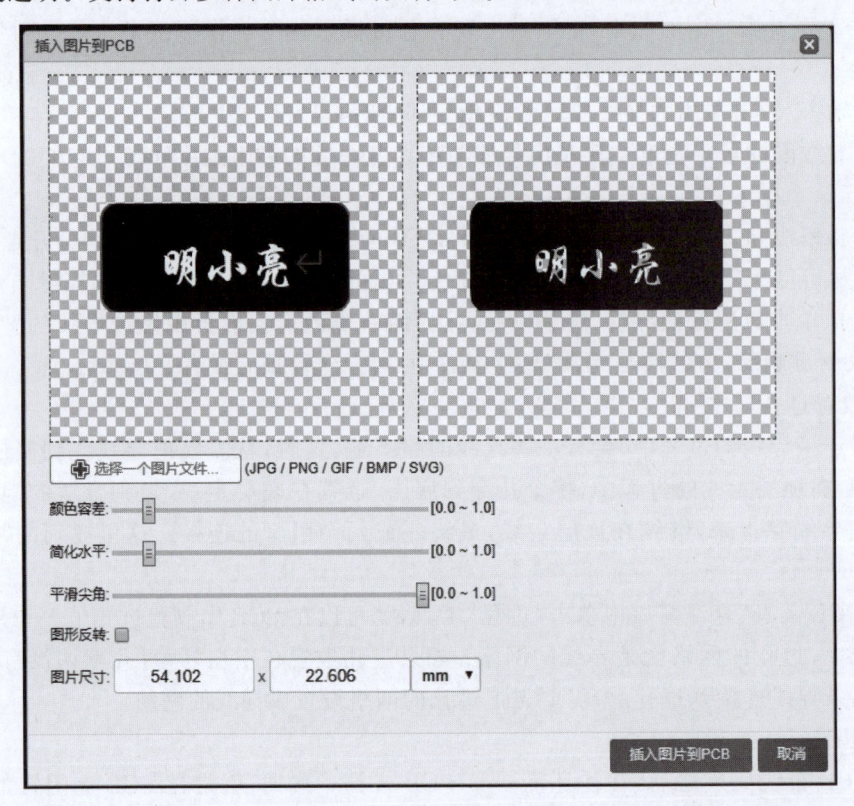

图 15.52 插入图片到 PCB

如果右侧的图片 LOGO 不太满意,还可以通过调整"颜色容差""简化水平"滑动条来调整 LOGO 的显示效果,直到满意为止。

"图形反转"选择框的效果是黑白反转,例如,选择"图片反转"后,原来黑色的部分会变透明,白色的部分会变成黑色。

"图片尺寸"用来控制图片的长和宽。如果确定好了长宽尺寸,可以在这里填写;如果没有确定好,这里可以不用填,因为图片到了 PCB 里面以后,还可以通过"图片"属性面板来设置图片的大小。

（3）单击"插入图片到 PCB"按钮，图片就会附着在光标上，在合适的位置单击，就可以把图片放置到 PCB 画布上。

图片放到画布之后，会到设置好的某一层。单击图片，在右侧出现的属性面板中可以设置图片放置到哪个层。如果设置放到丝印层，成品的 LOGO 就是白色的。因为丝印层上的内容，最终在 PCB 上一般都是白色的，如元器件的编号、丝印层文字注释等。

在右侧属性面板中设置宽和高的值可以修改图片的大小。

如果想设置 LOGO 为开窗样式，还需要进一步的操作，大致分为两种情况：

（1）把图片设置为阻焊层，放置到已经被覆铜的区域；

（2）如果放置到非覆铜区域，需要复制一个一模一样的图片，一个设置为顶层，另一个设置为阻焊层，重叠放在一起。

如果想要调整层的上下层叠顺序，可以选中元素，执行主菜单"旋转与镜像"中的"移到顶层"或"移到底层"命令来调整。

15.3 电路板的生产

15.3.1 电路板生产流程

电路板生产需要多道工序才可以完成，且每一道工序都很重要，下面以立创 EDA 的生产工序为例介绍电路板的生产流程。

1. MI

MI 的英文全称是 Manufacturing Instruction，即生产指示。这个环节由专门的 MI 人员负责，主要有两方面的工作：一是检查客户的文件；二是执行 MI 文件。MI 文件用来指导整个 PCB 的生产过程，在 PCB 生产工序中不可或缺。

2. 钻孔

在 PCB 上有很多地方需要开孔，如直插焊盘、过孔、安装孔等。按照是否会金属化分为电镀孔（PTH）和非电镀孔（NPTH）；按照工艺制作分为埋孔、盲孔和通孔。二层板和单层板只有通孔，多层板有埋孔和盲孔。盲孔就是从电路板的顶层或者底层与最近的内层之间的电镀孔，与通孔相比，盲孔无法从顶层看到底层。

3. 沉铜

沉铜是指在电镀孔的孔壁上沉积一层铜，使原本不导电的孔壁具有导电性，一般使用化学反应原理完成。沉铜的厚度一般是 $0.3 \sim 0.5 \mu m$，之后还需要电镀加厚。其化学原理是利用甲醛在强碱性环境中的还原性使络合铜离子还原成铜。

4. 线路

沉铜工序完成之后，就进行线路曝光和显影的工序。

沉铜后的电路板进入曝光房之后，首先会在板子上压上一层干膜，将线路菲林与压好干膜的电路板层叠在一起。在菲林上，有线路的地方是黑色的，因为黑色挡光，所以有线路的地方不会被曝光，没有线路的地方就被曝光了。曝光就是把干膜中的化学成分去除。线路曝光完成后，进入线路显影环节，显影会在显影机中进行。显影完成后，会将焊盘内的铜箔露出来。

5. 图电

图电的全称是图形电镀。在"沉铜"环节,电路板导电孔内壁已经上了一层铜,这次是第二次上铜,使铜厚增加。不过,图电并不仅仅是给导电孔的内壁上铜,图电还负责给线路上铜。在上一步显影后,线路已经露出,这时做图电工序,正好将这些露出的线路上铜。没有线路的地方,由于干膜的保护,就没有被上铜。

6. 蚀刻

蚀刻的目的是将前面工序做出的线路板上没有受到保护的非导体部分铜蚀刻掉,形成线路。

7. AOI

AOI(Automatic Optical Inspection,自动光学检测)的原理是,通过光学扫描出PCB图形,然后再与资料中的标准图形做对比,找到PCB上图形的缺点。它可以检查出的问题有铜渣、针孔、凹陷、凸铜、缺口、孔塞、孔破、短路、开路等。

8. 阻焊

阻焊,就是给电路板上油,最常用的是绿油,还可以用蓝油、红油、白油、黑油、黄油、紫油。给电路板上油的目的如下。

(1) 防焊。除了焊盘和要求开面的铜面部分外,其他铜面和线路都用绿油覆盖,可以防止在过波峰焊时给铜箔部分上锡,节省焊锡。

(2) 护板。防止空气中的某些气体成分氧化线路,防止一般的机械摩擦损坏线路。

(3) 绝缘。防止电路板与其他可以导电的物体接触造成线路干扰,也防止相邻的线路之间发生短路。

9. 字符

我们在电路板上看到的白色字符,就是执行完这一步以后形成的。字符可以帮助我们识别元器件,方便维修。采用丝网印刷的方式作字符,一般使用白色油墨,经过高温烘烤硬化。

10. 喷锡(沉金)

经过了上一步工序,PCB上的焊盘和开窗的部分仍然是铜。铜层易被氧化,影响焊接,所以这一步要做喷锡(沉金)操作。执行完这步工序之后,焊盘既容易焊接,也不易氧化。

11. 锣边/V-CUT

这步工序的目的是让板子裁剪成客户所需的规格尺寸,一般用车床进行器械切割。

12. 测试

这一环节主要检测PCB是否有开路、短路。

13. QC(Quality Control,质量控制)

这一环节做的是品质的检查。

14. 包装发货

PCB制作好以后就可以打包发货了。

15.3.2 Gerber 文件

Gerber文件是一种标准格式,它不是一个文件,而是一堆文件的集合,这些文件包括线路层、阻焊层、字符层以及钻、铣等数据,电路板生产厂家会依照这些文件中的数据生产电路板。

1. 一键生成 Gerber 文件

执行主菜单命令"生成制造文件(Gerber)",在弹出的窗口中单击"生成 Gerber",Gerber 文件就开始下载。下载完成后是一个压缩文件。不同的 PCB 工程项目中,最后生成的 Gerber 文件中包含的文件可能不同。一般来说,自动生成的 Gerber 文件会包含 PCB 中所有用到的层。

Gerber 文件夹里面的文件,有着不同的后缀,这些后缀代表着不同的功能。后缀前面的文件名只起到一个提示的作用,电路板厂家真正看的是文件名的后缀。

(1) Gerber_BoardOutline.GKO:GKO 文件,G 代表 Gerber,KO 代表 KeepOuter,即禁止布线层。PCB 工厂用它做边框层,用来确定电路板的形状和尺寸。

(2) Gerber_TopLayer.GTL:GTL 文件,G 代表 Gerber,TL 代表 TopLayer,即顶层。这个文件记录了电路板顶层的铜箔走线数据。

(3) Gerber_Bottoml.ayer.GBL:GBL 文件,G 代表 Gerter,BL 代表 BottomoLayer,即底层。这个文件记录了电路板底层的铜箔走线数据。

(4) Gerber_TopSilkLayer.GTO:GTO 文件,G 代表 Gerber,TO 代表 TopOverlay,即顶层丝印层。这个文件记录了电路板顶层的字符数据。

(5) Gerber_BottomSilkLayer.GBO:GBO 文件,G 代表 Gerber,BO 代表 BottomOverlay,即底层丝印层。这个文件记录了电路板底层的字符数据。

(6) Gerber_TopSolderMaskLayer.GTS:GTS 文件,G 代表 Gerber,TS 代表 TopSolder,即顶层阻焊层。这个文件记录了电路板顶层应该露铜的地方。

(7) Gerber_BottomSolderMaskLayer.GBS:GBS 文件,G 代表 Gerber,BS 代表 BottomSolder,即底层阻焊层。这个文件记录了电路板底层应该露铜的地方。

(8) Gerber_TopPasteMasklayer.GTP:GTP 文件,G 代表 Gerber,TP 代表 TopPaste,即顶层阻焊层。这个文件记录了电路板顶层贴片元器件的焊盘坐标、形状、大小等数据,用于制作钢网。

(9) Gerber_BottomPasteMaskLayer.GBP:GBP 文件,G 代表 Gerber,BP 代表 BottomPaste,即底层阻焊层。这个文件记录了电路板底层贴片元器件的焊盘坐标、形状、大小等数据,用于制作钢网。

(10) Gerber_Drill_PTH.DRL:DRL 文件,即钻孔层。这个文件记录了电路板中所有的开孔数据,包括孔的大小、坐标等数据。

2. Gerber 文件检查

电路板在批量生产之前,需要先打样。打样,就是先生产 5~10 个电路板。把元器件焊接到电路板上以后,就是样机,样机测试成功以后,才可以量产。为了确保电路板可以正常运行,在整个 PCB 设计过程中都需要耐心地检查。例如,在原理图设计阶段、PCB 布局阶段、PCB 布线阶段,都需要进行相应的检查与错误排查,到了提交 Gerber 文件的时候,也需要对 Gerber 文件进行检查,检查无误之后,再提交给电路板生产厂家。

15.4　PCB 设计案例与分析

以开关电源为例,下面讲述开关电源的 PCB 设计在布局布线上的一些设计技巧与案例分析。

1. 元器件布局

建立开关电源布局的设计流程如下。
(1) 放置变压器。
(2) 设计电源开关电流回路。
(3) 设计输出整流器电流回路。
(4) 连接到交流电源电路的控制电路。
(5) 设计输入电流源回路和输入滤波器。
(6) 设计输出负载回路和输出滤波器。

根据电路的功能单元对电路的全部元器件进行布局时,要符合以下原则。

(1) 首先考虑 PCB 尺寸大小。PCB 尺寸过大时,印制线条长,阻抗增加,抗噪声能力下降,成本也增加;过小则散热不好,且邻近线条易受干扰。电路板的最佳形状为矩形,长宽比为 3∶2 或 4∶3,位于电路板边缘的元器件,离电路板边缘一般不小于 2mm。

(2) 放置器件时要考虑以后的焊接,不要太密集。

(3) 以每个功能电路的核心元器件为中心,围绕它来进行布局。元器件应均匀、整齐、紧凑地排列在 PCB 上,尽量减少和缩短各元器件之间的引线和连接,去耦电容尽量靠近器件的 VCC。

(4) 在高频下工作的电路,要考虑元器件之间的分布参数。一般电路应尽可能使元器件平行排列。这样,不但美观而且装焊容易,易于批量生产。

(5) 按照电路的流程安排各功能电路单元的位置,使布局便于信号流通,并使信号尽可能保持一致的方向。

(6) 布局的首要原则是保证布线的布通率,移动器件时注意飞线的连接,把有连线关系的器件放在一起。

(7) 尽可能地减小环路面积,以抑制开关电源的辐射干扰。

2. 布线

开关电源中包含高频信号,PCB 上任何印制线都可以起到天线的作用。印制线的长度和宽度会影响其阻抗和感抗,从而影响频率响应,即使是通过直流信号的印制线也会从邻近的印制线耦合到射频信号并造成电路问题(甚至再次辐射出干扰信号)。因此,应将所有通过交流电流的印制线设计得尽可能短而宽,这意味着必须将所有连接到印制线和连接到其他电源线的元器件放置得很近。

印制线的长度与其表现出的电感量和阻抗成正比,而宽度则与印制线的电感量和阻抗成反比。长度反映印制线响应的波长,长度越长,印制线能发送和接收电磁波的频率越低,它就能辐射出更多的射频能量。根据印制电路板电流的大小,尽量加粗电源线宽度,减少环路电阻。同时,使电源线、地线的走向和电流的方向一致,这样有助于增强抗噪声能力。

(1) 布线方向。从焊接面看,元器件的排列方位尽可能保持与原理图相一致,布线方向最好与电路图走线方向相一致,因生产过程中通常需要在焊接面进行各种参数的检测,故这样做便于生产中的检查、调试及检修(注:指在满足电路性能及整机安装与面板布局要求的前提下)。

(2) 设计布线图时走线尽量少拐弯,印制弧上的线宽不要突变,力求线条简单明了。

(3) 印制电路板中不允许有交叉电路,对于可能交叉的线条,可以用"钻""绕"两种方法解决,即让某引线从别的电阻、电容、三极引脚下的空隙处"钻"过去,或从可能交叉的某条引线的一端"绕"过去。在特殊情况下如果电路很复杂,为简化设计也允许用导线跨接,解决交叉电路问题。

(4) 输入地与输出地在本开关电源中为低压的 DC-DC,欲将输出电压反馈回变压器的初级,两边的电路应有共同的参考地,所以在对两边的地线分别铺铜之后,还要连接在一起,形成共同的地。

3. 案例分析

1) 案例1:整体布局

案例1是一款六层板,最先布局为元器件面放控制部分,焊锡面放功率部分,在调试时发现干扰很大,原因是 PWM IC 与光耦位置摆放不合理。

如图 15.53 所示,PWM IC 与光耦放在 MOS 管底下,它们之间只由一层 2.0mm 的 PCB 隔开,MOS 管直接干扰 PWM IC。

改进:将 PWM IC 与光耦移开,且其上方为无干扰元器件,如图 15.54 所示。

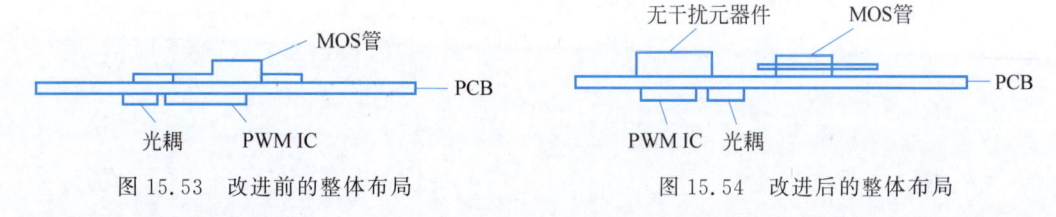

图 15.53 改进前的整体布局

图 15.54 改进后的整体布局

2) 案例2:走线问题

功率走线尽量实现最短化,以减小环路所包围的面积,避免干扰。如图 15.55 所示的电流环,A 线与 B 线所包含的面积越大,它所接收的干扰就越多。

光耦反馈线要短,且不能有脉动信号与其交叉或平行。PWM IC 芯片电流采样线与驱动线以及同步信号线,走线时应尽量远离,不能平行走线,如图 15.56 所示,否则会相互干扰。

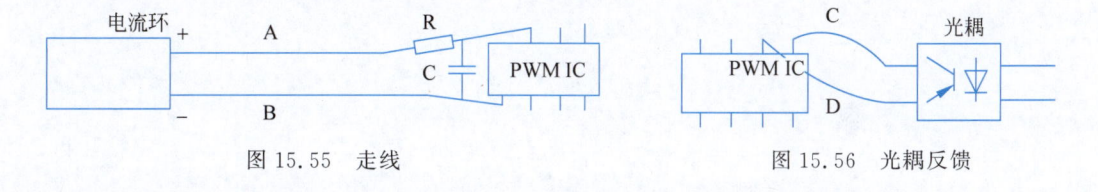

图 15.55 走线

图 15.56 光耦反馈

第 4 部分 ARTICLE

项目实战

第 16 章 基于 Arduino 的智能小车

第 16 章　基于 Arduino 的智能小车

CHAPTER 16

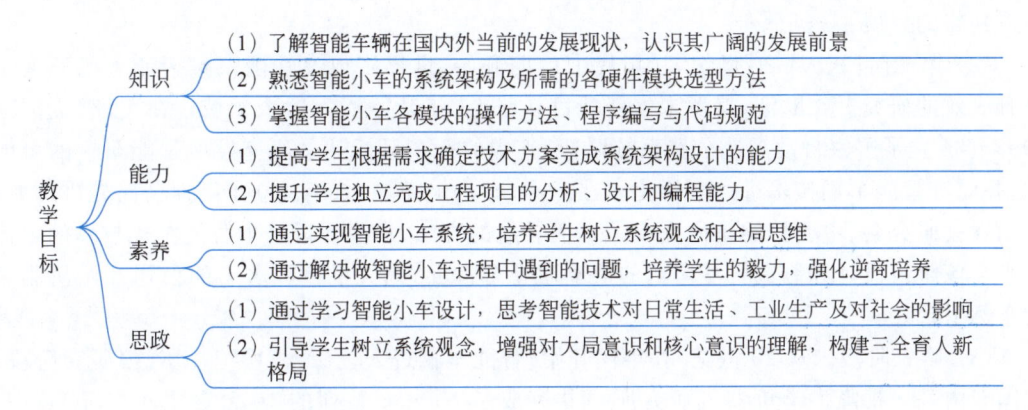

教学目标
- 知识
  - (1) 了解智能车辆在国内外当前的发展现状，认识其广阔的发展前景
  - (2) 熟悉智能小车的系统架构及所需的各硬件模块选型方法
  - (3) 掌握智能小车各模块的操作方法、程序编写与代码规范
- 能力
  - (1) 提高学生根据需求确定技术方案完成系统架构设计的能力
  - (2) 提升学生独立完成工程项目的分析、设计和编程能力
- 素养
  - (1) 通过实现智能小车系统，培养学生树立系统观念和全局思维
  - (2) 通过解决做智能小车过程中遇到的问题，培养学生的毅力，强化逆商培养
- 思政
  - (1) 通过学习智能小车设计，思考智能技术对日常生活、工业生产及对社会的影响
  - (2) 引导学生树立系统观念，增强对大局意识和核心意识的理解，构建三全育人新格局

16.1　项目背景

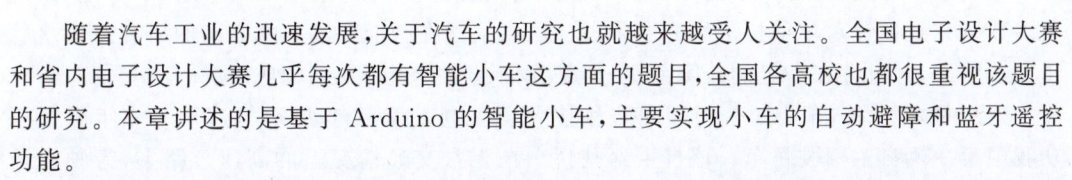

随着汽车工业的迅速发展，关于汽车的研究也就越来越受人关注。全国电子设计大赛和省内电子设计大赛几乎每次都有智能小车这方面的题目，全国各高校也都很重视该题目的研究。本章讲述的是基于 Arduino 的智能小车，主要实现小车的自动避障和蓝牙遥控功能。

智能化既是现代社会的新产物，更是以后的发展方向。智能化可以按照预先设定的模式在一个特定的环境里自动运作，无须人为管理，便可以完成预期所要达到的或是更高的目标。同遥控小车不同，遥控小车需要人为控制转向、启停和进退，比较先进的遥控车还能控制其速度。常见的模型小车都属于这类遥控小车。智能小车则可以通过计算机编程来实现其对行驶方向、启停以及速度的控制，无须人工干预。可以通过修改智能小车的计算机程序来改变它的行驶方向。因此，智能小车具有再编程的特性，是机器人的一种。

智能小车是一个集环境感知、规划决策、自动行驶等功能于一体的综合系统，它将计算机、传感、信息、通信、导航、人工智能及自动控制等技术集于一体，是典型的高新技术综合体。

智能车辆作为智能交通系统的关键技术是许多高新技术综合集成的载体。智能车辆驾驶是一种通用性术语，指全部或部分完成一项或多项驾驶任务的综合车辆技术。智能车辆的一个基本特征是在一定道路条件下实现全部或者部分的自动驾驶功能。下面简单介绍国内外智能小车研究的发展情况。

16.1.1　国内外的智能车辆现状

国外智能车辆的研究历史较长,始于 20 世纪 50 年代。它的发展历程大体可以分成 3 个阶段。

(1) 第一阶段。20 世纪 50 年代是智能车辆研究的初始阶段。1954 年,世界上第一台自主引导车系统(Automated Guided Vehicle System,AGVS)由美国 Barrett Electronics 公司研发。此系统仅是一个在固定线路上运行的拖车式运货平台,但它却具有智能车辆最基本的特征——无人驾驶。研制 AGVS 的最初目的是提高仓库运输的自动化水平,应用领域仅限于仓库内的物品运输。后来随着计算机的应用和传感技术的发展,智能车辆的研究不断得到新的发展。

(2) 第二阶段。从 20 世纪 80 年代中后期开始,世界主要发达国家对智能车辆开展了卓有成效的研究。在欧洲,普罗米修斯项目从 1986 年开始探索这个领域。在美洲,美国在 1995 年成立了国家自动高速公路系统联盟,其中的一个目标就是研究发展智能车辆的可能性,并促进智能车辆技术进入实用化。在亚洲,日本也在 1996 年成立了高速公路先进巡航/辅助驾驶研究会,主要目的是研究自动车辆导航的方法,从而促进日本智能车辆技术的整体进步。该阶段设计和制造智能车辆的浪潮席卷全世界,一大批世界著名的公司开始研制智能车辆平台。

(3) 第三阶段。从 20 世纪 90 年代开始,智能车辆进入了深入、系统、大规模研究阶段。美国卡内基·梅隆大学机器人研究所一共完成了 Navlab 系列的 10 台自主车(Navlab1～Navlab10)的研究,取得了显著的成就。

相比于国外,我国开展智能车辆技术方面的研究起步较晚,始于 20 世纪 80 年代,而且大多数研究处在针对单项技术研究的阶段。虽然我国在智能车辆技术方面的研究总体落后于发达国家,并且存在一定的技术差距,但是我们也取得了一系列的成果。

(1) 中国第一汽车集团公司和国防科技大学机电工程与自动化学院于 2003 年研制成功我国第一辆自主驾驶轿车。该自主驾驶轿车在正常交通情况下的高速公路上,行驶的最高稳定速度为 13km/h,最高峰值速度达 170km/h,并且具有超车功能,其总体技术性能和指标已经达到世界先进水平。

(2) 南京理工大学、北京理工大学、浙江大学、国防科技大学、清华大学等多所院校联合研制了 7B.8 军用室外自主车,该车装有彩色摄像机、激光雷达、陀螺惯导定位等传感器。计算机系统采用两台 Sun10 完成信息融合、路径规划,两台 PC486 完成路边抽取识别和激光信息处理,8098 单片机完成定位计算和车辆自动驾驶。其体系结构以水平式结构为主,采用传统的"感知—建模—规划—执行"算法,其直线跟踪速度达到 20km/h,避障速度达到 10km/h。智能车辆研究也是智能交通系统(Intelligent Traffic System,ITS)的关键技术。目前,国内的许多高校和科研院所都在进行 ITS 关键技术、设备的研究。随着 ITS 研究的兴起,我国已形成一支 ITS 技术研究开发的技术专业队伍,并且加大了对 ITS 及智能车辆技术研发的投入,整个社会的关注程度在不断提高。经过相关领域的共同努力,我国 ITS 及智能车辆的技术水平已经得到很大提高。

我国在智能网联汽车技术方面取得了显著成就,其中之一是车路云一体化系统的研发。智能网联汽车技术通过云控基础平台实现了分层解耦、跨域共用,支持智能网联汽车的发展。车路云一体化系统能够实现车路云协同感知、协同决策、协同控制功能,已在全国管理超过10个示范区、100余种场景和120万网联车辆。此外,依托太和桥智慧园区成功搭建了行业研发测试平台、生态开放平台、示范推广平台,推动了智能网联汽车技术的商业化应用。

长安汽车作为汽车行业智能化发展的领先代表,推出了新一代高级别自动驾驶平台。该平台面向我国交通场景提出自动驾驶全产业链协同开发路径,建设了我国自动驾驶产业生态。长安汽车与行业30余家高校、企业、科研机构联合研发,形成了支撑L3及以上自动驾驶系统的架构及其应用、5颗车规级芯片、2颗传感器以及11项工具链的自主研发。这一平台的推出标志着我国在自动驾驶核心产业链国产化方面迈出了重要步伐。

可以预计,我国飞速发展的经济实力将为智能车辆的研究提供一个更加广阔的前景。我们要结合我国国情,在某一方面或某些方面,对智能车进行深入细致的研究,为它今后的发展及实际应用打下坚实的基础。

16.1.2 研究智能车辆的意义

如今智能工程、计算机科学、机电一体化和工业一体化等许多领域都在讨论智能系统,人们要求系统变得越来越智能化。显然传统的控制观念无法满足人们的需求,智能控制可与这些传统控制有机地结合起来,取长补短,提高整体的优势,更好地满足人们的需求。随着人工智能技术、计算机技术、自动控制技术的迅速发展,智能控制必将迎来它的发展新时代。计算机控制与电子技术融合为电子设备智能化开辟了广阔前景。因此,遥控加智能的技术研究、应用都是非常有意义而且有很高市场价值的。

智能车辆技术是涵盖智能控制、模式识别等学科前沿的热点研究领域,其研究与应用具有巨大的理论和现实意义。在交通安全方面,由无人驾驶车辆研究形成的辅助安全驾驶技术,可以通过传感器准确、可靠地感知车辆自身及周边环境信息,及时向驾驶员提供环境感知结果,从而有效地协助提高行车安全,同时也能降低驾驶员对车辆驾驶管理的复杂度,提高单个车辆的运行效率,可以缓解我国城市道路拥堵、交通系统运行效率较低的现状。在汽车产业自主创新方面,通过对无人驾驶车辆理论、技术的研究,突破国外汽车行业专利壁垒,掌握具有核心竞争力的关键技术,可以为我国汽车产业自主创新和产业发展提供强有力的支撑。同时在国防科技方面,"快速、精确、高效"的地面智能化作战平台是未来陆军的重要力量,无人驾驶车辆将能代替人在高危险环境下完成各种任务,在保存有生力量、提高作战效能方面具有重要意义,也是无人作战系统的重要基础。

智能车辆研究不仅能推动和促进视听觉信息认知计算模型、关键技术与验证平台研究的创新与发展,确保重大研究计划总体科学目标的实现,而且将促进我国在智能车辆技术方面的研究,进而促使我国在未来智能汽车技术和产业上的原始创新。

16.1.3 Arduino在智能小车上的应用

传统的智能小车设计制作都需要掌握精通的单片机知识,同时拥有深厚的电路知识功底,方能开始设计制作一个智能小车。通过使用Arduino,大大降低了设计制作的门槛,通过短时间的学习,Arduino就可以快速上手。Arduino是一款便捷灵活、方便上手的开源硬件产品,具有丰富的接口,有数字I/O口、模拟I/O口,同时支持SPI、I^2C、UART串口通信；能通过各种各样的传感器来感知环境；通过控制灯光、电机和其他装置来反馈、影响环境。它没有复杂的单片机底层代码，没有难懂的汇编，只是简单而实用的函数，而且具有简便的编程环境 IDE，拥有极大的自由度，可拓展性能非常高。

16.2 系统架构

16.2.1 小车的硬件模块

智能小车作为现代的新发明，需要将传感器、处理器、驱动器和执行机构合理地组合起来，共同协同工作，实现设定目标，这也是以后的发展方向。小车的硬件模块分为以下 6 部分：车体部分、控制器部分、电源部分、避障部分、无线控制部分和执行部分。

各部分实现的功能如下。

(1) 车体部分：该部分作为整个小车的外部框架，负责承载小车其他各部件，使其有合适的空间合理摆放。

(2) 控制器部分：该部分是整个小车的核心部分，担负着控制和协调的关键作用。控制器部分能否及时处理传感器的信息并将处理结果送到执行部分执行，将直接关系到本次设计能否达到预期的设计目标。

(3) 电源部分：电源部分不仅要实现给控制器提供稳定电压的功能，还要为传感器以及驱动部分提供足够的电能，以确保整个系统能正常稳定地工作。

(4) 避障部分：该部分要实现的是小车的避障功能，即小车在遇到障碍物时能自动避开而选择一条通畅的路径继续行进。

(5) 无线控制部分：该部分要实现的是小车的无线控制部分，即小车在无线控制模式下接收无线控制指令信号，传输给控制器，进而实现无线控制。

(6) 执行部分：该部分主要是执行微控制器的处理结果，以实现小车的智能化。

16.2.2 小车控制器的选择

本次实验选择的控制器为 Arduino Uno R3，如图 16.1 所示。

图 16.1 Arduino Uno R3 实物图

Arduino Uno R3 版本不仅十分稳定而且还能满足绝大多数用户的需求，同时它也能满足小车实现功能的需要。

16.2.3　小车电源的选择

由于电机驱动和控制器都由电源提供电能,而且它们的额定电压不同。本次将采用单一电源供电。电源直接给电机驱动供电,然后由电机驱动给控制器供电,选取的是聚合物锂电池作为供电电源。

16.2.4　小车避障模块的选择

本次实验采用超声波测距,其有如下优点。

(1) 超声波的传播速度仅为光波的百万分之一,并且指向性强,能量消耗缓慢,因此可以直接测量较近目标的距离。

(2) 超声波对色彩、光照度不敏感,可适用于识别透明、半透明及漫反射差的物体(如玻璃、抛光体)。

(3) 超声波对外界光线和电磁场不敏感,可用于黑暗、有灰尘或烟雾、电磁干扰强、有毒等恶劣环境中。

(4) 超声波传感器结构简单、体积小、费用低、信息处理简单可靠,易于小型化与集成化,并且可以进行实时控制。

16.2.5　小车通信模块的选择

为实现小车无线控制功能,需要选择合适的无线数据通信模块,目前使用较多的无线通信方式有蓝牙通信、Wi-Fi通信、无线射频通信、红外线通信。本次实验使用蓝牙通信模块,相比于红外线通信等其他方式,蓝牙传输协议在速度上有着明显的优势,同时蓝牙技术规格全球统一,移动电话、PDA、无线耳机、笔记本计算机、汽车、医疗设备、计算机外设等众多设备,只要拥有蓝牙适配器,就能轻松连接蓝牙设备进行数据传输,兼容性好,便于对应无线控制器的选择。

16.2.6　小车电机与电机驱动模块的选择

直流减速电机由直流电机和齿轮盘相连,能实现减速功能,转矩比较大,价格也比较便宜,非常适用于智能小车。这里选择DC3V-6V130直流减速电机和69mm橡胶轮。

采用专用芯片驱动,常用的电机专业驱动芯片为L298N。此芯片有两个H桥式电路,且电路结构简单,使用方便。外设使能端十分便于接线,能方便地对电机进行调速。

电机驱动模块电路连接:L298N电机驱动模块一共有4个引脚,分别用来接外接电源的+12V、GND和Arduino上面的两个可以用于PWM的I/O口(用于对两个电机进行调速)。这里选择I/O口D6、D11。

16.2.7　小车舵机模块的选择

舵机是一种位置伺服的驱动器,主要由外壳、电路板、无核心电机、齿轮与位置检测器构成。其工作原理是由接收机或者单片机发出信号给舵机,其内部有一个基准电路,产生周期为20ms、宽度为1.5ms的基准信号,将获得的直流偏置电压与电位器的电压比较,获得电压差输出。经由电路板上的IC判断转动方向,再驱动无核心电机开始转动,通过减速齿轮将动力传至摆臂,同时由位置检测器送回信号,判断是否已经到达定位。当电机转速一定时,通过级联减速齿轮带动电位器旋转,使得电压差为 0,电机停止转动。一般舵机旋转的角度范围是 0°～180°。

舵机转动的角度是通过调节 PWM(脉冲宽度调制)信号的占空比来实现的,标准 PWM 信号的周期固定为 20ms(50Hz),理论上脉宽为 1～2ms,但是,事实上脉宽为 0.5～2.5ms,脉宽和舵机的转角 0°～180°相对应。

由于对于舵机的要求不是很高,只需要它带动超声波模块左右扫描,它的转角范围处于 0～120°就可以了,所以选择了辉盛 SG90 9G 舵机。

舵机模块电路连接:舵机模块一共有 3 个引脚,分别用来接 Arduino 的+5V、GND 和 Arduino 上面的一个 I/O 口,这里选择 I/O 口 D10。

16.3 材料清单

本实验所用到的材料清单如表 16.1 所示。

表 16.1 材料清单

元器件名称	型号参数规格	数量	参考实物图
Arduino 开发板	Uno R3	1	
面包板	840 孔无焊板	1	
面包板专用插线	—	若干	
蓝牙模块	HC-06	1	
超声波模块	HC-SR04	1	
聚合物锂电池	DC 5V,10 000mA·h/DC 12V,4800mA·h	1	

续表

元器件名称	型号参数规格	数量	参考实物图
直流减速电机和橡胶轮	DC(3～6V)直流减速电机，减速1∶48 与 69mm 橡胶轮	2	
电机驱动	L298N 双 H 桥直流电机驱动芯片	1	
舵机	辉盛 SG90 9G	1	
万向轮	—	1	

16.4　模块制作

本次设计的智能小车采用三轮式支撑结构，采用左右两轮驱动，后部万向轮起支撑作用，通过 PWM 控制实现小车的各个运动。

避障的原理是利用小车前端的超声波传感器探测前方障碍物距离，当侦测到障碍物太近时，控制器就会根据程序指导小车后退一段距离，然后通过舵机左右摆动探测周围距离，选择一个宽阔的方向行进，从而实现避障。

无线控制的原理是通过手机蓝牙控制软件，发送控制指令字符给蓝牙模块，进而传递给Arduino；Arduino 接收到指令后，判断处理，通过控制电机驱动使得电机正反转，实现小车的运动。

16.4.1　蓝牙模块

此次使用的蓝牙模块 HC-06 已经在内部实现了蓝牙协议，不用再去自己开发调试协议。这类模块一般都是借助串口协议通信，因此只需借助串口将我们需要发送的数据发送给蓝牙模块，蓝牙模块会自动将数据通过蓝牙协议发送给配对好的蓝牙设备。

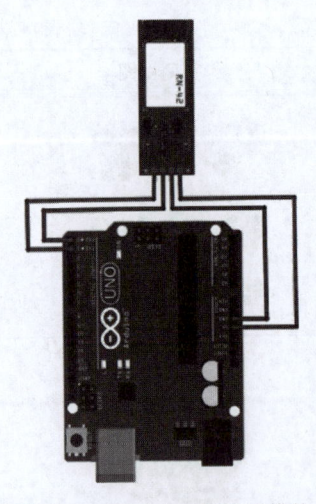

图 16.2　Arduino 与蓝牙模块连接原理图

Arduino 与蓝牙模块连接方法如下。

(1) GND 为蓝牙传感器电源负极输入口,连接 GND 或者电源负极。

(2) 5V 为蓝牙传感器电源正极输入口,接入 5V 的电压或者电源正极。

(3) RX 为蓝牙传感器读取口,连接 MCU 或者串口设备的 TX 口。

(4) TX 为蓝牙传感器写入口,连接 MCU 或者串口设备的 RX 口。

(5) REST 为蓝牙传感器复位口,置为低电平复位。若有必要,可以冷启动。

(6) 当两个蓝牙模块区配成功后,AT 会记住对方的蓝牙地址。此端口用来清除记忆中的蓝牙地址码。电路原理图如图 16.2 所示。

16.4.2　超声波测距模块

超声波测距模块的主要原理:发射装置发出超声波,根据接收器接到超声波时的时间差来测距,与雷达测距原理相似。超声波发射器向某一方向发射超声波,在发射的同时开始计时,超声波在空气中传播,途中碰到障碍物就立即返回来,超声波接收器收到反射波就立即停止计时。根据超声波在空气中的传递速度为 340m/s,再转换成距离。

在 Arduino 智能小车中,我们使用的超声波模块为 HC-SR04,具体如图 16.3 所示。

该模块中共有以下 4 个引脚:

- VCC,接+5V 电源;
- GND,接 GND;
- TRIG,发出超声波引脚;
- ECHO,接收超声波引脚。

图 16.3　超声波模块

1. 定义 TRIG、ECHO 引脚并初始化

将 TRIG、ECHO 引脚与 Arduino 引脚进行连接,其中将 ECHO 对应的 Arduino 引脚设置为 INPUT,TRIG 对应的引脚则设置为 OUTPUT。

程序示例:

```
#define PIN_TRIG 3              //发送引脚
#define PIN_ECHO 4              //接收引脚
Void setup()
{
    Serial.begin(115200);
    pinMode(PIN_TRIG,OUTPUT);   //设置 TRIG 引脚为 OUTPUT
    pinMode(PIN_ECHO,INPUT);    //设置 ECHO 引脚为 INPUT
}
```

2. 超声波测距

在使用超声波模块时，具体的编程步骤如下。

程序示例：

```
digitalWrite(PIN_TRIG,LOW);         //设置 TRIG 引脚为低电平
delayMicroseconds(2);               //延时 2μs,设置 TRIG 引脚为高电平,维持 10μs
digitalWrite(PIN_TRIG,HIGH);        //设置 TRIG 引脚为高电平
delayMicroseconds(10);              //延时 10μs,设置 TRIG 引脚为低电平,准备下一次测距
digitalWrite(PIN_TRIG,LOW);         //设置 TRIG 引脚为低电平
```

调用 pulseIn() 函数计算从发出到接收的时间，再转换成距离。

程序示例：

```
duration = float(pulseIn(PIN_ECHO,HIGH));
distance = (duration * 17)/1000;
```

具体换算过程为：340m/1s 换算成 34000cm/1000ms，经过约分之后，则表示成 34cm/ms，表示 1ms 对应的传输距离(cm)。由于考虑传输包含发送的距离，故要除以 2。

16.5 硬件设计原理图

蓝牙模块电路连接图如图 16.4 所示，超声波模块电路连接图如图 16.5 所示。

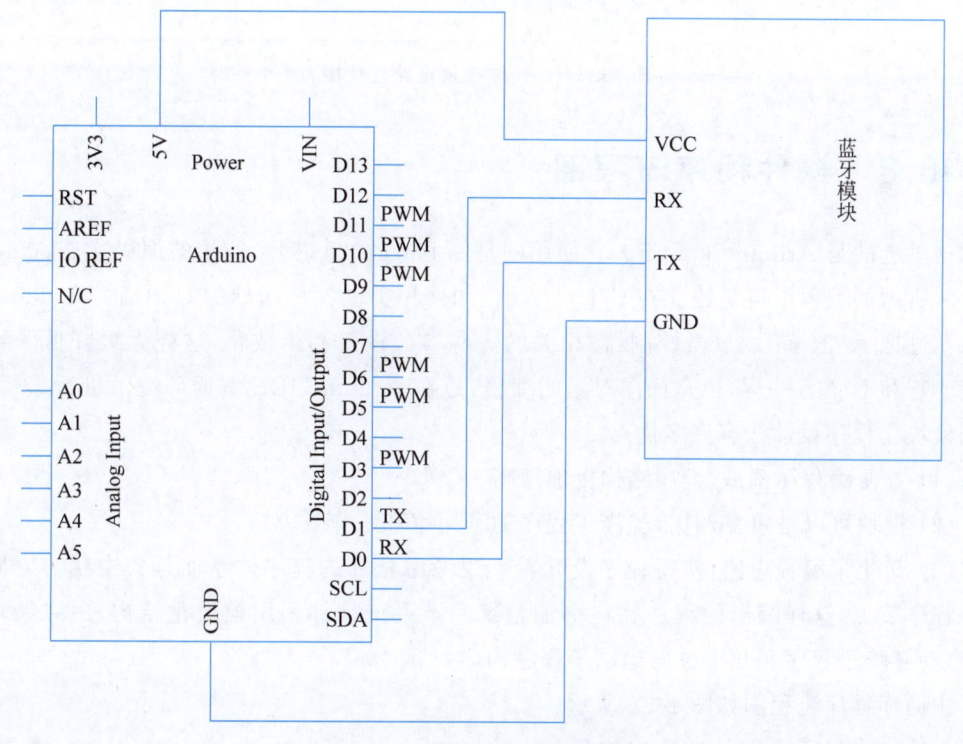

图 16.4 蓝牙模块电路连接图

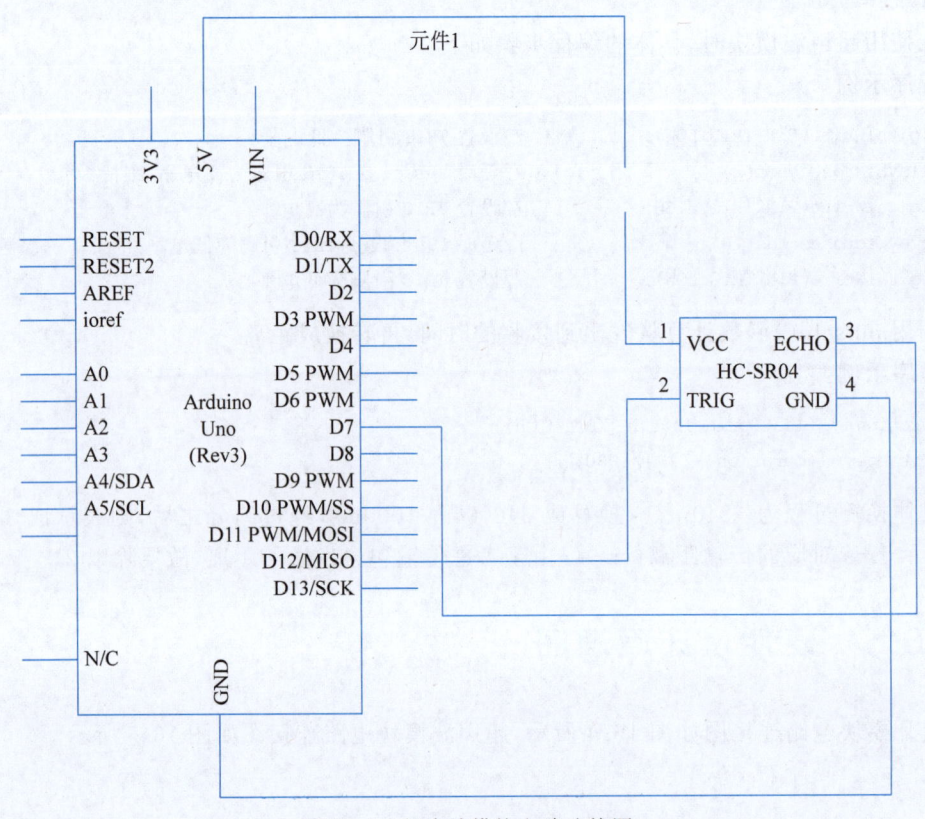

图 16.5　超声波模块电路连接图

16.6　软件程序流程图

这里选的是 Arduino Uno R3,它使用的是 ATmega328 芯片,所用的编程器是 Arduino 1.8.0,所用的编程语言是建立在 C/C++基础上的,其实也就是基础的 C 语言。Arduino 语言只不过把 AVR 单片机(微控制器)相关的一些参数设置都函数化,这样大大降低了编程难度。它和 C 语言一样,也是面向对象的编程,是在 Arduino IDE 编程环境下进行编程的。使用模块化程序设计法有许多优点。

(1) 方便编写和调试,程序结构更加清晰。

(2) 模块可以被重复调用,提高了程序的利用率和工作效率。

(3) 简化了编程思路,使得程序设计者不用考虑全部的程序体系而是集中精力着眼于一个程序节点,这样编出的程序往往更加精练。本系统软件采用模块化结构,由主循环程序、自动避障子程序和几个方向运动子程序构成。

主循环程序流程图如图 16.6 所示。

自动避障程序流程图如图 16.7 所示。

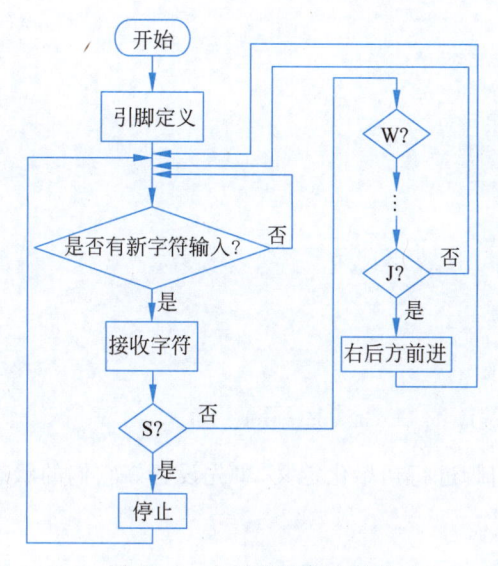

图 16.6　主循环程序流程图

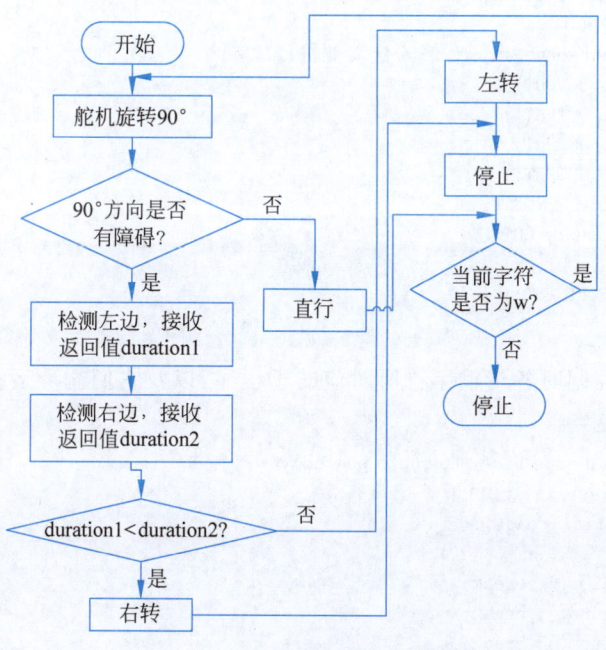

图 16.7　自动避障程序流程图

16.7　参考程序

(1) 根据电路图的接口,在编程时对各引脚进行合理定义,方便后续程序的编写,引脚定义如下。

```
#define pinA1 3
#define pinA2 2
#define pinB1 4
```

```
#define pinB2 5
#define speedDegreeHA 55
#define speedDegreeLA 40
#define speedDegreeHB 52
#define speedDegreeLB 37
#define START 85
#define speedpin_A 6
#define speedpin_B 11
#define SONART 12
#define SONARE 7
#define servoPin 10
#include <Servo.h>
Servo myservo;
int duration0, duration1, duration2, duration, val;
```

(2) 对定义好后的引脚进行初始化定义,事先设置好它们的状态,同时将串口波特率设置为 9600b/s。

```
void setup() {
  // put your setup code here, to run once:
  Serial.begin(9600);
  myservo.attach(servoPin);        //定义舵机接口
  pinMode(pinA1, OUTPUT);
  pinMode(pinA2, OUTPUT);
  pinMode(pinB1, OUTPUT);
  pinMode(pinB2, OUTPUT);
  pinMode(speedpin_A, OUTPUT);
  pinMode(speedpin_B, OUTPUT);
  pinMode(SONART, OUTPUT);
  pinMode(SONARE, INPUT);
}
```

(3) 编写蓝牙控制时各传输字符所对应的子程序,以及它们循环运行的框架。

```
void loop() {
  // put your main code here, to run repeatedly:
  while (Serial.available()) {
    char c = Serial.read();
    switch (c) {
      case'S': Stop(); break;
      case'W': Auto(); break;
      case'w': Stop(); break;
      case'F': Forward(); break;
      case'B': Back(); break;
      case'L': Left(); break;
      case'R': Right(); break;
      case'G': ForwardLeft(); break;
      case'I': ForwardRight(); break;
      case'H': BackLeft(); break;
      case'J': BackRight(); break;
      default: break;
    }
  }
}
```

(4) 各子程序具体执行的相关代码。

```c
int sonerTime(int trigPin,int echoPin) {
  int duration;
  pinMode(trigPin, OUTPUT);
  pinMode(echoPin, INPUT);
  digitalWrite(trigPin, LOW);
  delayMicroseconds(2);
  digitalWrite(trigPin, HIGH);
  delayMicroseconds(5);
  digitalWrite(trigPin,LOW);
  duration = pulseIn(echoPin,HIGH);
  duration = duration / 59;
  return duration;
}

void Stop() { /* --- Stop -- */
  digitalWrite(pinA1, HIGH);
  digitalWrite(pinA2, HIGH);
  digitalWrite(pinB1, HIGH);
  digitalWrite(pinB2, HIGH);
}

void Auto(){
  line:
  myservo.write(90);                    //设置舵机旋转的角度
  duration0 = sonerTime(SONART, SONARE);
  if(duration0 >= 20){
    analogWrite(speedpin_A, START);
    analogWrite(speedpin_B, START);
    digitalWrite(pinA1, HIGH);
    digitalWrite(pinA2, LOW);
    digitalWrite(pinB1, HIGH);
    digitalWrite(pinB2, LOW);
    delay(50);
    analogWrite(speedpin_A, speedDegreeHA);
    analogWrite(speedpin_B, speedDegreeHB);
    delay(160);
  }else{
    Stop();
    Back();
    delay(100);
    myservo.write(145);                 //设置舵机旋转的角度
    delay(250);
    duration1 = sonerTime(SONART, SONARE);
    delay(50);
    myservo.write(35);                  //设置舵机旋转的角度
    delay(350);
    duration2 = sonerTime(SONART, SONARE);
    delay(50);
    myservo.write(90);                  //设置舵机旋转的角度
    if(duration1 < duration2) {
      Right();
    }else{
```

```
      Left();
    }
    delay(800);
    Stop();
    }
  char c = Serial.read();
  if(c!= 'w'){
  Serial.println('w' );
  Stop();
  }else {
    goto line;
  }
}

void Forward(){    /* ---------- RunForwar ---------- */
  analogWrite(speedpin_A, START);
  analogWrite(speedpin_B, START);
  digitalWrite(pinA1, HIGH);
  digitalWrite(pinA2, LOW);
  digitalWrite(pinB1, HIGH);
  digitalWrite(pinB2, LOW) ;
  delay(50);
  analogWrite(speedpin_A, speedDegreeHA);
  analogWrite(speedpin_B, speedDegreeHB);
}

void Back() {   /* ------------- RunBack ------------- */
  analogWrite(speedpin_A, 85);
  analogWrite(speedpin_B, 85);
  digitalWrite(pinA1, LOW);
  digitalWrite(pinA2, HIGH);
  digitalWrite(pinB1, LOW);
  digitalWrite(pinB2, HIGH);
  delay(50);
  analogWrite(speedpin_A, speedDegreeHA);
  analogWrite(speedpin_B, speedDegreeHB);
}

void Left() {   /* ------------ RunLef ------------ */
  analogWrite(speedpin_A, START);
  analogWrite(speedpin_B, START);
  digitalWrite(pinA1, HIGH);
  digitalWrite(pinA2, LOW);
  digitalWrite(pinB1, LOW);
  digitalWrite(pinB2, HIGH);
  delay(50);
  analogWrite(speedpin_A, speedDegreeLA);
  analogWrite(speedpin_B, speedDegreeLB);
}

void Right() {    /* ------------- -RunRight ------------ */
  analogWrite(speedpin_A, START);
  analogWrite(speedpin_B, START);
```

```
    digitalWrite(pinA1, LOW);
    digitalWrite(pinA2, HIGH);
    digitalWrite(pinB1, HIGH);
    digitalWrite(pinB2, LOW);
    delay(50);
    analogWrite(speedpin_A, speedDegreeLA);
    analogWrite(speedpin_B, speedDegreeLB);
}

void ForwardLeft() {    /* ----- RunForwardLeft ------ */
    analogWrite(speedpin_A, START);
    analogWrite(speedpin_B, START);
    digitalWrite(pinA1, HIGH);
    digitalWrite(pinA2, LOW);
    digitalWrite(pinB1, HIGH);
    digitalWrite(pinB2, LOW);
    delay(50);
    analogWrite(speedpin_A, speedDegreeHA);
    analogWrite(speedpin_B, speedDegreeLB);
}

void ForwardRight() {    /* ----- RunForwardRight --- */
    analogWrite(speedpin_A, START);
    analogWrite(speedpin_B, START);
    digitalWrite(pinA1, HIGH);
    digitalWrite(pinA2, LOW);
    digitalWrite(pinB1, HIGH);
    digitalWrite(pinB2, LOW);
    delay (50);
    analogWrite(speedpin_A, speedDegreeLA);
    analogWrite(speedpin_B, speedDegreeHB);
}

void BackLeft() { /* -------------- RunBackLeft -------------- */
    analogWrite(speedpin_A, START);
    analogWrite(speedpin_B, START);
    digitalWrite(pinA1, LOW);
    digitalWrite(pinA2, HIGH);
    digitalWrite(pinB1, LOW);
    digitalWrite(pinB2, HIGH);
    delay(50);
    analogWrite(speedpin_A, speedDegreeHA);
    analogWrite(speedpin_B, speedDegreeLB);
}

void BackRight() { /* ----------- RunBacki9h ------------ */
    analogWrite(speedpin_A, START);
    analogWrite(speedpin_B, START);
    digitalWrite(pinA1, LOW);
    digitalWrite(pinA2, HIGH);
    digitalWrite(pinB1, LOW);
    digitalWrite(pinB2, HIGH);
    delay(50);
    analogWrite(speedpin_A, speedDegreeLA);
    analogWrite(speedpin_B, speedDegreeHB);
}
```

16.8　附录：指令-程序对应表

小车控制指令如表16.2所示。

表 16.2　小车控制指令

指 令 字 符	程　　序	功　　能
S/w	Stop()	停止
W	Auto()	自动避障
F	Forward()	前进
B	Back()	后退
L	Left()	逆时针旋转
R	Right()	顺时针旋转
G	ForwardLeft()	左前方行进
I	ForwardRight()	右前方行进
H	BackLeft()	左后方行进
J	BackRight()	右后方行进

参 考 文 献

[1] 李明亮. Arduino 开发从入门到实践[M]. 北京：清华大学出版社, 2018.
[2] 李明亮. Arduino 项目 DIY[M]. 北京：清华大学出版社, 2015.
[3] 孟瑞生, 杨中兴, 吴封博. 手把手教你学做电路设计——基于立创 EDA[M]. 北京：北京航空航天大学出版社, 2019.
[4] BANZI M. 爱上 Arduino[M]. 于欣龙, 郭浩赟, 译. 北京：人民邮电出版社, 2011.
[5] 黄明吉, 陈平. Arduino 基础与应用[M]. 北京：北京航空航天大学出版社, 2019.
[6] 李永华, 王思野, 高英. Arduino 实战指南[M]. 北京：清华大学出版社, 2016.
[7] 李永华. Arduino 项目开发：智能家居[M]. 北京：清华大学出版社, 2019.
[8] 李永华, 彭木根. Arduino 项目开发：智能生活[M]. 北京：清华大学出版社, 2019.
[9] 上海享渔教育科技有限公司. 智能硬件项目教程——基于 Arduino[M]. 2 版. 北京：北京航空航天大学出版社, 2019.
[10] MONK S. 电子创客案例手册 Arduino 和 Raspberry Pi 电子制作实战[M]. 王诚成, 孙晶, 孙海文, 译. 北京：清华大学出版社, 2018.
[11] BOHMER M. 学 Arduino 玩转电子制作[M]. 翁恺, 译. 北京：人民邮电出版社, 2013.
[12] 陈吕洲. Arduino 程序设计基础[M]. 北京：北京航空航天大学出版社, 2014.
[13] 唐浒, 韦然. 电路设计与制作实用教程——基于立创 EDA[M]. 北京：电子工业出版社, 2019.